U0351464

产品设计实用配色手册

招霞 著

江苏凤凰美术出版社

·本书使用说明

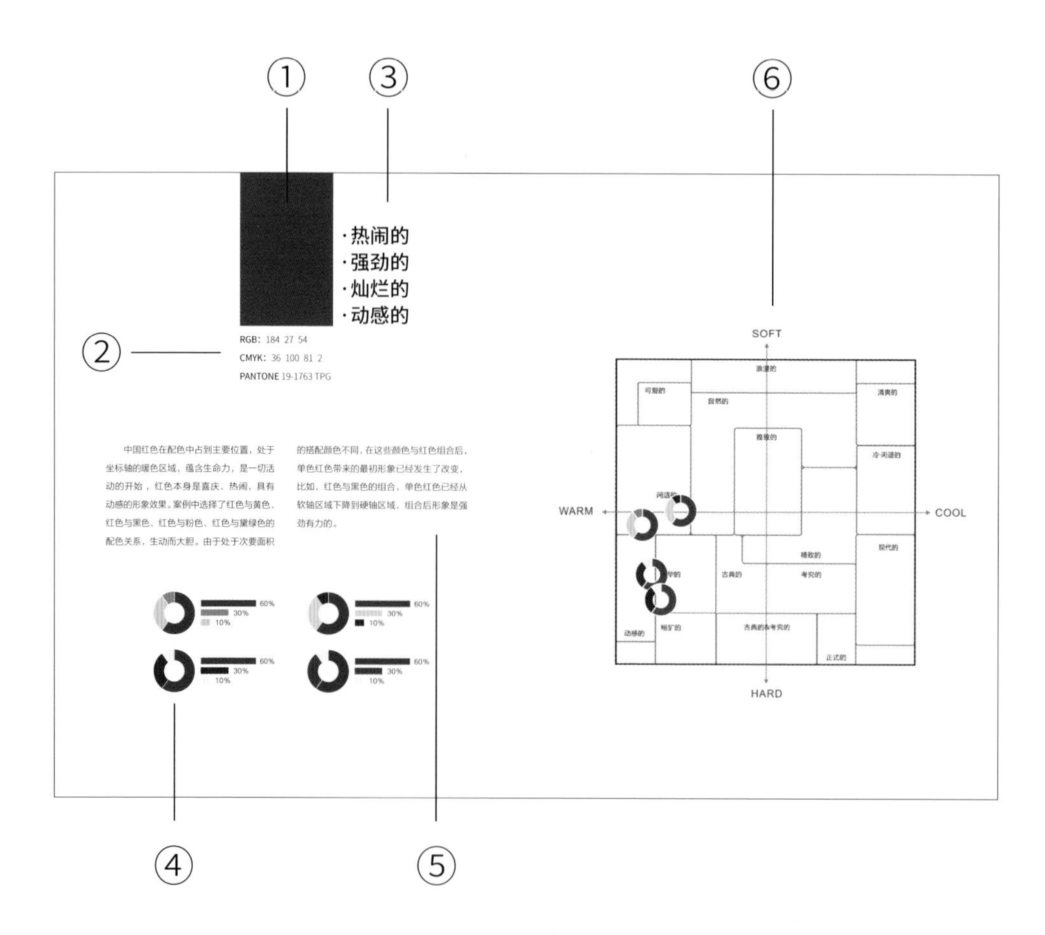

① 代表色

② CMYK、RGB 与 PANTONE 色值

③ 颜色风格关键词

④ 颜色搭配比例

⑤ 代表色及配色说明

⑥ 色彩语言形象坐标

注明：使用 ©1995 小林重顺（株）日本色彩设计研究所

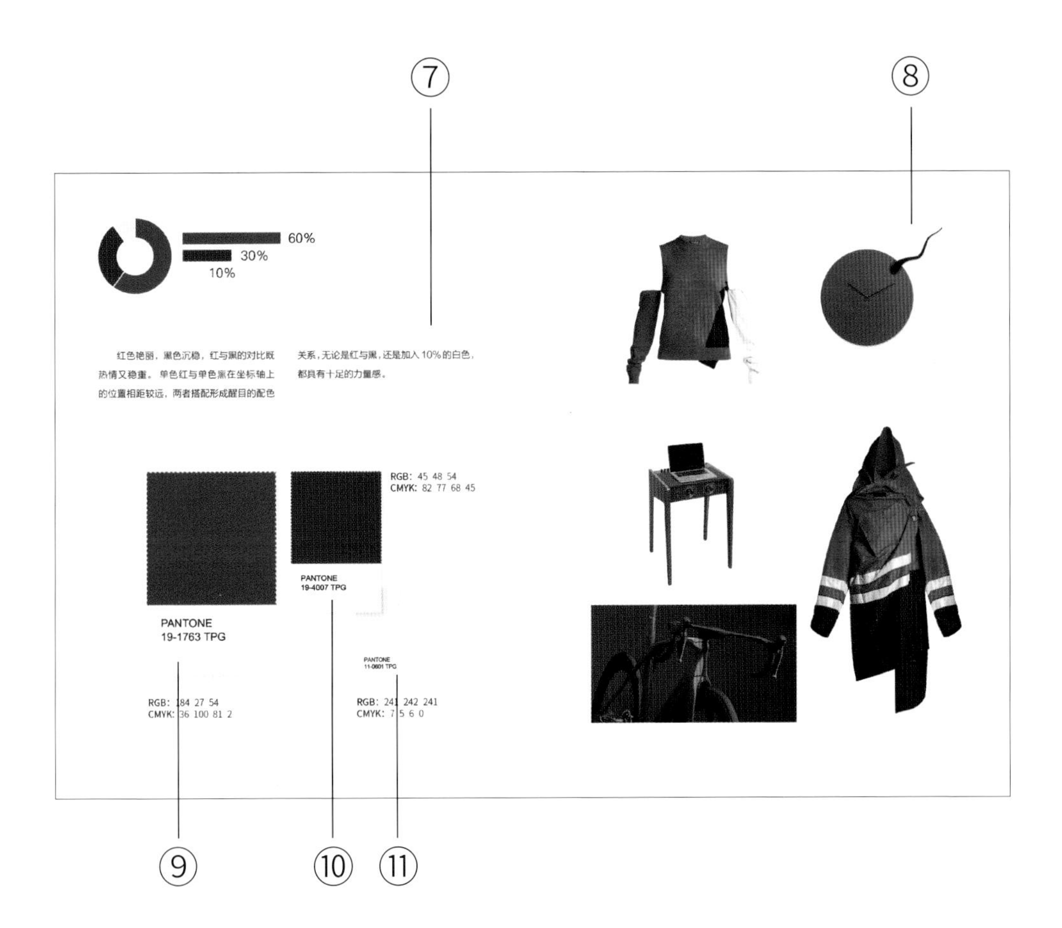

⑦ 配色形象说明
⑧ 案例
⑨ 主色
⑩ 次要从属颜色
⑪ 点缀从属颜色

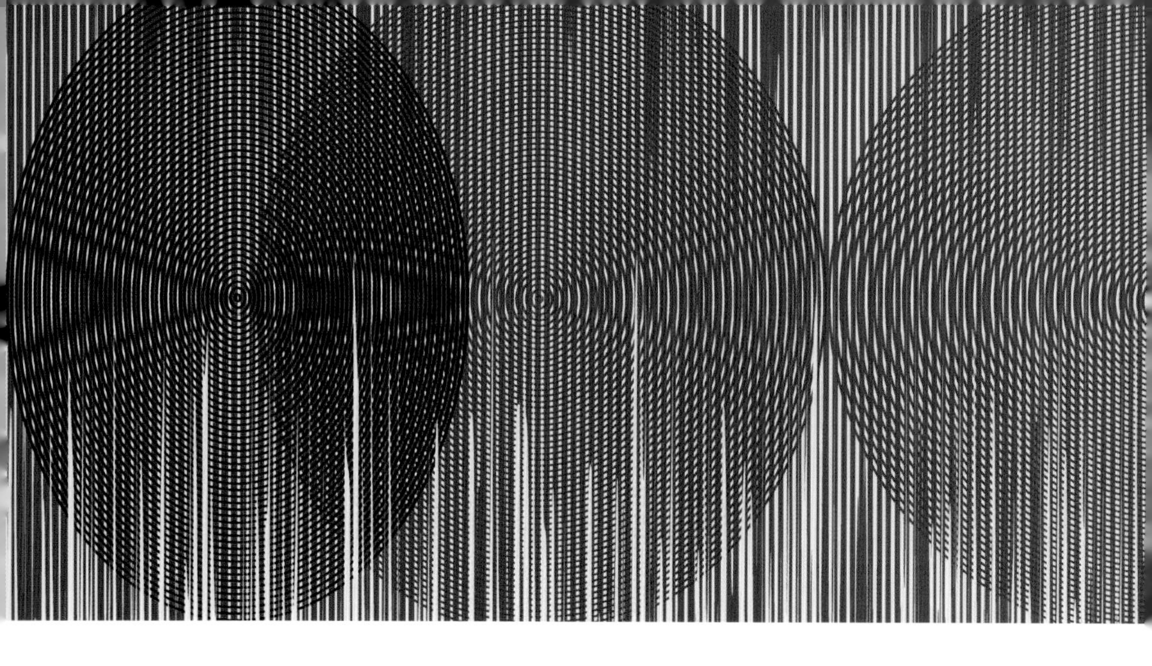

目录

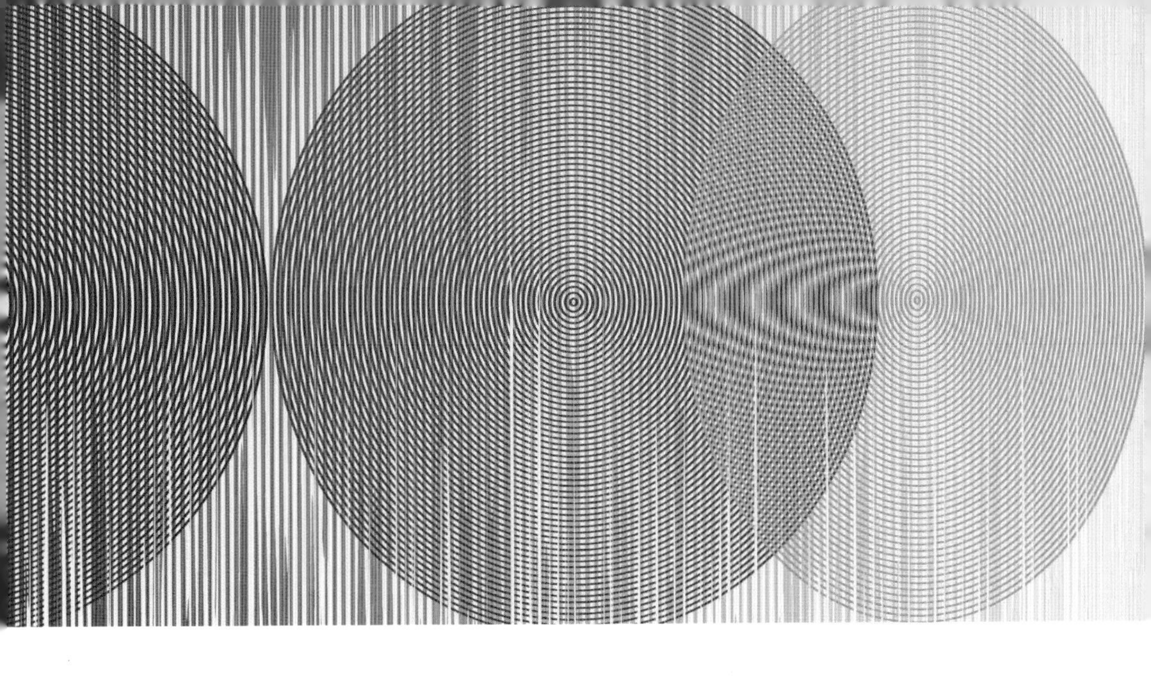

200个代表性颜色

对于今天的大众消费市场来说，人们更倾向于精致优雅而又不太昂贵的产品。在新的产品时代，创新思维将素材变为艺术、艺术变为日常，深入产品的细节，让细节成为日常生活的核心，突出物质产品背后丰富的故事，感受平凡背后的深层含义。在这样的需求中，色彩可以成为设计师随心所欲的设计素材，并发挥其独特的作用。色彩在不同设计师手下可以千变万化，演绎出美轮美奂的视觉形态。

色彩与数学不同，虽然也需要去测算，但不需要那么精准，因为色彩设计没有固定的模式，一方面要用理性化的思维路径去思考，另一方面要用感性化的灵感理念去进行创新，美与不美，如同艺术家常喜欢用“感觉”两个字来形容。色彩是一件简单易懂的事，自然界已经给了我们答案，赤、橙、黄、绿、青、蓝、紫，本书讨论的所有关于色彩的搭配，就是围绕着自然界现象——彩虹的7种颜色展开。

彩虹的颜色依顺序排列起来，我们认为这些颜色能围绕着一个球体的最大圆周奔跑一周，勾勒出一个圆环，这是色彩的立体法则。例如，从橙色过渡到黄色，橙色中的红色需要逐渐弱化，反之，从黄色过渡到橙色，黄色中需要逐层增加红色，这样就形成了不同梯度的橙色与黄色，可以用数值标注颜色的梯度变化。 球体的最大圆周就如同地球赤道，是最热的地方，颜色也是最热烈、最艳丽的。球体的中轴两端如同地球的南极和北极，南极定义为黑色，北极定义为白色，从黑色到白色，中间需要经历不同梯度的灰色。围绕球体最大圆周的赤、橙、黄、绿、青、蓝、紫中，仅用红色举例，从最艳丽的红色到中轴的中心灰色，从最艳丽的红色到中轴上端的白色及下端的黑色，一个红色就发生了上千种的变化。

色彩似乎又变得复杂起来，这么多的颜色，该如何应用呢？

本书精选了 200 个具有代表性的颜色，并选用了 PANTONE 色卡的色号做标注。色彩从根本上来说是一种语言，各国、各地的文化不同，但却可以通过色彩来交流与沟通，而色卡正是我们作为交流的工具。目前，PANTONE 色卡在全球认知度排名靠前，主要应用于纺织、服装、印刷等行业，纺织、服装、家居和室内装潢色卡现有颜色 2310 个。在中国，CNCS 色卡（目前更名为 Coloro）是在中国人自己的视觉等色差实验基础上建立的应用型色彩体系，是中国纺织品色彩国家标准，目前升级到 3500 个颜色。在日本，DIC 的色卡排名第一。另外，瑞典使用 NCS 色卡，德国有 RAL 色卡。有一定规模的企业可以建立自己的色彩体系，在这里，我们就不一一列举出来。这些都可以作为一名色彩设计师在工作过程中使用的色彩设计工具，无论选择哪种色卡，重要的是确保产品颜色打样的准确性。除此之外，我们同时标注了色彩的 RGB 值和 CMYK 值，以方便设计师工作的呈现效果。

颜色的选择:

（1）按彩虹赤、橙、黄、绿、青、蓝、紫的排列将颜色进行色彩区域的分类，同时加上无彩色及棕色系列，共选择了 200 个颜色。

（2）在每个色彩区域的分类中，选出其标志性颜色，红、橙、黄、绿、蓝绿、蓝、紫、紫红共 8 个颜色，这些是围绕球体最大圆周奔跑的颜色，是颜色的本来面貌。以这 8 个颜色作为标准，分别向球体两端进行延展，向北的发展过程中，颜色逐渐增加白色，变浅，向南的延续过程中，颜色逐渐加黑，变暗。在颜色南北运动的过程中，分别就 8 个颜色中的每个颜色，根据明度及纯度的梯度变化，选择两个不同梯度的浅色、两个不同梯度的深色，8 个颜色中的每个颜色拓展后为 5 个颜色，一共是 40 个颜色作为本书有彩色的主色。

（3）选择球体中轴南端的黑色、北端的白色以及从南至北中间的浅灰色和深灰色，属于无彩色的 4 个颜色，同样作为主色。

（4）有彩色与无彩色主色选择共计 44 个颜色，形成 44 个配色系列。

配色的比例:

色彩在产品上的设计，经常是按照一定的规律和法则进行搭配，但大多数情况下，产品都是以一个颜色为主要用色，尽量不超过三个颜色进行搭配组合。在过去，产品色彩设计更多采用明度差配色的方法，因为生产技术上更容易实现，同时节约成本。今天，由于科技的发展，一些色相差配色的方法使产品更具吸引力。

在产品色彩设计中，颜色面积的大小与多少直接影响色彩呈现的视觉印象。就某一产品而言，颜色与颜色之间，必然存在着一定面积的体量关系，不同面积的比例会产生不同的色彩效果（即色彩的印象）。面积大且多的颜色在作品中起主导作用，控制整个作品的色调，而面积小且少的颜色处于从属地位，或配合主色增加层次感，或为增加对比度，起画龙点睛之作用。

在本书 44 个配色系列中，每个系列选择三个颜色进行搭配，设定一个主要颜色，同时设定两个从属颜色，面积比例为主色 60%、次要从属色 30%、点缀从属色 10%。随着从属的两个颜色色相、明度、纯度的不断调整，色彩的印象在发生着不同程度的变化。由于主色的面积占绝对优势，控制着整个画面的色调，所以，构成了以主色与从属色对比的色彩节奏。与此同时，当颜色的选择有明显的明度差异时，会构成明度不同的强、中、弱等色彩对比节奏。当颜色的选择有明显的纯度差异时，还会构成纯度不同的鲜、中、浊等色彩对比的节奏。

本书给广大的设计工作者提供了一个色彩配色、规范使用、随时查询的便捷工具，产品配色案例丰富，涵盖了室内家装、工业产品、家用电器、服装饰品等。通过大量案例展示，让设计师在很短的时间里可以熟练掌握色彩的科学配色方法，快速提高色彩的审美鉴赏力，并依此理念进行色彩搭配创意，找到适合自己的色彩感觉，有效应用于产品之中，通过色彩的搭配使产品脱颖而出。

色板一

白色 PANTONE 11–0601 TPG	浅卡其 PANTONE 13–5304 TPG	卡其 PANTONE 16–1305 TPG	大理石白 PANTONE 12–5202 TPG	亚金 PANTONE 13–1012 TPG	浅砂 PANTONE 14–1116 TPG	浅苎麻 PANTONE 14–1107 TPG	陶土 PANTONE 17–1319 TPG	槐树皮 PANTONE 18–1112 TPG	木炭灰 PANTONE 18–0601 TPG
脂白 PANTONE 11–0701 TPG	浅灰 PANTONE 14–4102 TPG	中灰 PANTONE 17–0000 TPG	米白 PANTONE 12–0000 TPG	椿皮 PANTONE 15–1315 TPG	驼金 PANTONE 16–1334 TPG	长城灰 PANTONE 15–4503 TPG	泥金 PANTONE 14–1038 TPG	金砂 PANTONE 16–1341 TPG	梧桐皮灰 PANTONE 17–1506 TPG
贝壳白 PANTONE 12–0404 TPG	岩石灰 PANTONE 14–4103 TPG	麻绳灰 PANTONE 17–1210 TPG	净皮黄 PANTONE 12–1403 TPG	苎麻 PANTONE 15–1116 TPG	赭石 PANTONE 16–1429 TPG	铜绿 PANTONE 17–1113 TPG	羽毛灰 PANTONE 16–0806 TPG	赭红 PANTONE 18–1343 TPG	灰橄榄绿 PANTONE 18–0515 TPG
月白 PANTONE 12–4306 TPG	印象灰 PANTONE 14–4203 TPG	蓖麻灰 PANTONE 18–0510 TPG	珍珠奶茶 PANTONE 14–1305 TPG	金棕 PANTONE 16–1221 TPG	罗汉果 PANTONE 19–1034 TPG	柚木棕 PANTONE 19–0617 TPG	青柑茶 PANTONE 17–1036 TPG	巧克力棕 PANTONE 19–0912 TPG	暗褐 PANTONE 19–0915 TPG
雾白 PANTONE 11–0410 TPG	鹅卵石灰 PANTONE 14–4500 TPG	深灰 PANTONE 18–4005 TPG	象牙白 PANTONE 12–0806 TPG	山药 PANTONE 16–1415 TPG	褐色 PANTONE 18–1124 TPG	暗烟红 PANTONE 19–1619 TPG	深褐 PANTONE 19–0815 TPG	深棕红 PANTONE 19–1235 TPG	黑色 PANTONE 19–4007 TPG

色板二

芥子油黄 PANTONE 13–0522 TPG	淡黄 PANTONE 11–0710 TPG	淡橙 PANTONE 12–0822 TPG	浅肤 PANTONE 12–1007 TPG	浅香橙 PANTONE 15–1331 TPG	红梅 PANTONE 15–1626 TPG	罂粟红 PANTONE 17–1663 TPG	樱色 PANTONE 11–1306 TPG	婴儿粉 PANTONE 12–1310 TPG	肤粉 PANTONE 13–1904 TPG
麦田金 PANTONE 14–0721 TPG	芥末黄 PANTONE 12–0619 TPG	浅橙 PANTONE 14–1135 TPG	赤白橡 PANTONE 13–1017 TPG	瓜瓤红 PANTONE 16–1442 TPG	火烈鸟 PANTONE 15–1435 TPG	胭脂红 PANTONE 19–1762 TPG	肉粉 PANTONE 12–1010 TPG	粉红 PANTONE 13–1906 TPG	熟粉 PANTONE 14–1907 TPG
鎏金 PANTONE 16–1133 TPG	浅黄 PANTONE 12–0738 TPG	橙色 PANTONE 15–1153 TPG	柿子橙 PANTONE 16–1260 TPG	浅褐 PANTONE 15–1333 TPG	薄红 PANTONE 16–1532 TPG	中国红 PANTONE 19–1763 TPG	淡桔粉 PANTONE 12–1605 TPG	海螺粉 PANTONE 14–1521 TPG	嫣红 PANTONE 17–1736 TPG
土釉黄 PANTONE 15–0948 TPG	黄色 PANTONE 13–0752 TPG	金桔 PANTONE 16–1359 TPG	朱红 PANTONE 17–1456 TPG	铁锈橙 PANTONE 18–1441 TPG	杜鹃红 PANTONE 18–1651 TPG	曙红 PANTONE 19–1760 TPG	肉桂 PANTONE 15–1512 TPG	珊瑚粉 PANTONE 15–1821 TPG	海棠红 PANTONE 18–1755 TPG
琉璃黄 PANTONE 16–1054 TPG	雏菊黄 PANTONE 13–0755 TPG	橙红 PANTONE 17–1360 TPG	紫砂红 PANTONE 18–1451 TPG	砖红 PANTONE 18–1547 TPG	桃红 PANTONE 18–1649 TPG	枣红 PANTONE 19–1535 TPG	豆沙红 PANTONE 17–1518 TPG	桃粉 PANTONE 15–2217 TPG	玫瑰红 PANTONE 18–2436 TPG

色板三

淡藕荷 PANTONE 13–3406 TPG	淡粉 PANTONE 12–2906 TPG	灰玫瑰 PANTONE 17–1522 TPG	荔枝红 PANTONE 18–1635 TPG	浅紫红 PANTONE 14–3207 TPG	薰衣草 PANTONE 15–3817 TPG	浅香芋紫 PANTONE 13–3805 TPG	丁香紫 PANTONE 14–3710 TPG	冰激凌紫 PANTONE 13–4105 TPG	淡灰蓝 PANTONE 13–4110 TPG
秋樱 PANTONE 15–1922 TPG	深肤 PANTONE 14–1506 TPG	勃艮第酒红 PANTONE 19–1934 TPG	釉里红 PANTONE 18–1631 TPG	凤仙紫 PANTONE 16–3110 TPG	灰凤仙紫 PANTONE 16–3307 TPG	浅灰紫 PANTONE 14–3904 TPG	八仙花紫 PANTONE 14–3911 TPG	多肉蓝 PANTONE 14–4110 TPG	浅蓝 PANTONE 14–4214 TPG
蔷薇 PANTONE 17–1927 TPG	粉晶 PANTONE 14–2305 TPG	梅紫 PANTONE 18–1613 TPG	深玫瑰红 PANTONE 18–2027 TPG	葡萄紫 PANTONE 18–3211 TPG	紫水晶 PANTONE 19–3424 TPG	紫罗兰 PANTONE 16–3320 TPG	浅紫 PANTONE 16–3931 TPG	紫色 PANTONE 18–3840 TPG	雪莲 PANTONE 16–3929 TPG
紫红 PANTONE 18–3339 TPG	明山石紫 PANTONE 16–3304 TPG	绛红 PANTONE 19–1940 TPG	紫甘蓝 PANTONE 19–2524 TPG	深紫罗兰 PANTONE 19–3336 TPG	绛紫 PANTONE 19–3518 TPG	蓝莓紫 PANTONE 18–3714 TPG	香芋紫 PANTONE 17–3812 TPG	深紫 PANTONE 19–3842 TPG	绀青 PANTONE 18–3927 TPG
牵牛花紫 PANTONE 19–2434 TPG	红灰莲 PANTONE 16–1707 TPG	暗红 PANTONE 19–1528 TPG	暗紫红 PANTONE 19–2315 TPG	绛紫 PANTONE 19–2816 TPG	暗紫 PANTONE 19–3519 TPG	灰紫 PANTONE 16–3911 TPG	日暮紫 PANTONE 16–3919 TPG	龙胆紫 PANTONE 19–3731 TPG	群青 PANTONE 19–3951 TPG

色板四

天青 PANTONE 12-4607 TPG	浅海蓝 PANTONE 13-4409 TPG	青花蓝 PANTONE 18-3922 TPG	天河石蓝 PANTONE 13-5313 TPG	玉绿 PANTONE 14-5420 TPG	冬叶绿 PANTONE 15-6322 TPG	淡绿 PANTONE 13-5911 TPG	淡水绿 PANTONE 12-0109 TPG	浅草绿 PANTONE 13-0317 TPG	苔鲜绿 PANTONE 15-6410 TPG
明蓝 PANTONE 13-4304 TPG	竹月蓝 PANTONE 16-4127 TPG	深蓝 PANTONE 18-4029 TPG	灰绿 PANTONE 15-5207 TPG	蓝绿 PANTONE 16-5127 TPG	青铜绿 PANTONE 16-5515 TPG	石绿 PANTONE 15-6123 TPG	玉青 PANTONE 13-6107 TPG	嫩绿 PANTONE 14-0446 TPG	青橄榄 PANTONE 15-0636 TPG
汝窑青 PANTONE 14-4112 TPG	景泰蓝 PANTONE 18-4148 TPG	岩石青 PANTONE 17-4111 TPG	灰果绿 PANTONE 15-5706 TPG	品绿 PANTONE 16-5123 TPG	森林绿 PANTONE 18-5611 TPG	祖母绿 PANTONE 17-5937 TPG	豆绿 PANTONE 15-6322 TPG	黄绿 PANTONE 15-0341 TPG	油绿 PANTONE 17-0115 TPG
雪青 PANTONE 16-4019 TPG	宝蓝 PANTONE 18-3949 TPG	花青 PANTONE 19-4118 TPG	灰湖蓝 PANTONE 15-4717 TPG	孔雀蓝 PANTONE 18-4728 TPG	深孔雀蓝 PANTONE 19-4526 TPG	翠绿 PANTONE 18-5841 TPG	柳绿 PANTONE 17-6333 TPG	牛油果绿 PANTONE 18-0135 TPG	龙井绿 PANTONE 18-0538 TPG
湖蓝 PANTONE 17-4435 TPG	土耳其蓝 PANTONE 19-4056 TPG	藏蓝 PANTONE 19-4027 TPG	碧玉石绿 PANTONE 16-5114 TPG	海松蓝 PANTONE 19-4914 TPG	黛绿 PANTONE 18-5315 TPG	松枝绿 PANTONE 19-6311 TPG	湖绿 PANTONE 19-0417 TPG	深苔鲜绿 PANTONE 19-0511 TPG	墨绿 PANTONE 19-6110 TPG

颜色风格定位

色彩的选择以风格为基础，人们对色彩的形象视觉可以通过语言的形式勾勒出来，以此来定义色彩的风格印象。

将 200 个具有代表性的颜色分布到色彩形象坐标轴。按赤、橙、黄、绿、青、蓝、紫的颜色，我们可以了解到颜色的冷暖风格印象，离暖极近的称暖色（WARM），像红、橙、黄等，离冷极近的称冷色（COOL），像蓝绿、蓝紫等。

从南端至北端，颜色由深至浅，有软硬的风格印象，靠近软极（SOFT）的称为浅色调，浅色调大致分为白色调、粉彩色调、浅灰色调，其印象为轻松、快乐、柔和、亲切、清纯、透明、淡雅和女性等感觉；靠近硬极（HARD）的称为深色调，大致分为黑色调、暗色调和深灰色调（包括黑色、藏蓝、棕色、深红、墨绿、蓝紫和深灰），其印象是厚重、可靠、古老、成熟、正统、高级、持久、神秘和散发着文化气息 。

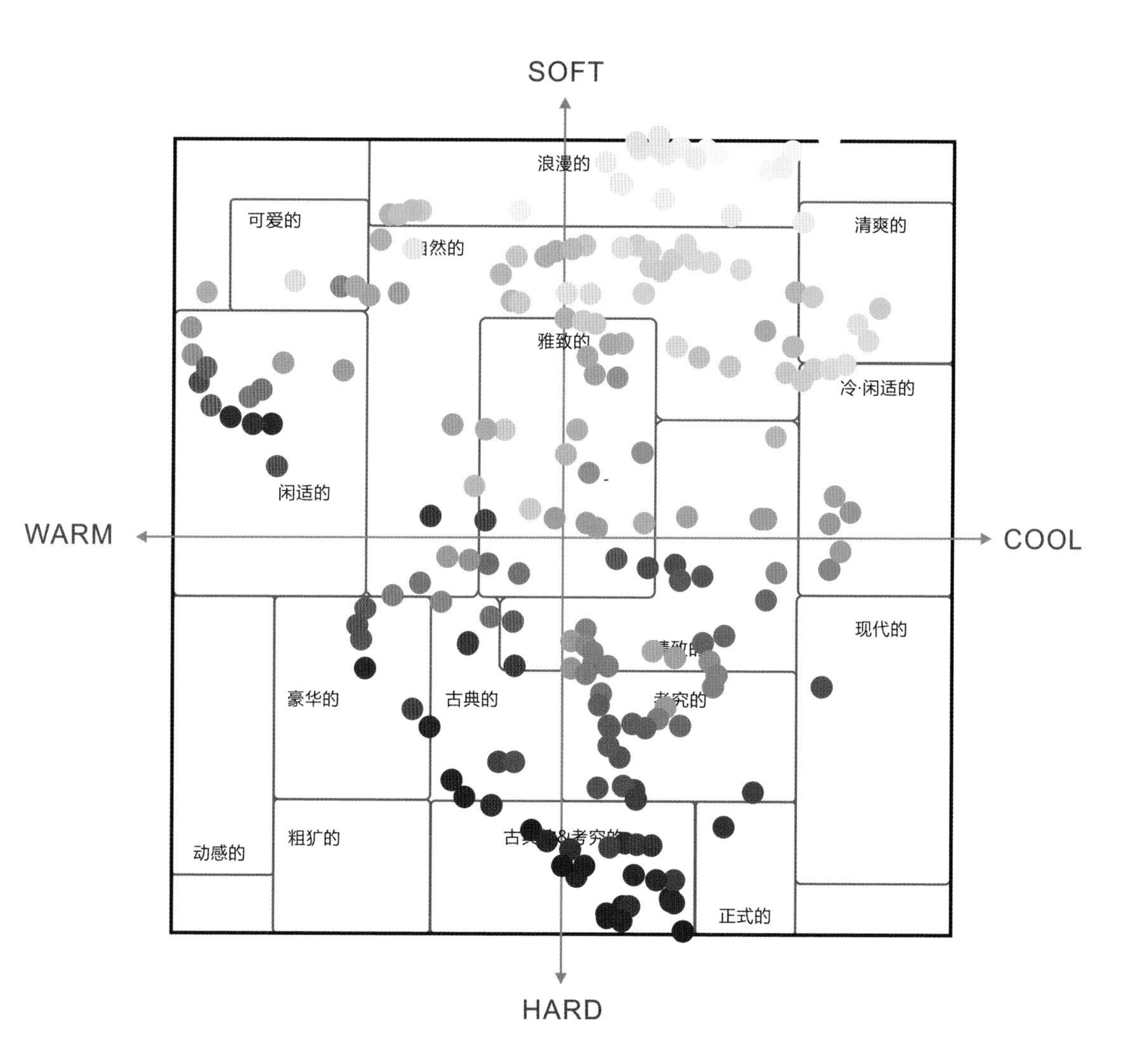
SOFT
HARD
WARM
COOL
浪漫的
可爱的
清爽的
雅致的
冷·闲适的
闲适的
现代的
豪华的
古典的
粗犷的
动感的
正式的

色彩四季印象

通常人们对自然界四季的印象，可以通过树木、天气等的变化来感受到。春之初暖，夏之骄阳，秋之硕果，冬之纯净，四季轮转，带给我们的色彩印象是不同的。

春晨的空气异常清新，嫩芽冲破泥土，褪去青涩，茁壮成长。春季的粉红、黄绿色，颇具生命力。

夏日的阳光浓烈，我们踏离喧嚣的大都市，光着脚丫踩在柔软的沙滩上，随着浪花拍打的节奏，悠闲地哼着小曲。夏季的冰激凌紫、天河石蓝，让人卸下浮躁。

秋季是浓郁的，颜色如同谷物、水果在秋季成熟达到最饱和的状态。赭石、铁锈橙以及青柑茶、土釉黄色，可以让你彻底亲近自然。

冬季一起去看雪吧！午后的一缕阳光穿过，让人倍感温暖与惬意。冬季以自然的雪白色为基础，中性灰色、深蓝色，代表着一种安静的格调与本真的品位。

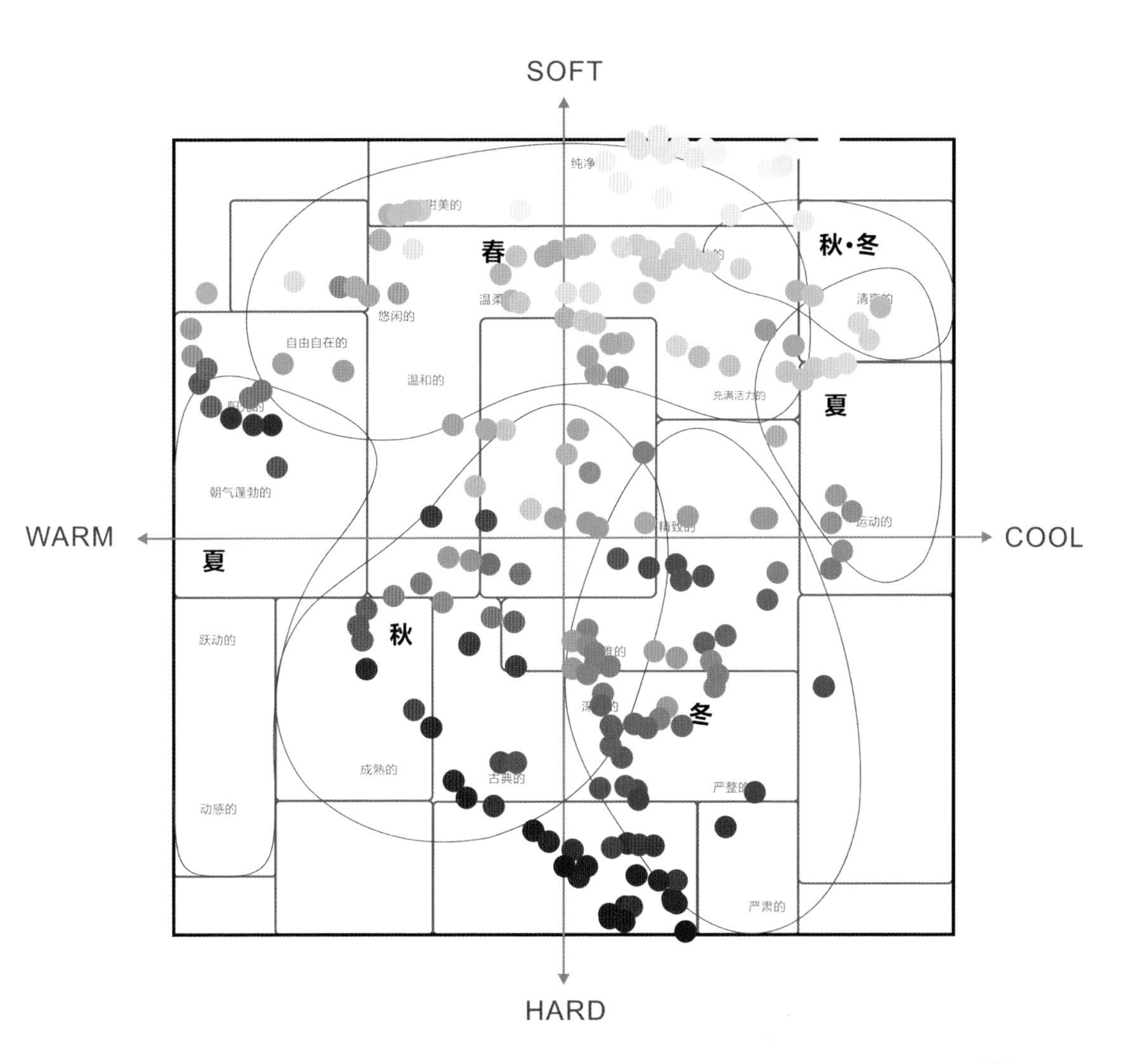
SOFT
纯净
春
秋·冬
悠闲的
自由自在的
温和的
充满活力的
夏
朝气蓬勃的
运动的
WARM
COOL
夏
跃动的
秋
冬
成熟的
古典的
动感的
严肃的
HARD

红

RED

红

红色 5 个主色的选择。中国红，根据明度及纯度的梯度变化，另外选择两个不同梯度的浅红色（粉色）、两个不同梯度的深红色。

红色是暖色。它在形象坐标轴上属于暖区域。

中国红。处于形象坐标轴的暖极偏上的区域，其印象为热烈的、动感的。

纯度高的色比纯度低的色要暖一些。同样是红色，鲜艳的红色比低纯度的颜色温暖，所以，鲜艳的红色最靠近暖极。粉色由于纯度的降低而处于偏冷色区域。

软 / 硬轴。其形象在于明与暗、淡与浓、浅与深、弱与强、软与硬、轻与重、细与粗的对比。

粉色。纯度低，浅淡的红色偏冷；明度高，接近软轴。其印象为浪漫、纯净。

深暗红。纯度低，相对粉色偏暖；明度低，接近硬轴。其印象为成熟、考究。

红色。如果用我们的身体部位来对应，是从腰跨到脚底，所以，红色代表了脚踏实地。红色蕴含生命力，是一切活动的开始。

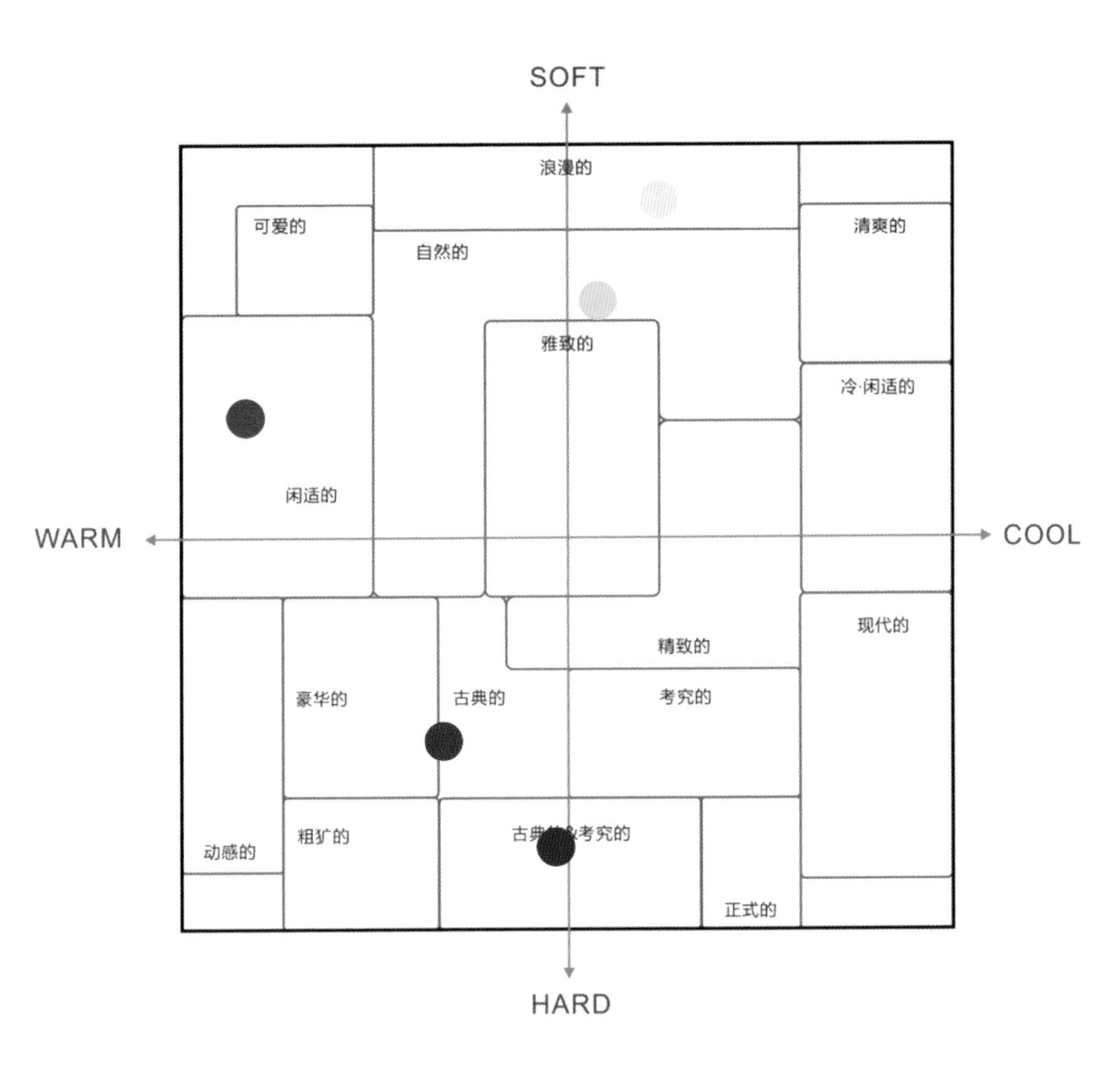

SOFT
浪漫的
可爱的
自然的
清爽的
雅致的
冷·闲适的
闲适的
WARM
COOL
现代的
精致的
豪华的
古典的
考究的
粗犷的
古典的&考究的
动感的
正式的
HARD

·热闹的
·强劲的
·灿烂的
·动感的

RGB：184 27 54

CMYK：36 100 81 2

PANTONE：19-1763 TPG

中国红在配色中占到主要位置，处于坐标轴的暖色区域，蕴含生命力，是一切活动的开始。红色本身是喜庆、热闹，具有动感的形象效果。案例中选择了红色与黄色、红色与黑色、红色与粉色、红色与松枝绿色的配色关系，生动而大胆。由于处于次要面积的搭配颜色不同，当这些颜色与红色组合后，单色红色带来的最初形象已经发生了改变。比如红色与黑色的组合，单色红色已经从软轴区域下降到硬轴区域，组合后的形象是强劲而有力的。

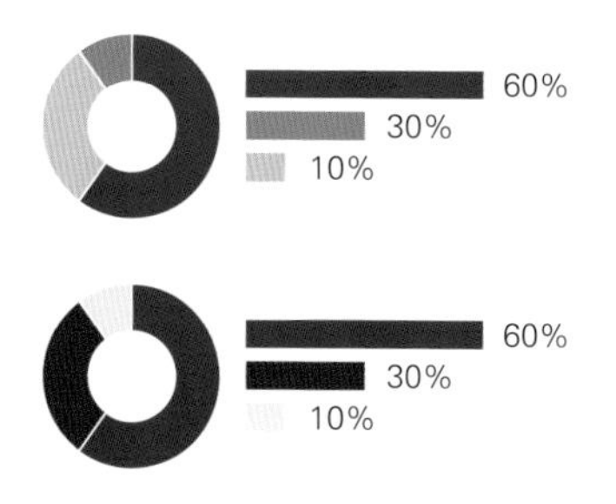

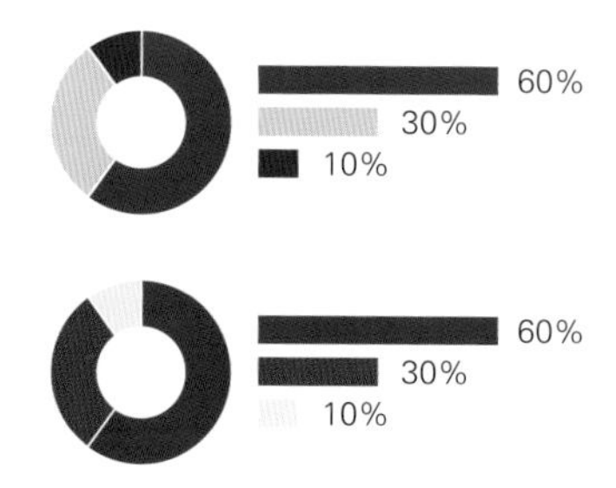

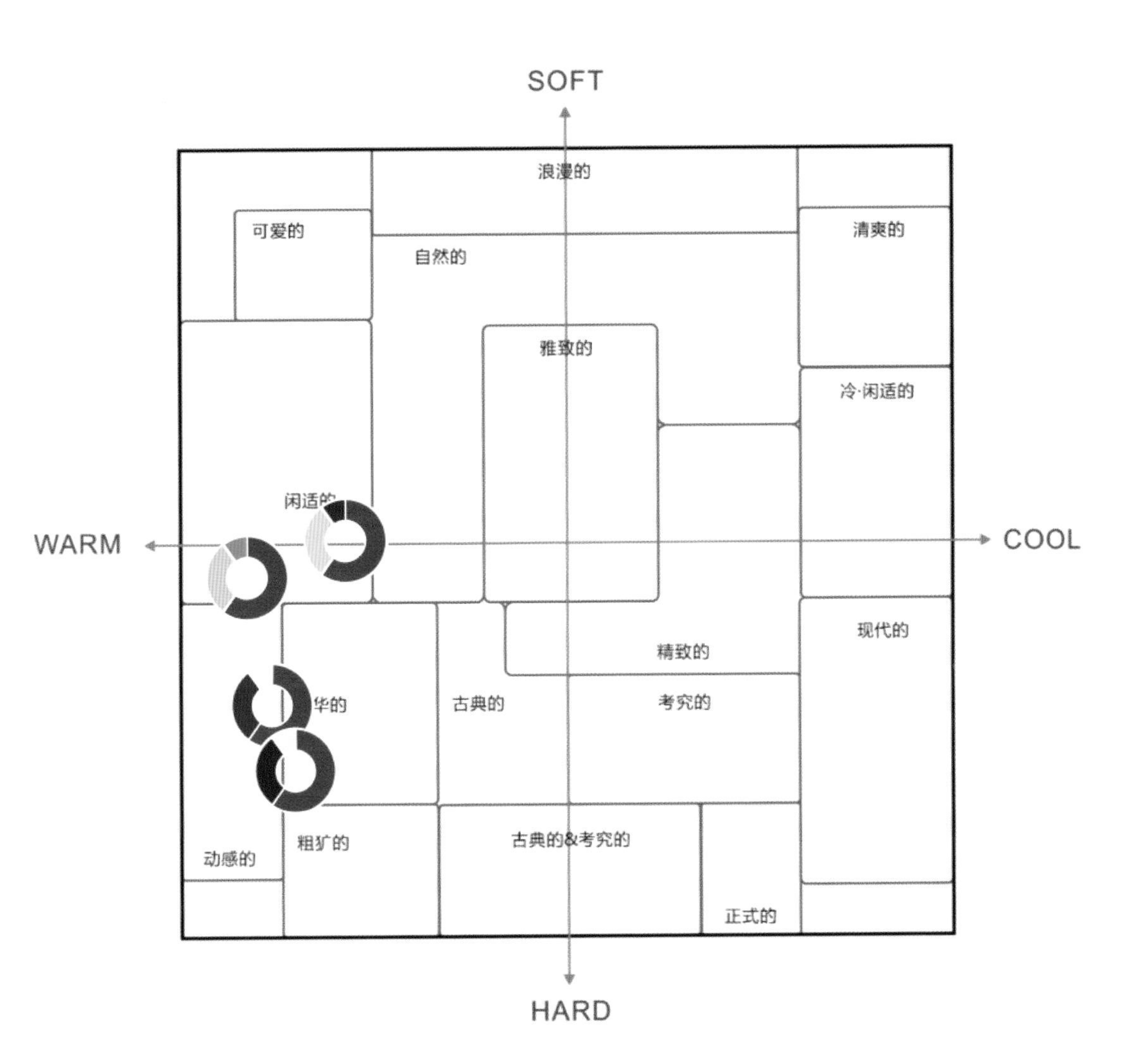
SOFT
浪漫的
可爱的
清爽的
自然的
雅致的
冷·闲适的
闲适的
WARM
COOL
现代的
精致的
华的
古典的
考究的
动感的
粗犷的
古典的&考究的
正式的
HARD

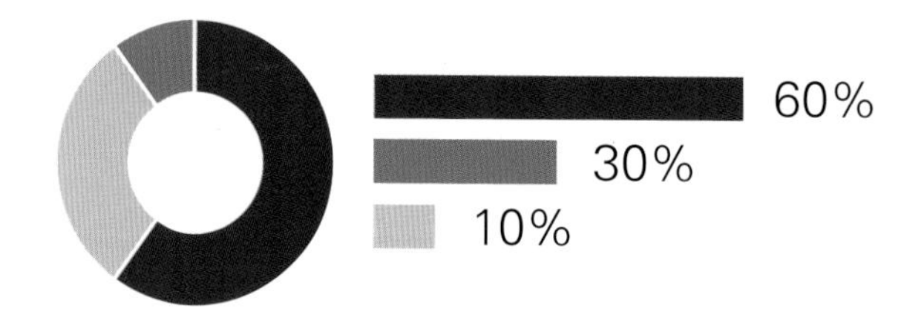

由于红色的面积占绝对优势，控制着整个画面的色调，所以构成了以红色为主调的红、黄对比的色彩节奏，蓝色或其他颜色小面积的介入将会增加产品或画面的活跃感。这一组选择的红、黄、蓝是色相配色，同时，黄色也是鲜艳明亮的，印象是清爽而明晰的。

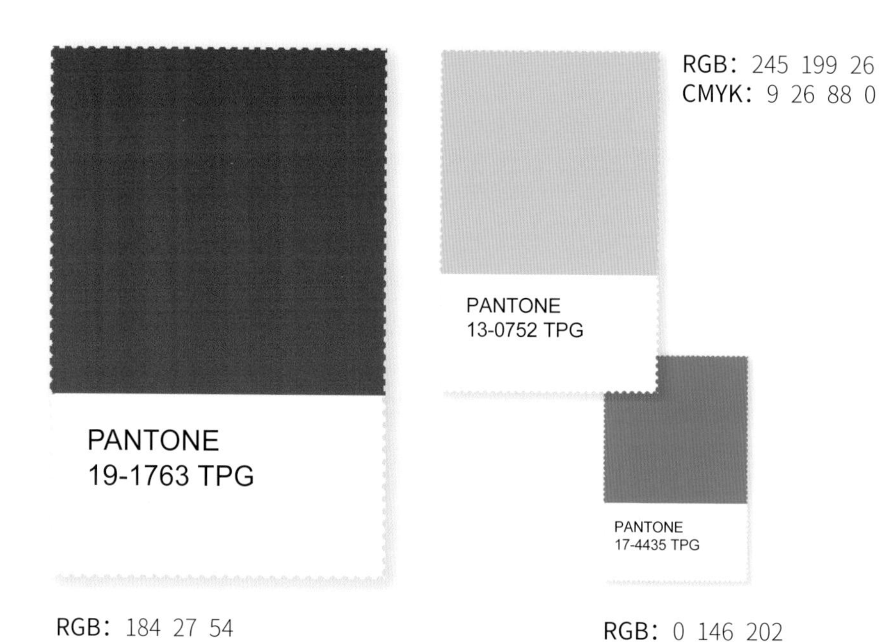

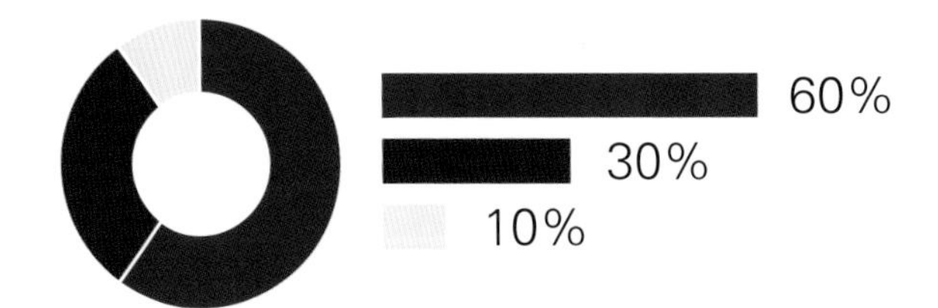

红色艳丽，黑色沉稳，红与黑的对比既热情又稳重。单色红与单色黑在坐标轴上的位置相距较远，两者搭配形成醒目的配色关系，无论是红与黑，还是加入10%的白色，都具有十足的力量感。

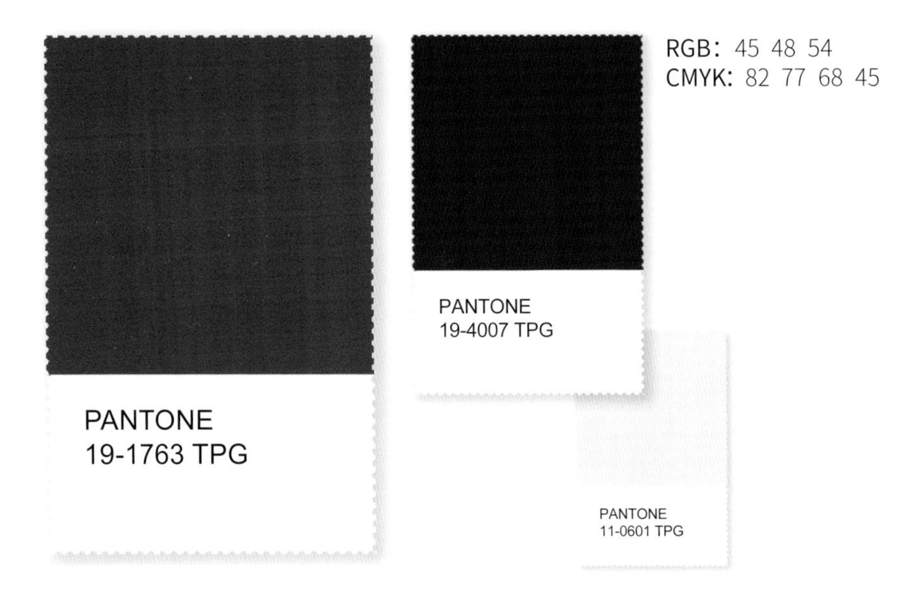

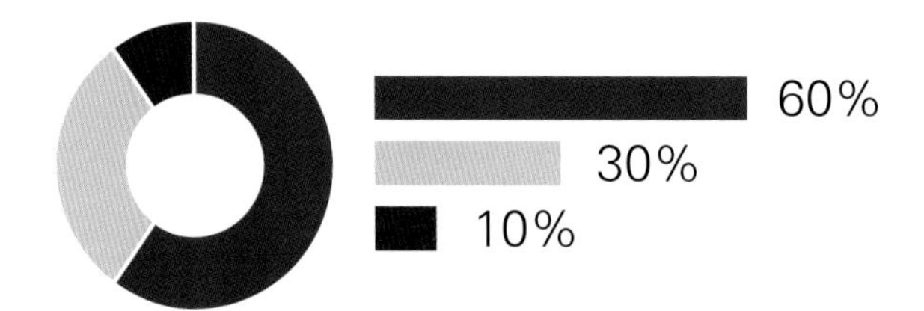

红色为增加温柔感，提高了明度延展出粉色，这属于同色系搭配的方式，这两个颜色明朗而清晰，形成一种愉快的氛围。如果再加入少量的不同色相（藏蓝色），将会带来一些闲适感和智慧的创意印象，细节显得更为完美。

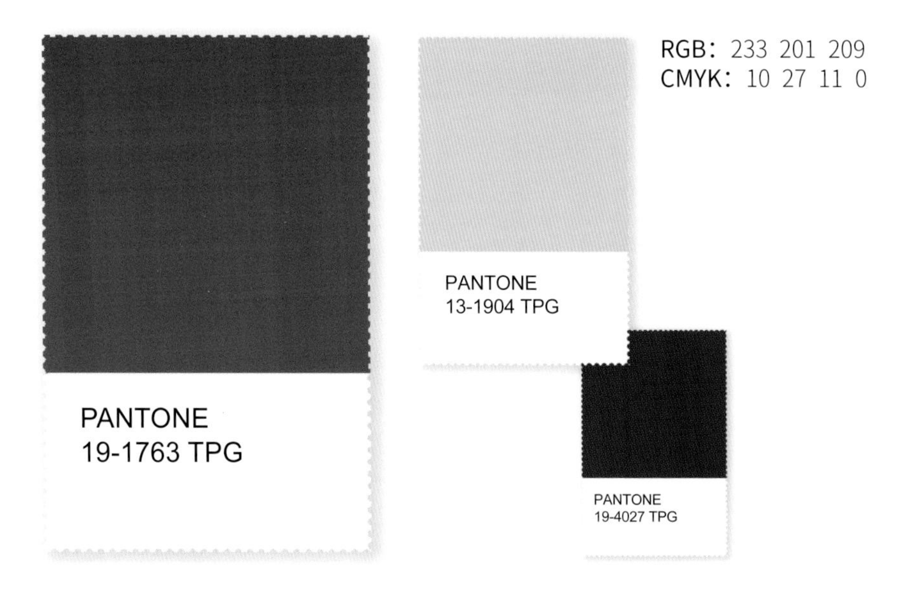

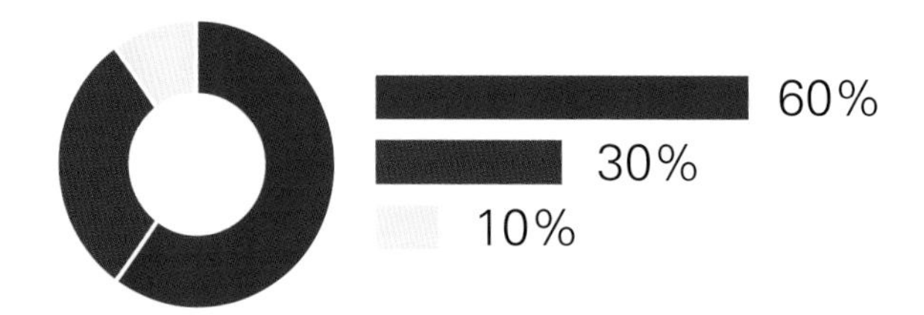

红色与松枝绿色的搭配互为补色，组成的视觉感官印象能使色相间争奇斗艳，这是一种大胆且独特的创意性配色，给人力量与运动感，适合运动类产品，尽显旺盛精力。若加入无彩色的白色在中间做协调，便形成积极的节奏感。

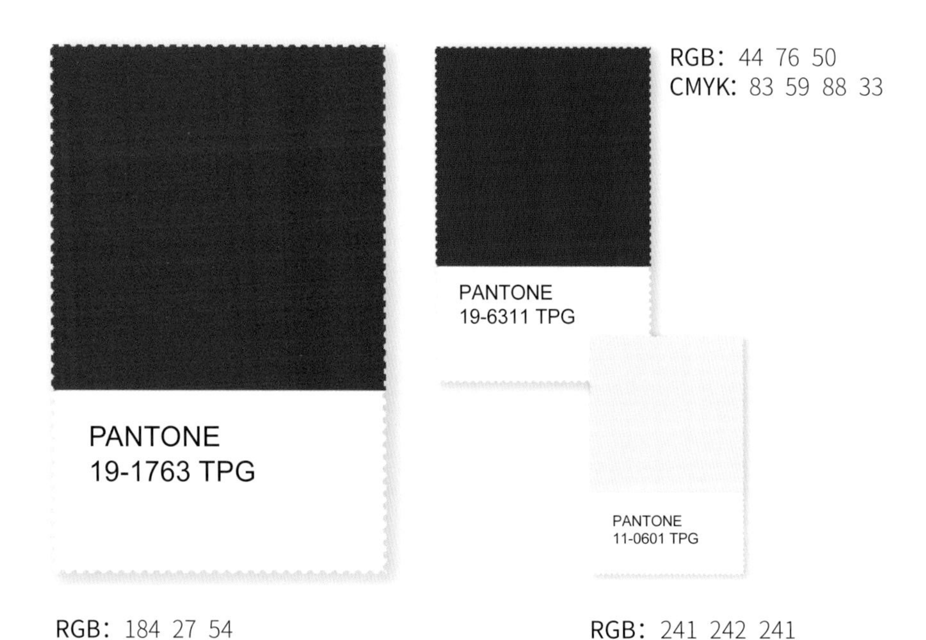

· 纯净的
· 柔和的
· 童话的
· 甜美的

RGB：243 218 225

CMYK：5 20 7 0

PANTONE：12-2906 TPG

以淡粉色作为主色，由于淡粉色给人温柔、浪漫、甜美、梦幻的格调，案例中选择了四组粉彩色调的组合，即淡粉与浅砂、淡粉与淡紫、淡粉与浅海蓝、淡粉与白色。这个系列中处于次要面积的颜色均为浅淡的颜色，当这些颜色与淡粉色组合后，单色淡粉色的最初印象基本没有改变，只是在组合后冷暖发生了些许不同。例如，淡粉色与浅砂色组合，由于砂色属于温暖的颜色，将淡粉色带向了暖区域；相反，淡粉色与浅海蓝色的搭配中，由于蓝色属于冷色，将粉色更加推向了冷区间。

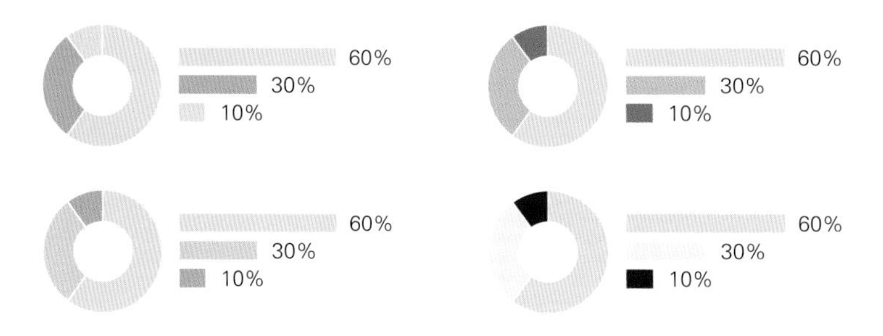

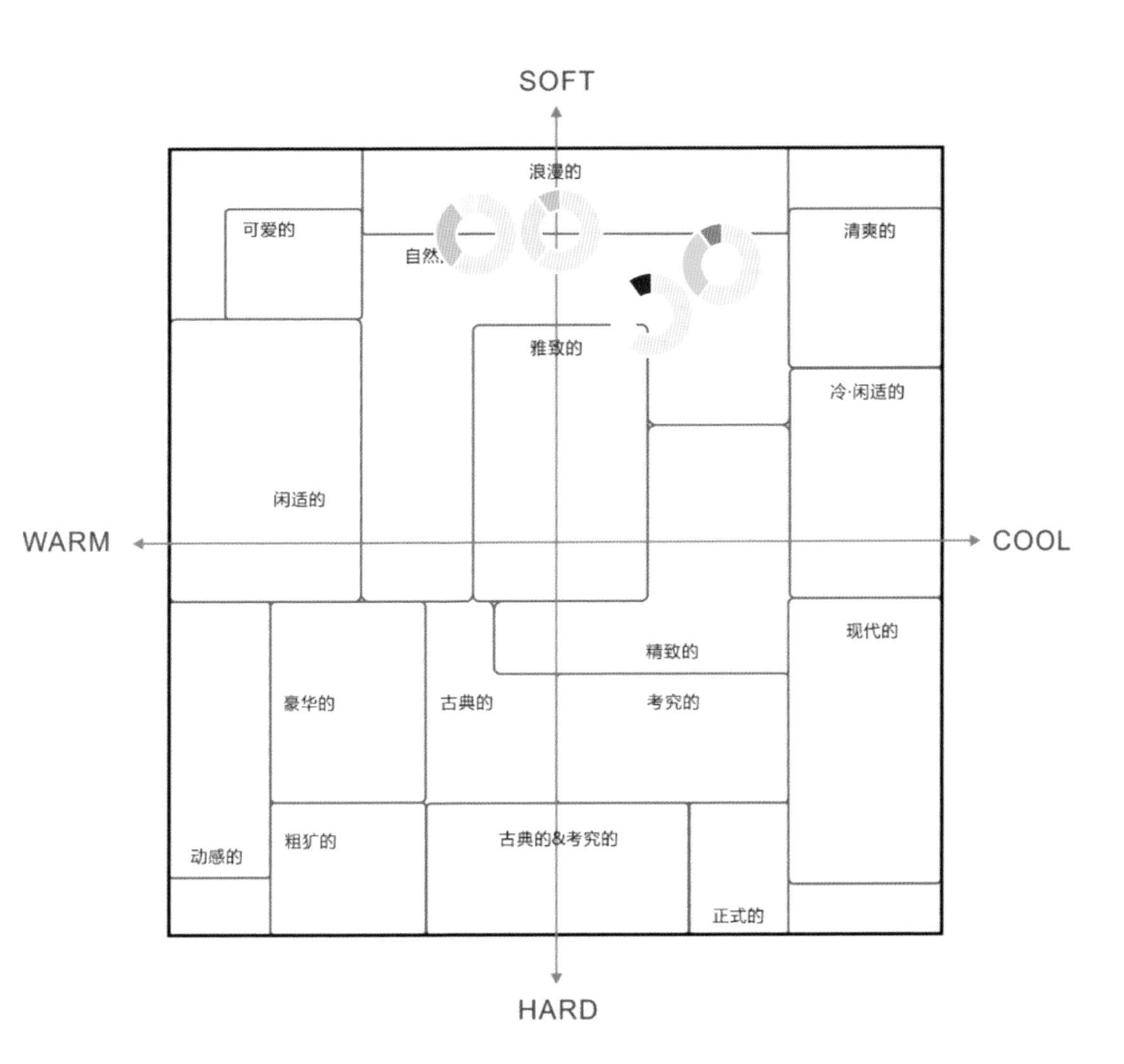
SOFT
浪漫的
可爱的
自然
清爽的
雅致的
冷·闲适的
闲适的
WARM
COOL
现代的
精致的
豪华的
古典的
考究的
动感的
粗犷的
古典的&考究的
正式的
HARD

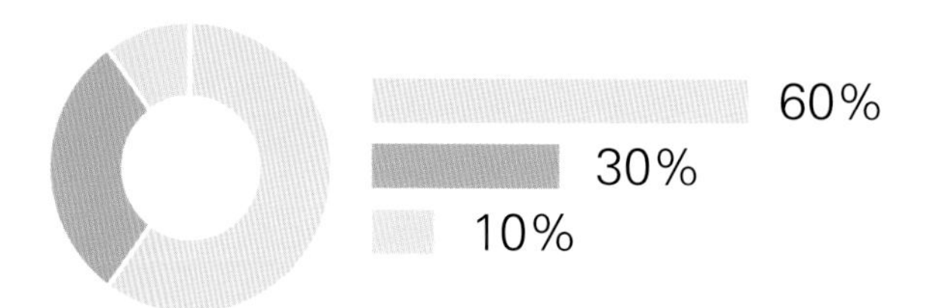

粉色的面积占主要优势，浅砂色属于自然的温暖颜色，在一些工业产品中，由于材质的丰富，可以演绎成香槟金或金属珠光质感，为颜色本身增添韵味。无彩色月白色的介入，使配色更显素雅、秀气。

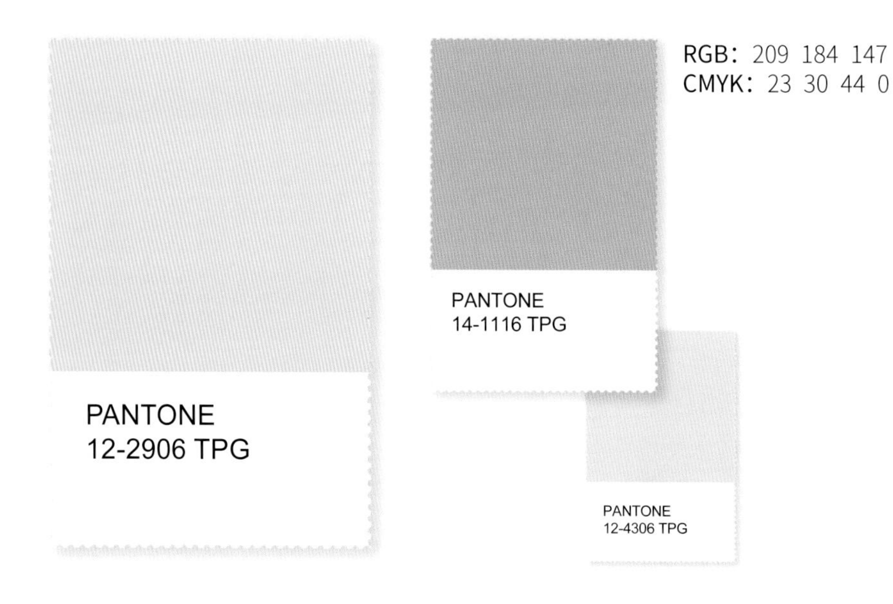

RGB：243 218 225
CMYK：5 20 7 0

RGB：222 226 225
CMYK：16 9 11 0

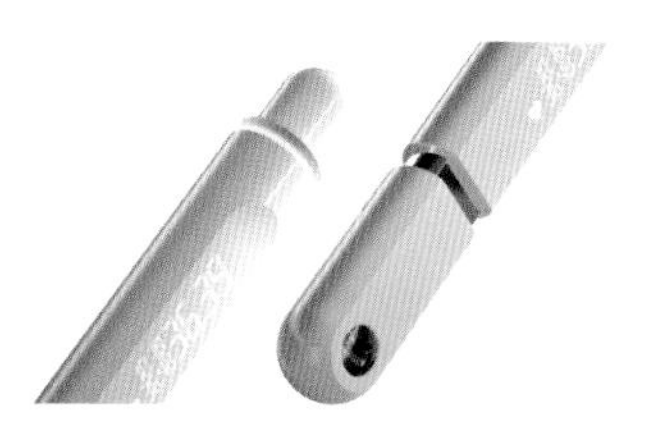

Artalep

Artalep

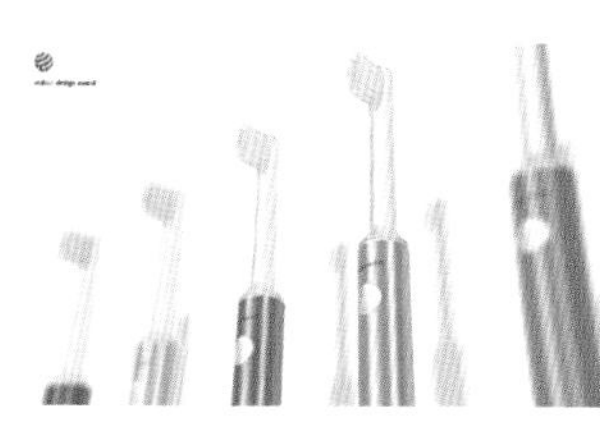

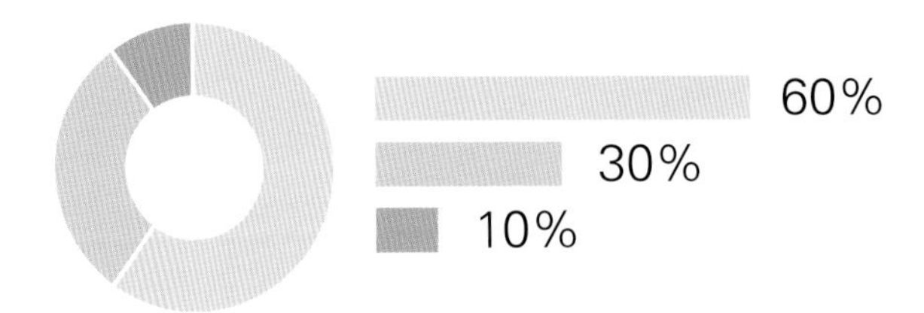

在产品设计中，单纯的淡粉色总会让人产生甜美浪漫感，淡耦荷色中蕴含着粉色的基因，两个颜色的搭配关系柔和而不强烈。在一些家居产品中，为体现少女般温馨的印象，非常适用。

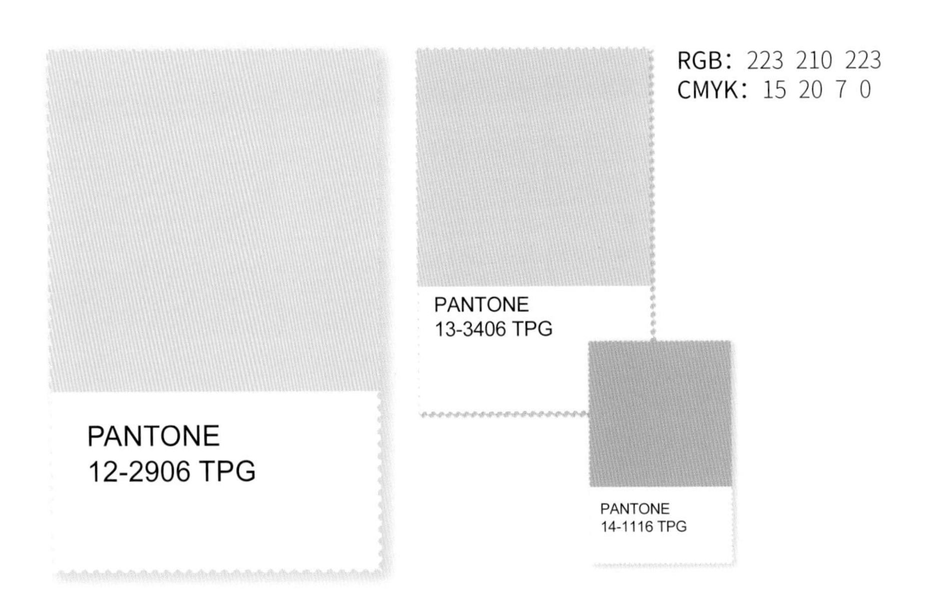

*馨亭品牌提供

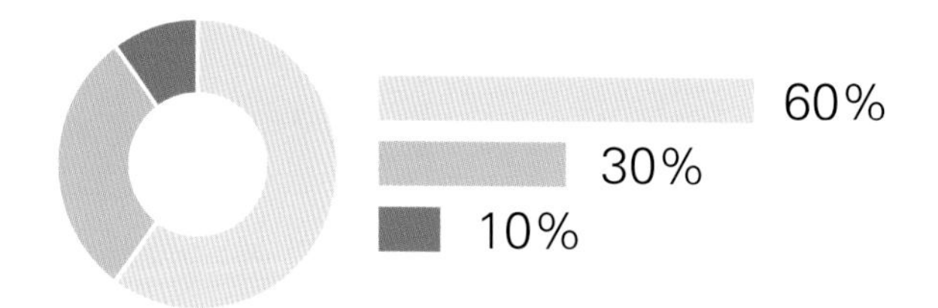

淡粉色的面积为主调，浅海蓝色和油绿色的色相与粉色色相形成对比及衬托的作用。在气质上，浅海蓝色将粉色的单纯衬托的更加完美，粉色中尤显一份宁静。而由于油绿色的加入，增加了些清新的文艺气息。

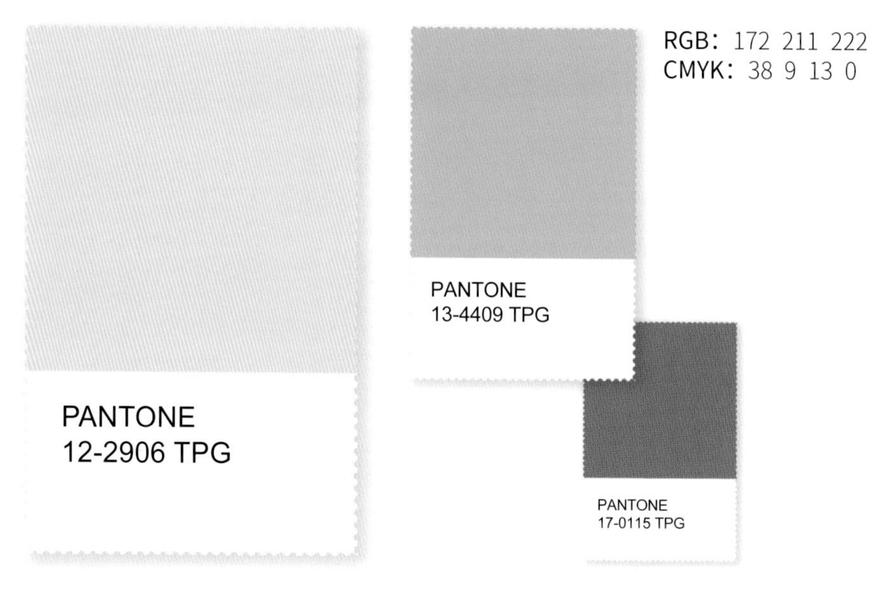

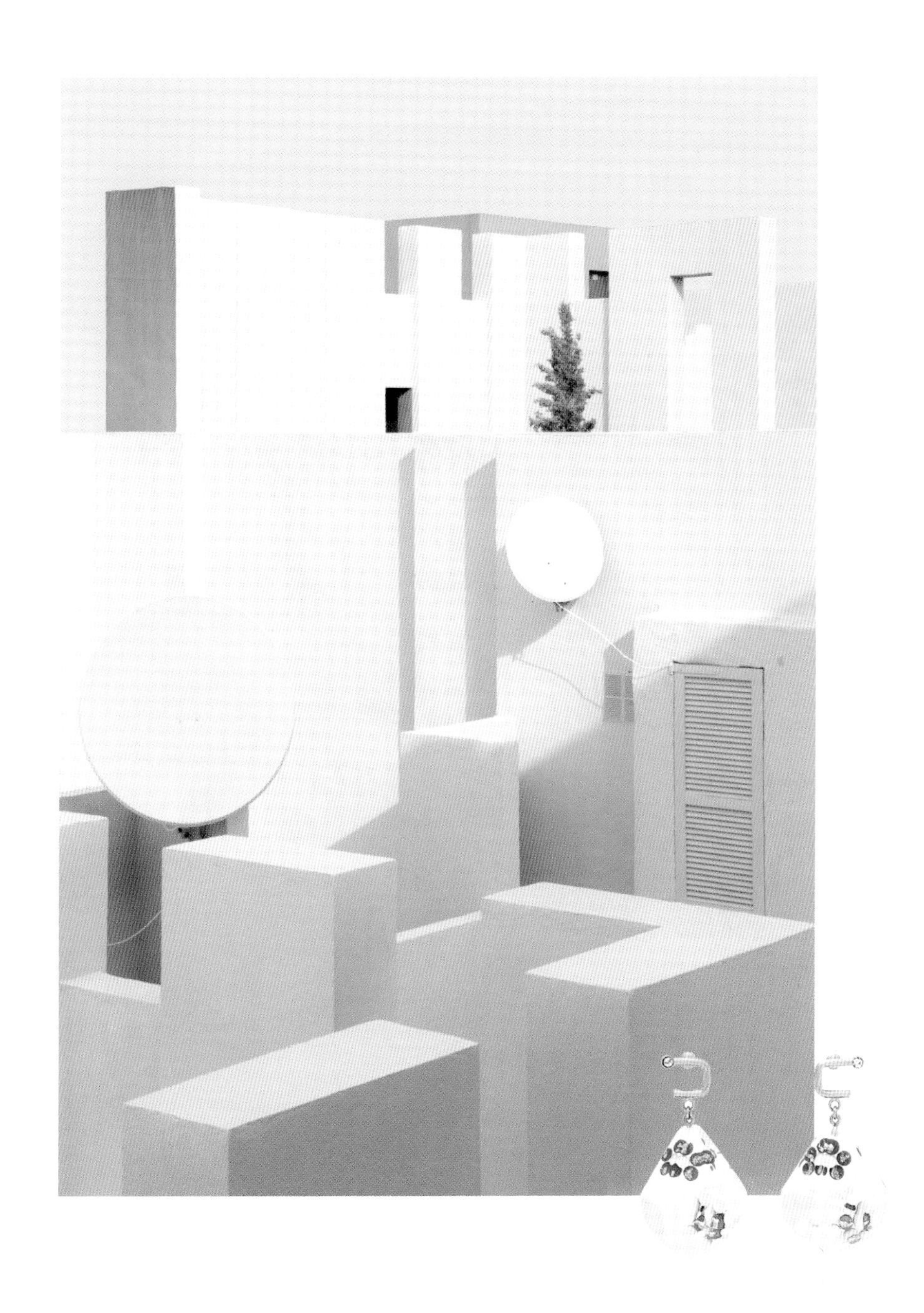

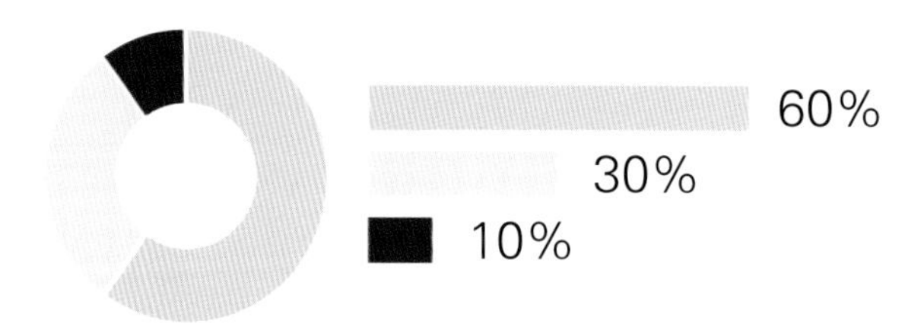

纯粹的淡粉色单纯而柔和，在这个组合中，加入白色与黑色，将粉色的温柔感衬托得淋漓尽致，于甜美的形象中增加几分现代的个性，瞬间将粉色拉到一个精致的氛围里。

RGB：243 218 225
CMYK：5 20 7 0

RGB：241 242 241
CMYK：7 5 6 0

PANTONE
11-0601 TPG

PANTONE
19-4007 TPG

RGB：45 48 54
CMYK：82 77 68 45

·成熟的
·优雅的
·古典的
·装饰性的

RGB：122 47 64

CMYK：55 91 67 22

PANTONE：19-1940 TPG

绛红色色泽深沉浑厚，作为植物染料，在传统服饰中，经常用于贵族服饰、地毯、毛制品等。在配色中，绛红色占到主要比例，处于坐标轴的暖色区域。案例中，绛红色与浅灰色、绛红色与白色、绛红色与肉桂色、绛红色与黛绿色的配色关系，是成熟而浓郁的。绛红色与白色的组合，处于坐标轴横轴区域，给人以优雅的印象；而绛红色与黛绿色组合时，坐标轴的位置向下偏移较多，具有古典和装饰性的形象。

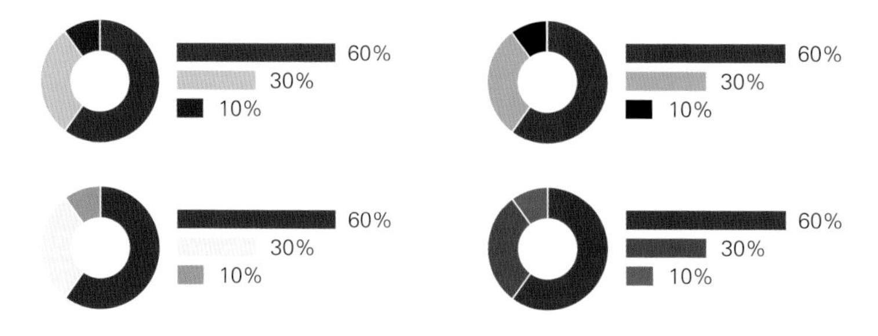

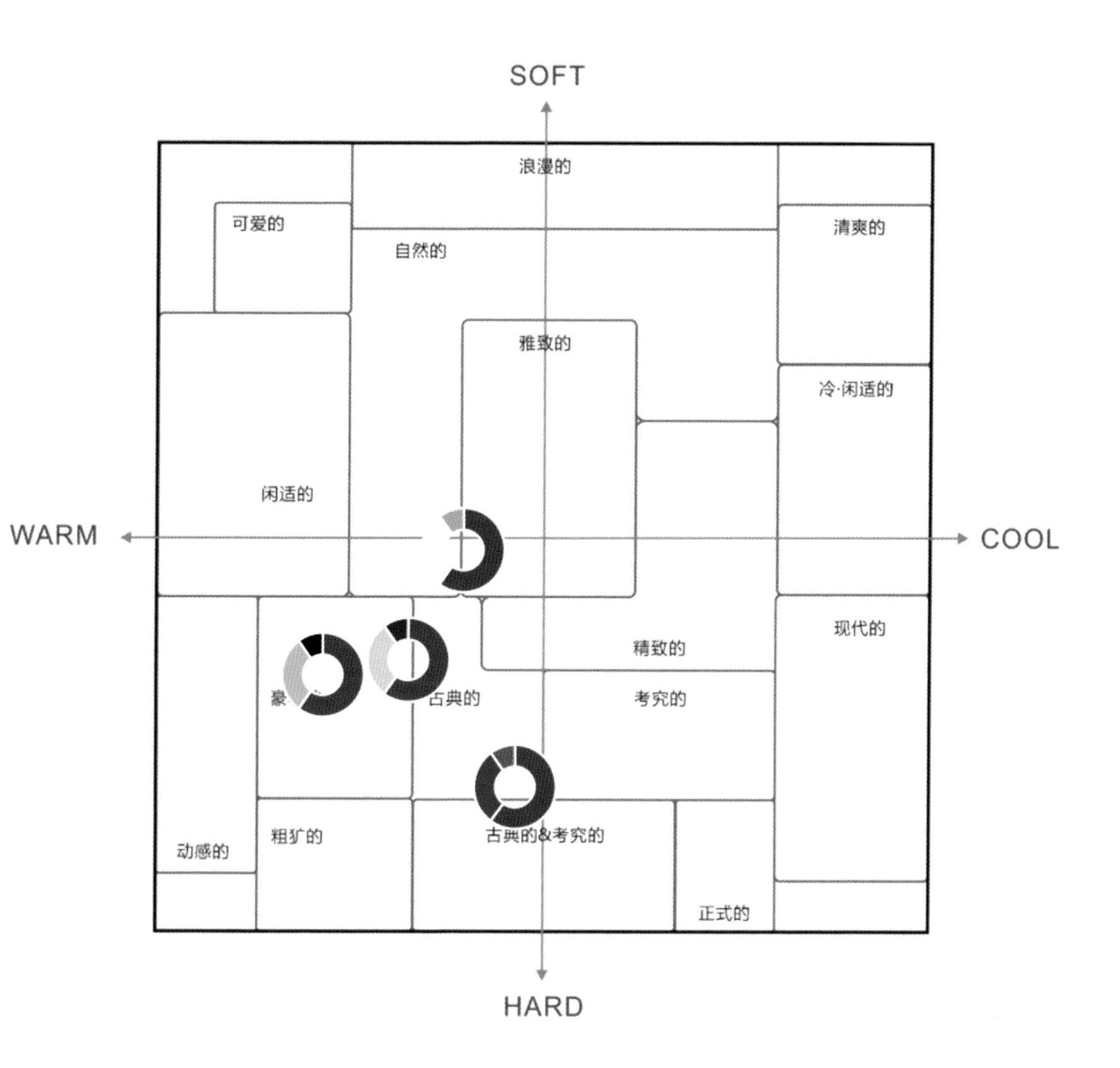
SOFT
HARD
WARM
COOL
浪漫的
可爱的
自然的
清爽的
雅致的
冷·闲适的
闲适的
现代的
精致的
豪
古典的
考究的
动感的
粗犷的
古典的&考究的
正式的

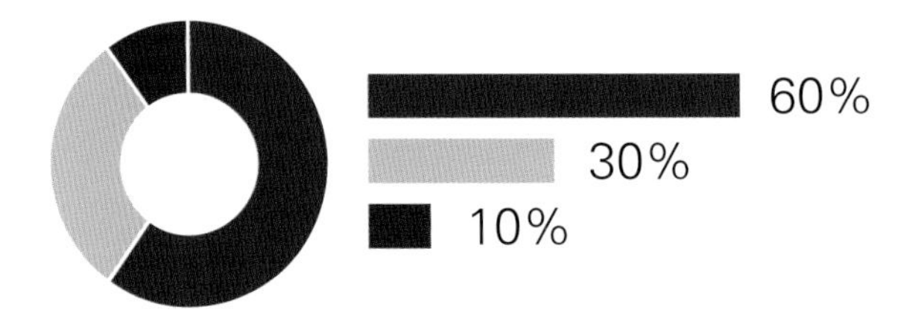

这组配色构成了以绛红色为主调、浅灰色为辅调的色彩搭配节奏。绛红色的形象为成熟、妩媚、古典，与经典的灰色搭配，增添了精致的印象，同时，还有几分冷静的睿智感。

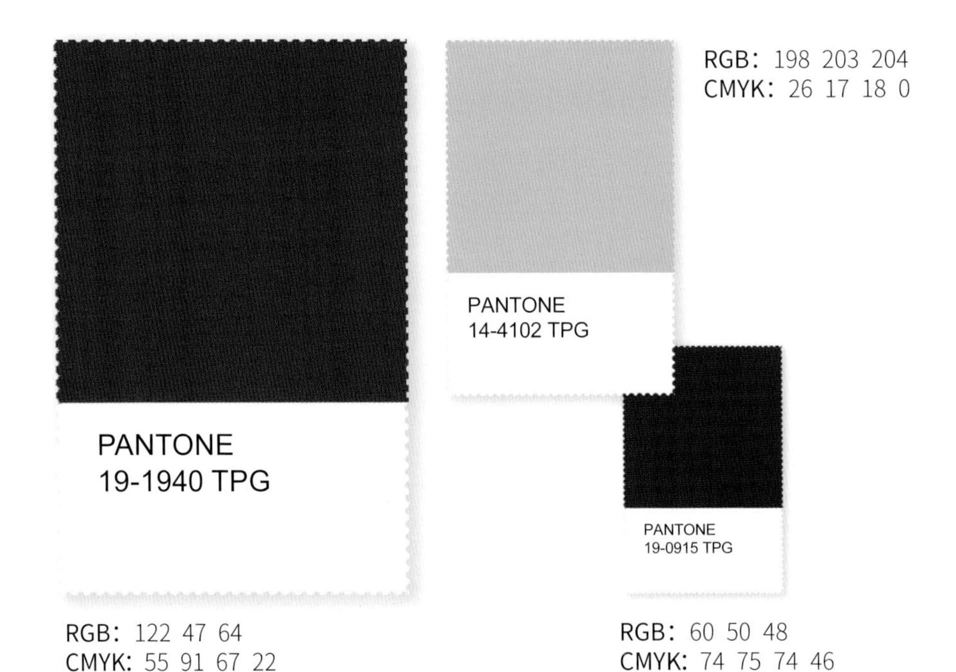

*印象草原品牌提供

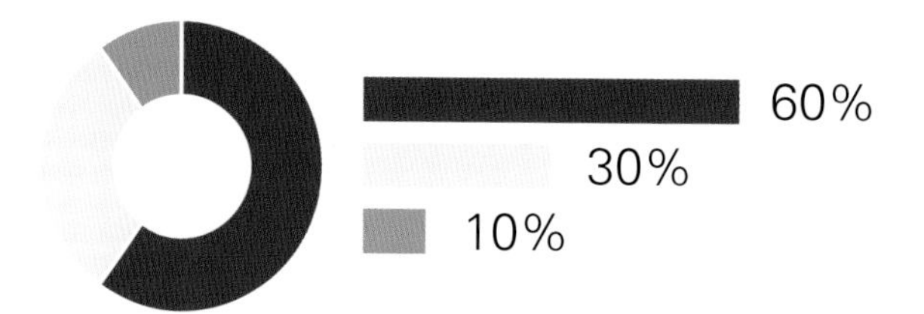

绛红色的面积占比较多，属于以深色为主的搭配，具有稳重的印象。由于白色与绛红色的明度对比较大，在这里可以提亮整个空间或产品，使其印象发生了变化，略带几分休闲与放松，增加了空间感。

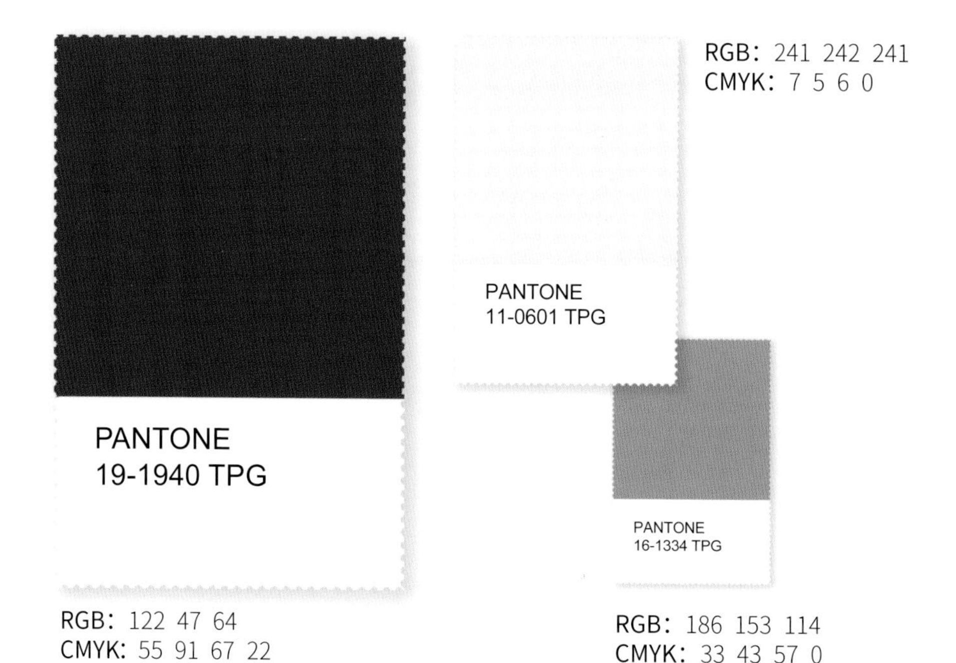

*松下品牌提供

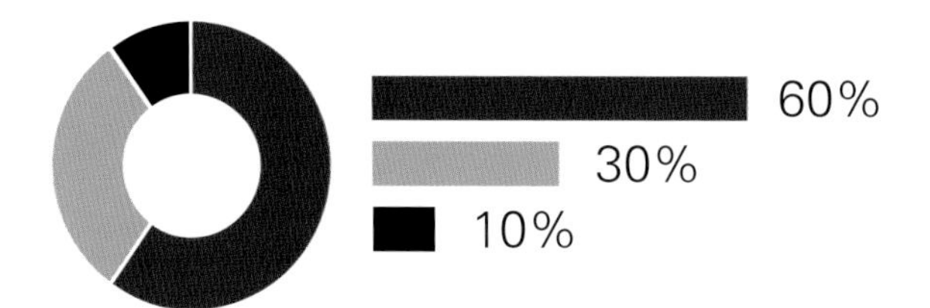

绛红色与肉桂色中同样都含有红色元素，因此，在搭配的时候可以任意发挥，红色经典大气、华丽富贵，是成功人士的最爱，肉桂色的搭配体现了幸福与和谐，充满了对生活的无限热爱。黑色增加考究的印象。

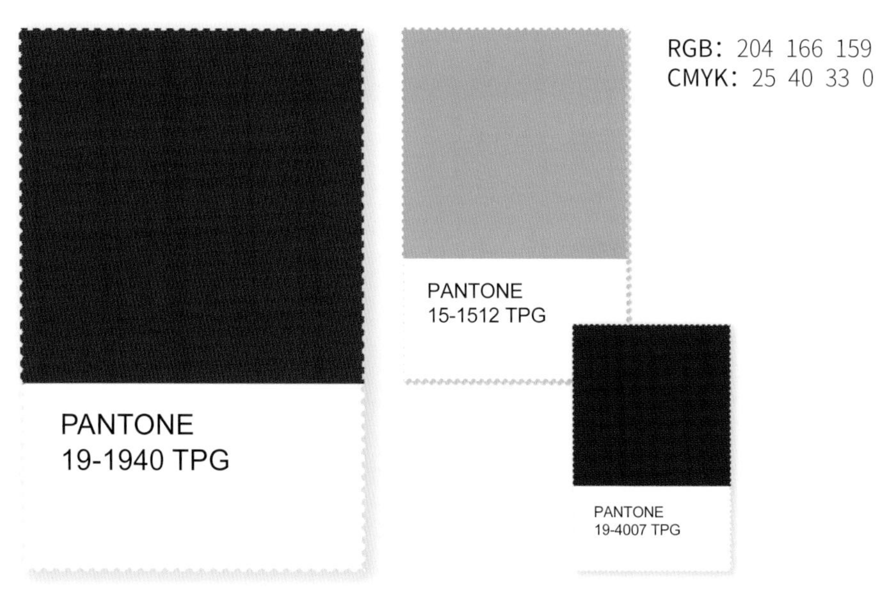

*九牧卫浴品牌提供

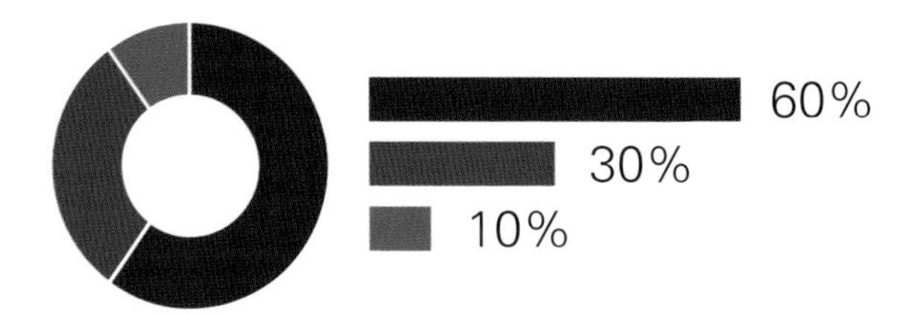

绛红色与黛绿色的搭配，色相对比强烈，但明度与纯度几乎处于同等位置，因此，两个颜色搭配在一起加强了古典的韵味。草绿色的点缀，增加一些视觉层次感。

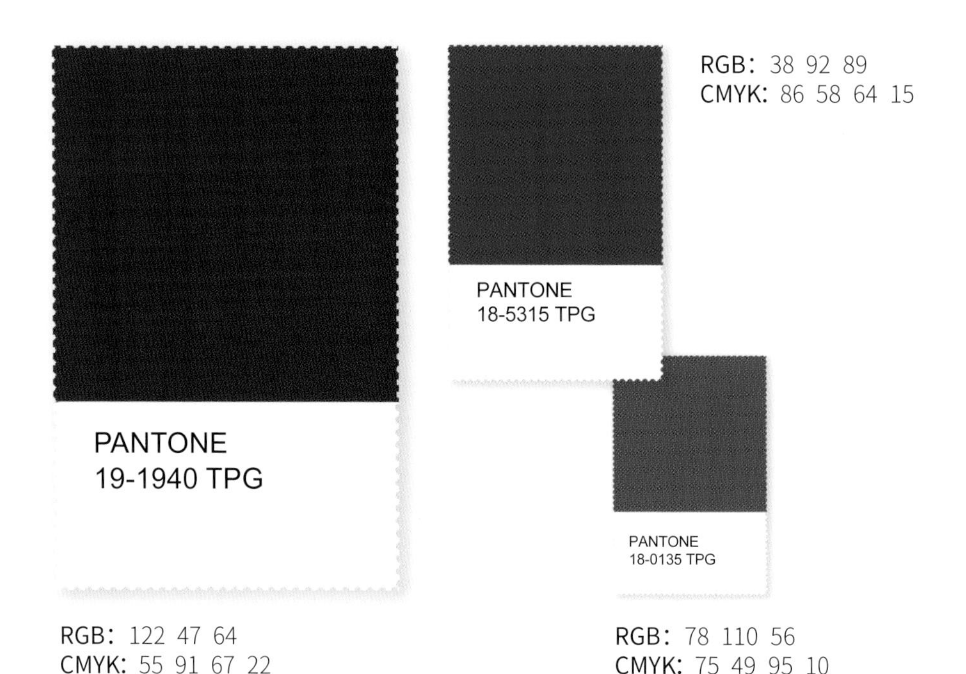

橙

ORANGE

橙色 5 个主色的选择。橙色，根据明度及纯度的梯度变化，另外选择两个不同梯度的浅橙色、两个不同梯度的深橙色。

橙色是暖色。橙色由“红色 + 黄色”组成，它在形象坐标轴上属于暖区域，我们把暖色称为前进色。

橙色。处于形象坐标轴的暖区域偏上位置，其印象为快乐的，无忧无虑的。

纯度高的色比纯度低的色要暖一些。同样是橙色，鲜艳的橙色比低艳度的颜色温暖，所以，鲜艳的橙色靠近暖极。

浅淡橙色。纯度低，浅淡的橙色偏冷；明度高，接近软轴。其印象为童话般的、柔和的感觉。

深橙色。纯度低，明度低。其印象为妩媚、古典。

橙色。当我们受到惊吓、打击，感到伤痛时，我们可以用橙色进行修复，以及作为能量的补充。橙色中由于涵盖了红色，能将欲望转化为现实，所以，我们用橙色表示足足的正能量。

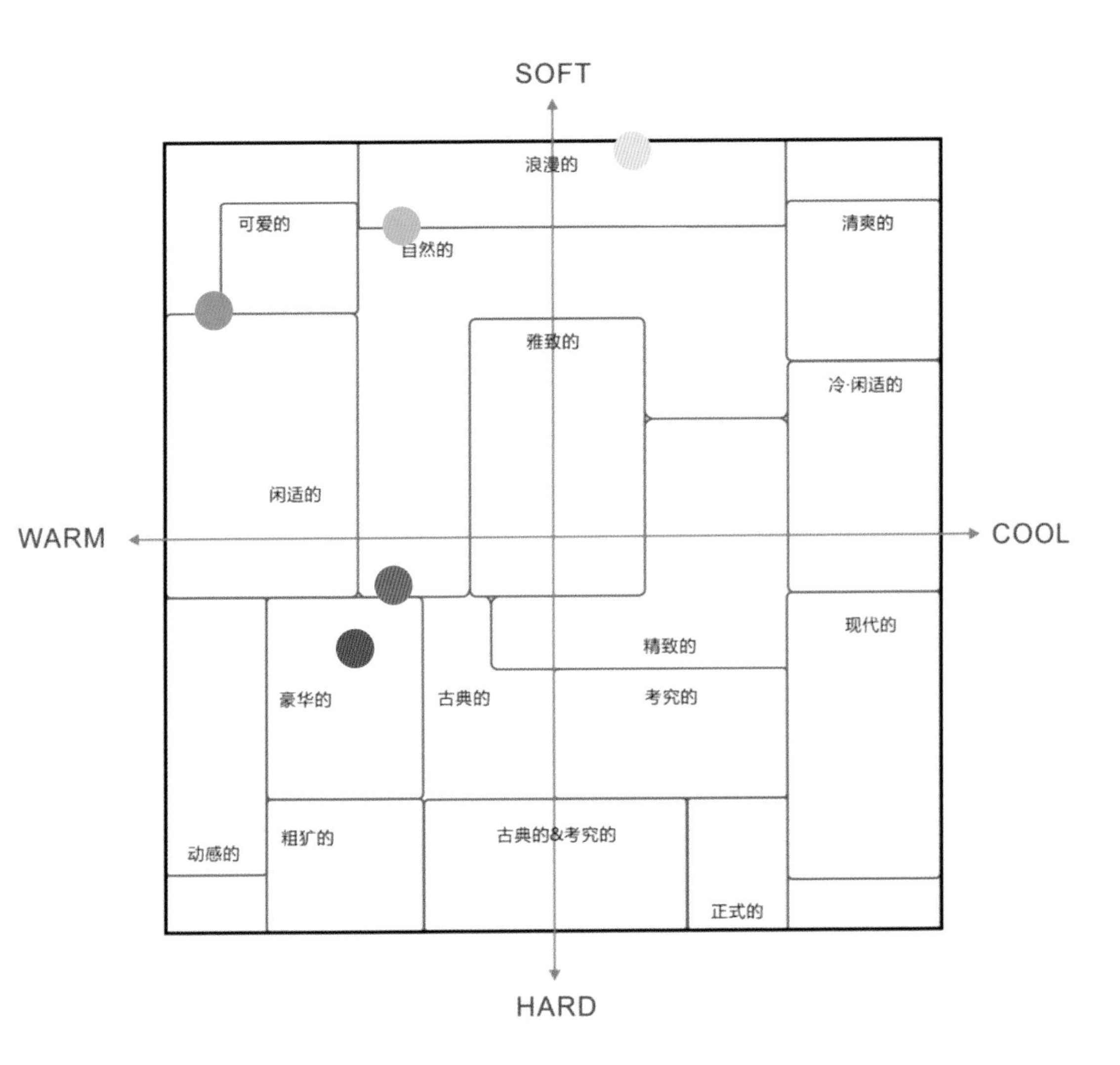

SOFT
浪漫的
可爱的
自然的
清爽的
雅致的
冷·闲适的
闲适的
WARM
COOL
现代的
精致的
豪华的
古典的
考究的
动感的
粗犷的
古典的&考究的
正式的
HARD

·闲适的
·热烈的
·活力的
·阳光的

RGB：242 147 46

CMYK：6 53 84 0

PANTONE：15-1153 TPG

橙色在配色中占到主要优势，处于坐标轴的暖色区域。橙色是生命之树，代表了身心的愉悦、流动的能量，常给人们带来福禄之感。案例中选择了橙色与淡灰蓝色、橙色与玫红色、橙色与黑色、橙色与宝蓝色的配色关系，热烈而跃动。由于处于次要面积的搭配颜色不同，在这些颜色与橙色组合后，单色橙色带来的最初形象已经发生了变化，比如橙色与宝蓝色的组合，单色橙色从软轴区域下降到硬轴区域，组合后的形象具有运动感。

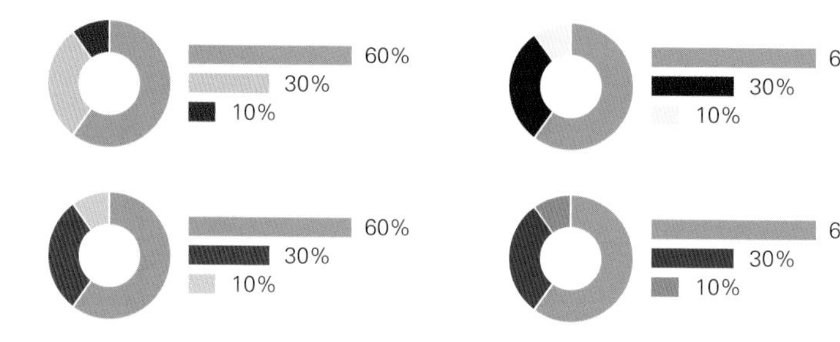

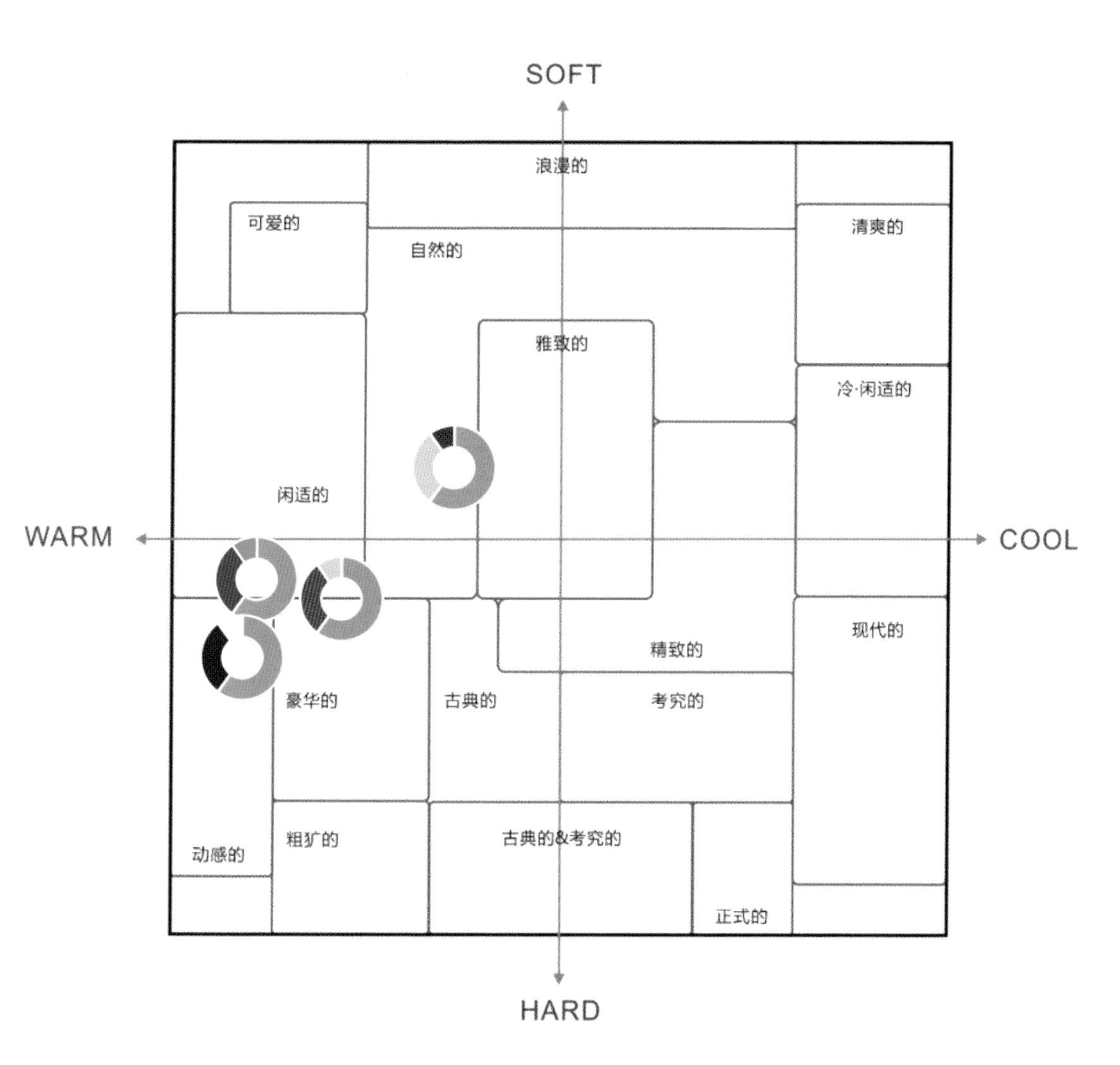
SOFT
浪漫的
可爱的
清爽的
自然的
雅致的
冷·闲适的
闲适的
WARM
COOL
现代的
精致的
豪华的
古典的
考究的
动感的
粗犷的
古典的&考究的
正式的
HARD

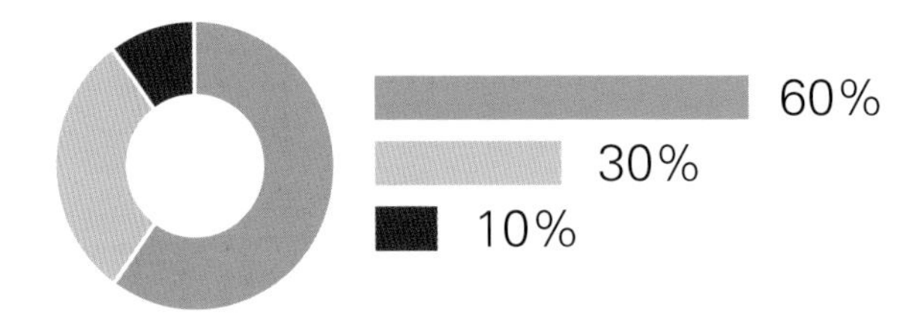

橙色是水果的颜色，当橙色的面积占绝对优势时，构成了以橙色为主调的色彩节奏，给人以香甜感。浅灰蓝色降低了橙色跃跃欲试的能量，增添一丝清净感，同时，深褐色的点缀也使其显得更为随和。

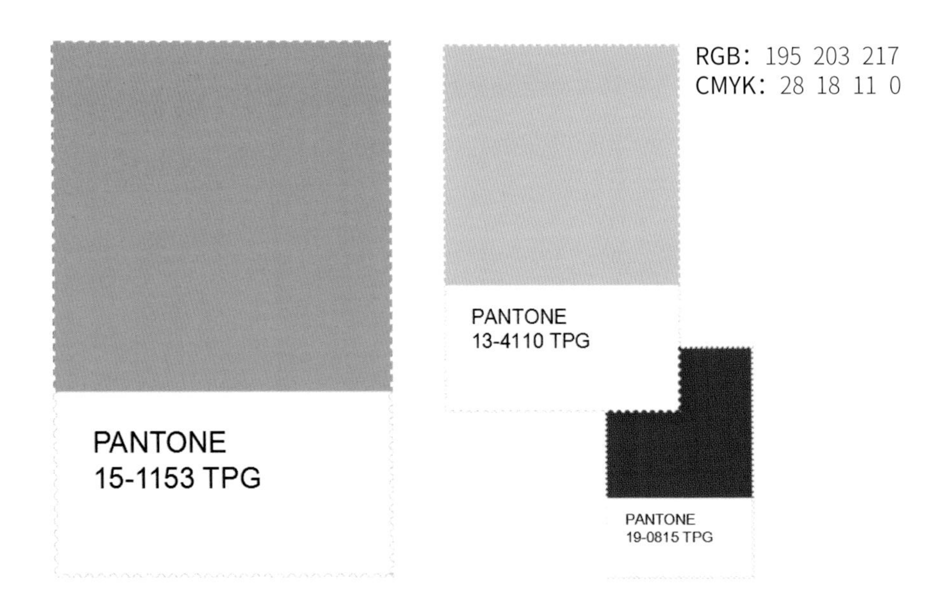

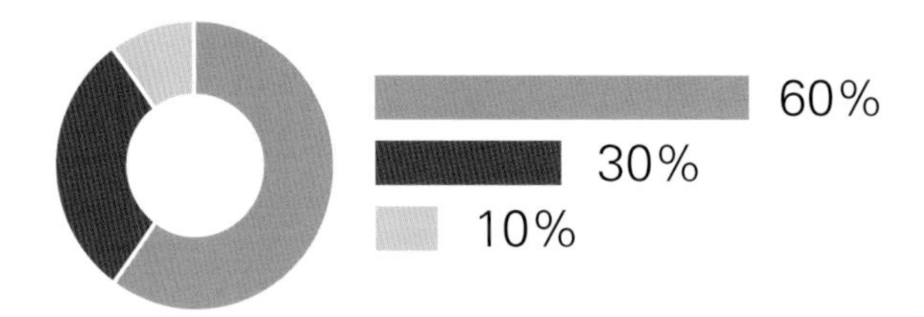

橙色与玫红色的搭配，两个颜色都含有红色元素，橙色是“红＋黄”，玫瑰红色是“红＋蓝”，黄与蓝的元素是对立的，因此，两个颜色的搭配既统一又有变化，给人以华丽的渐变感，有一种灿烂的妩媚印象。

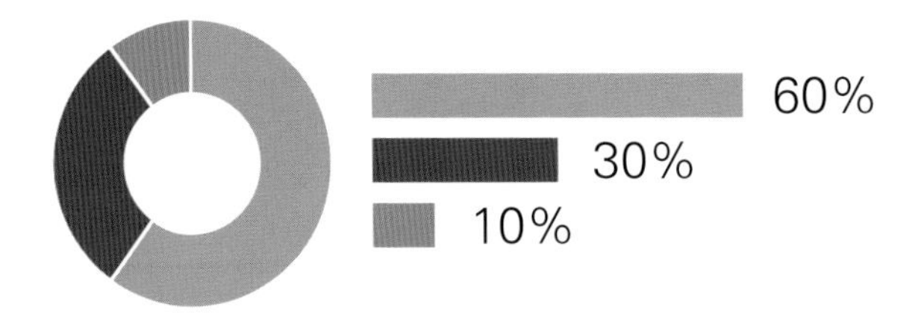

橙色是艳丽的，宝蓝色也很鲜艳，与橙色在色相上形成对比，两者在视觉表达上相互争宠，带来视觉的刺激，加一抹中性的绿色，也算是为这组活跃的配色降温。

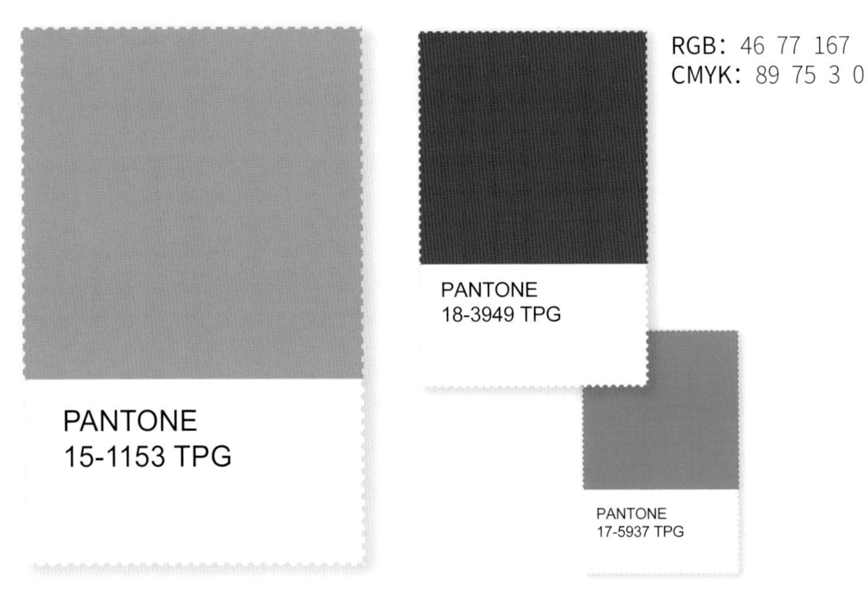

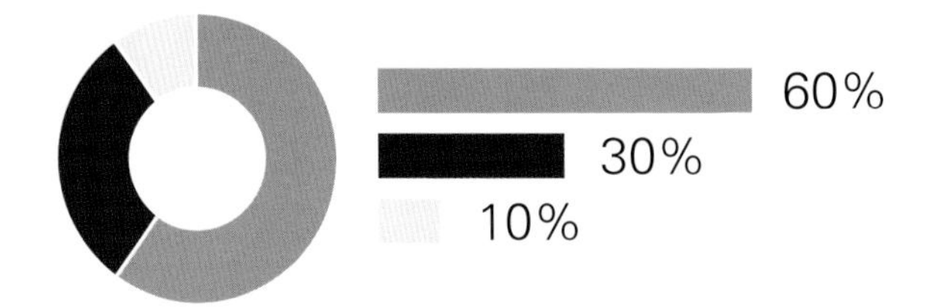

单色橙与单色黑在坐标轴上的位置相距较远，两者搭配形成醒目的配色关系，与红与黑搭配形成的力量感不同，橙与黑具有一种积极的主动性和心情的愉悦感，适合运动类产品。

RGB：242 147 46
CMYK：6 53 84 0

RGB：45 48 54
CMYK：82 77 68 45

RGB：241 242 241
CMYK：7 5 6 0

Santa Monica
爱慕运动品牌提供

· 融洽的
· 亲和的
· 抒情的
· 快活的

RGB：255 177 126

CMYK：0 42 50 0

PANTONE：14-1135 TPG

浅橙色在配色中作为主要色调，占比60%，这个系列中浅橙色的选择更趋向“红色 + 黄色”中的红色多一点，因此，这个浅暖橙色处于暖轴区域，具有伶俐、可爱的“颜值”，适合家居纺织品。四组配色案例，分别是浅橙色与淡桔粉色、浅橙色与米白色、浅橙色与浅黄色、浅橙色与黑色。由于处于次要面积的搭配颜色明度及纯度差异的不同，当这些颜色与浅橙色组合后，色彩形象也是不同的，比如浅橙色与黑色的组合，由于黑色比较硬朗，组合后的色彩形象带有些随性的帅气。

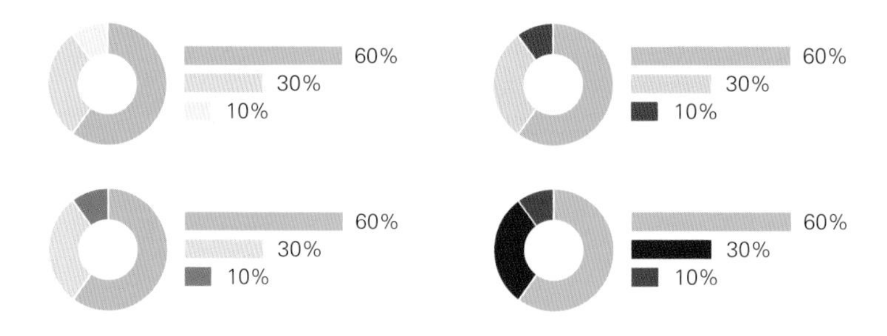

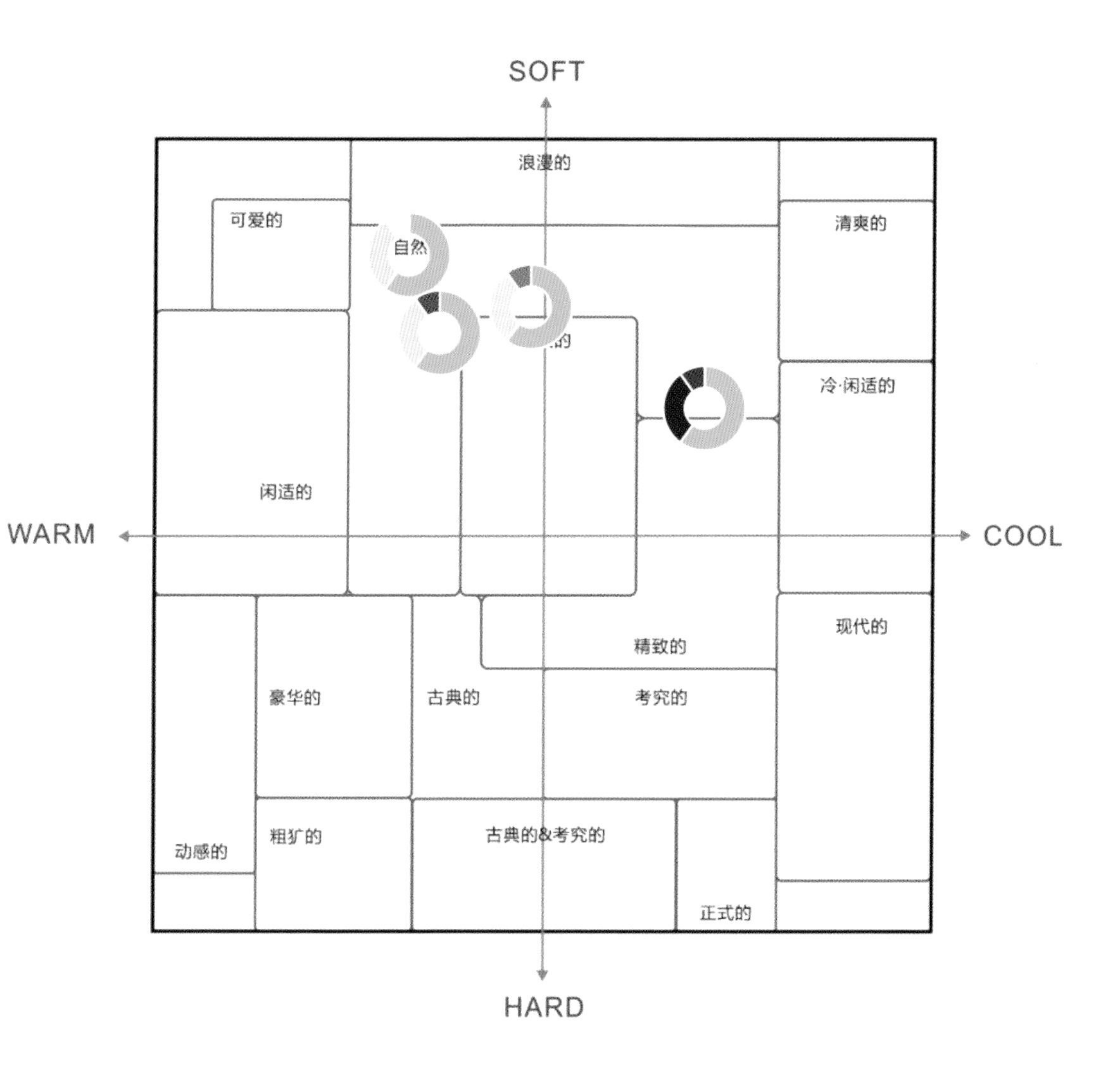
SOFT
浪漫的
可爱的
自然
清爽的
冷·闲适的
闲适的
WARM
COOL
现代的
精致的
豪华的
古典的
考究的
动感的
粗犷的
古典的&考究的
正式的
HARD

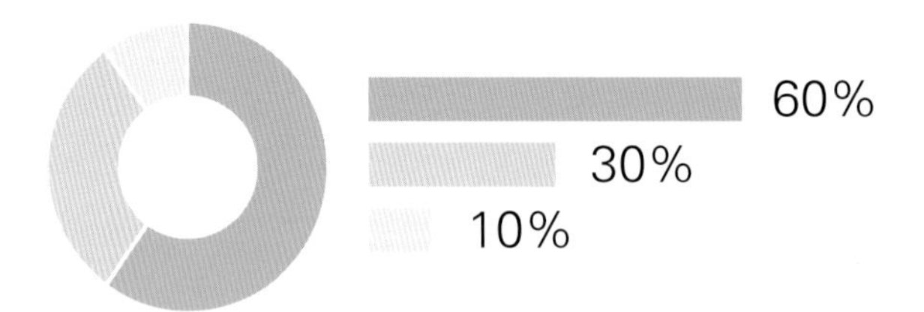

浅橙色的形象给人以香甜感，淡桔粉色蕴含柔美、可爱感，具有善于亲近的性格。这是一个关于爱的颜色，两个颜色在形象上保持高度的一致性，更加突出女性的甜美、温柔印象。

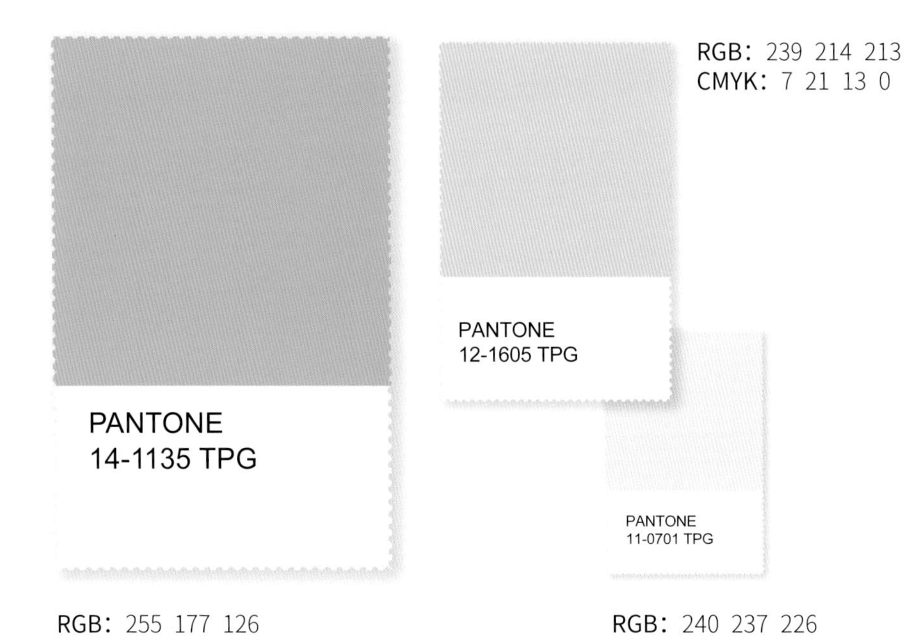

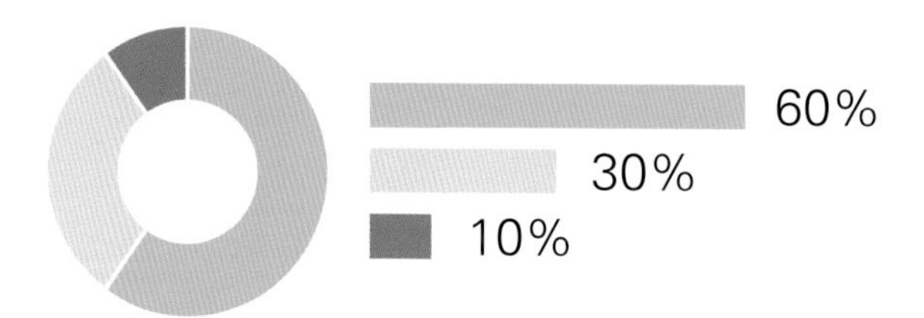

浅橙色与米白色搭配，两种色相通过运用色彩的浓淡来达到所要实现的效果。米白色是欧洲国家定义羊毛的本色，也属于很温润的颜色，与甜蜜的浅橙色搭配在一起，感受浪漫、温柔、随和的气氛，再点缀少量的梧桐皮灰色，给人以层次感。

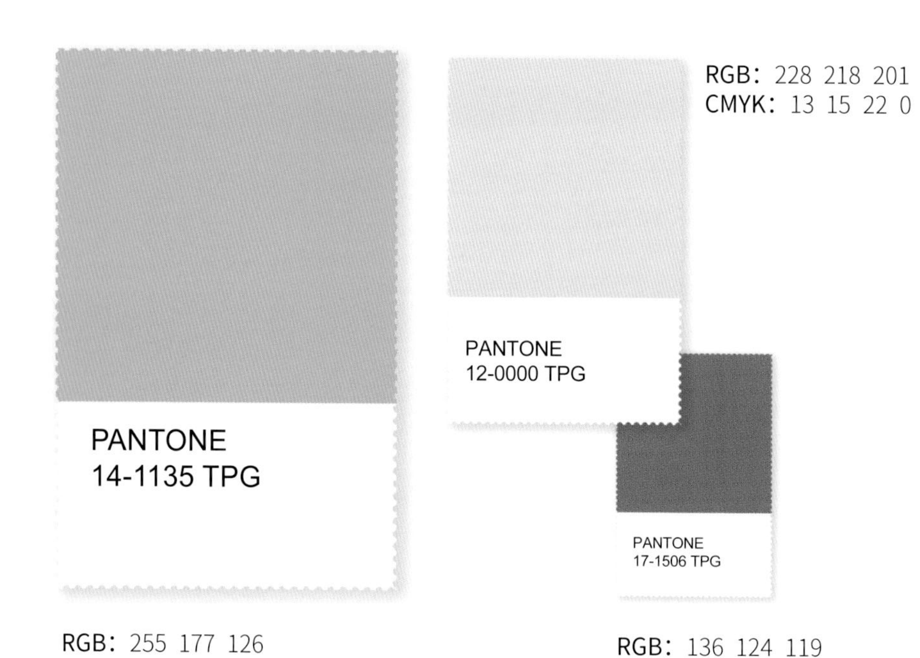

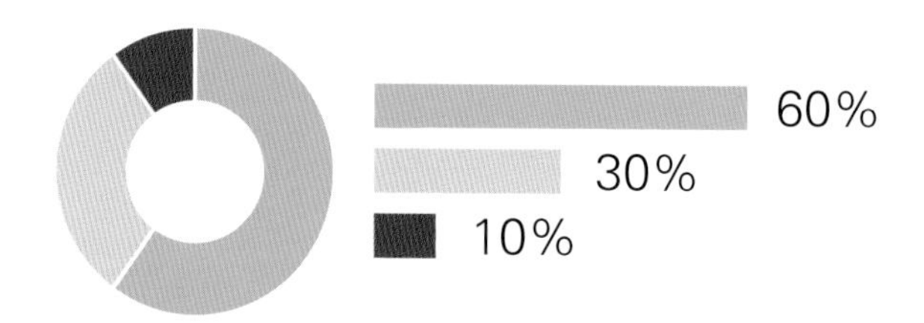

根据色相环上的排列顺序，黄色是橙色的邻居，这两个颜色搭配在一起不会突兀，当然也不会单调。浅黄色与褐色明度差较大，褐色的增加可以让这两个颜色不那么轻浮。家用纺织品若以这种方式进行配色，将使整个房间充满温馨感。

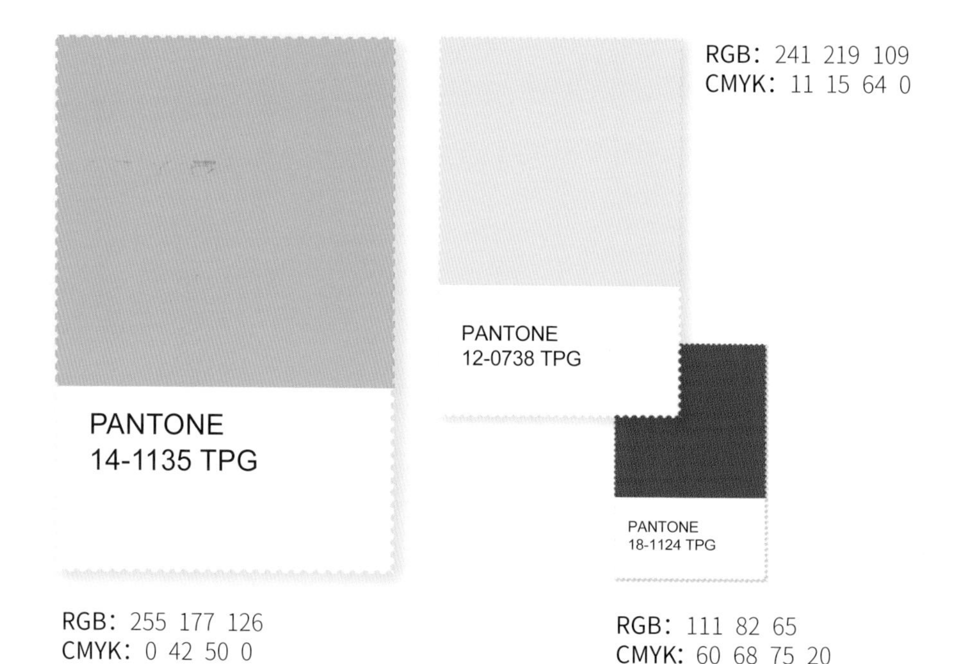

*馨亭品牌提供

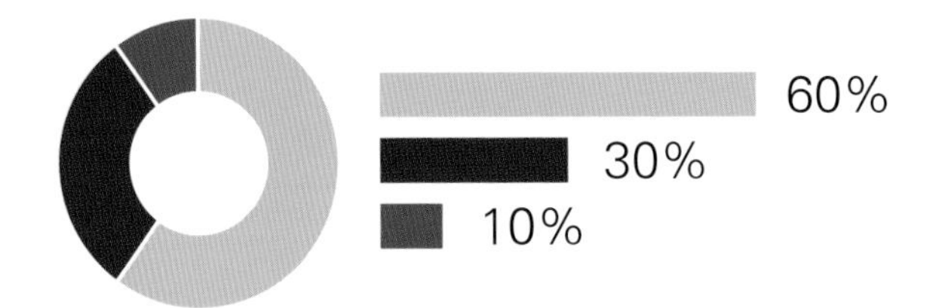

浅橙色与黑色的搭配，浅橙色给人以甜美的印象，黑色是沉稳的，两个颜色对比强烈，搭配在一起体现健康鲜活的青春印象。这组中配色有一个黛绿色的加入，强调性格。

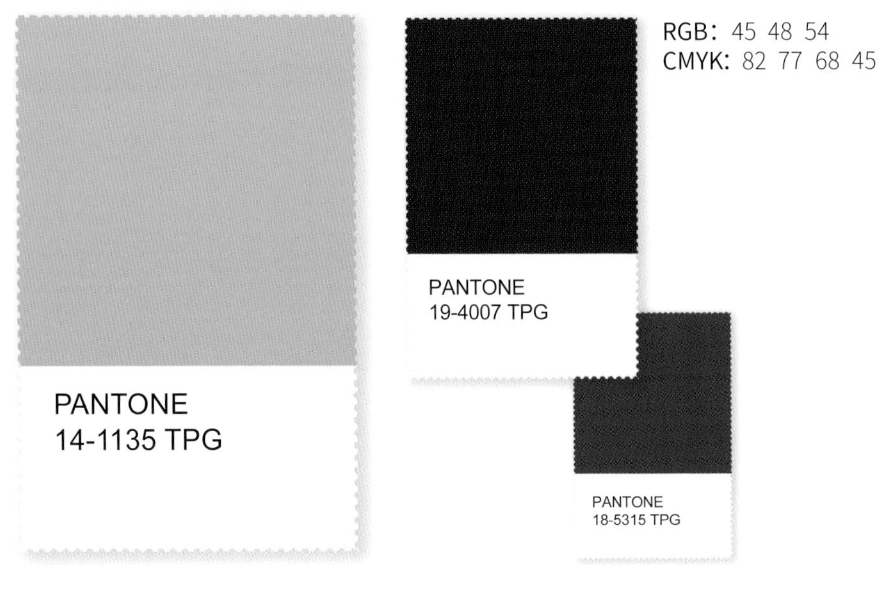

·浓郁的
·坚实的
·知性的
·豪华的

RGB：160 87 71

CMYK：44 75 73 5

PANTONE：18-1441 TPG

铁锈橙色，色泽深沉且浑厚，该色在这个系列中处于主要色调，占比60%。四组案例中，铁锈橙色与浅橙色、铁锈橙色与勃艮第酒红色、铁锈橙色与墨绿色、铁锈橙色与深孔雀蓝色的配色关系，呈现了成熟而古典的风格。铁锈橙色与孔雀蓝色的组合，带来异国的情调，若再加入10%的卡其色进行搭配，将能更好地协调两色之间的差异性。

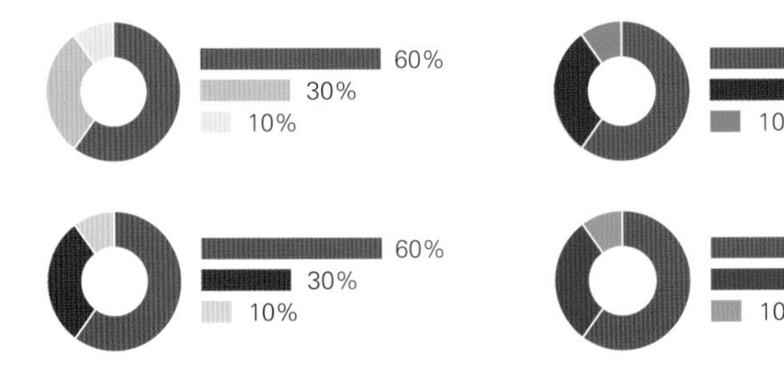

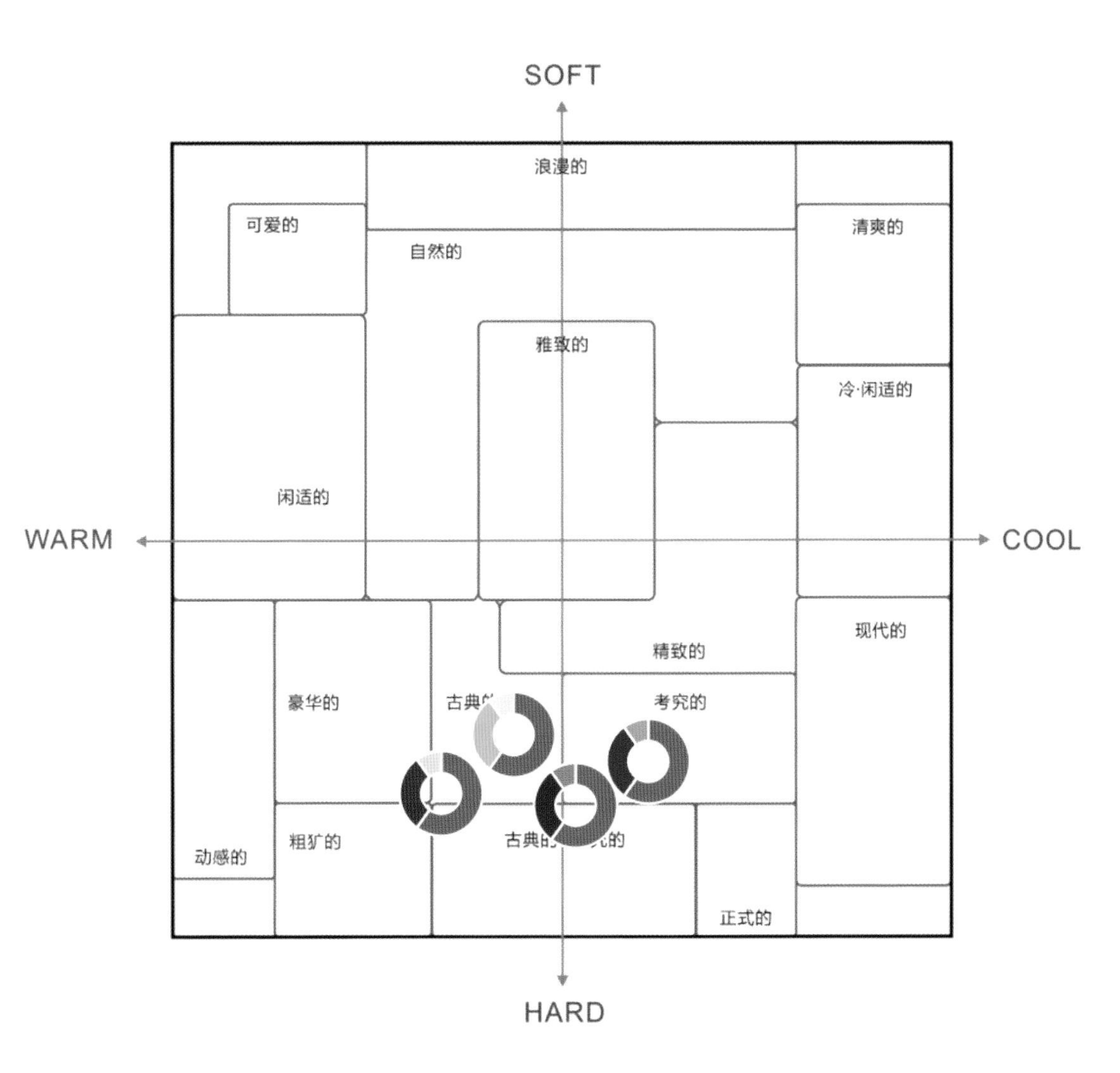
SOFT
HARD
WARM
COOL
浪漫的
可爱的
自然的
清爽的
雅致的
冷·闲适的
闲适的
现代的
精致的
豪华的
古典
考究的
动感的
粗犷的
古典
正式的

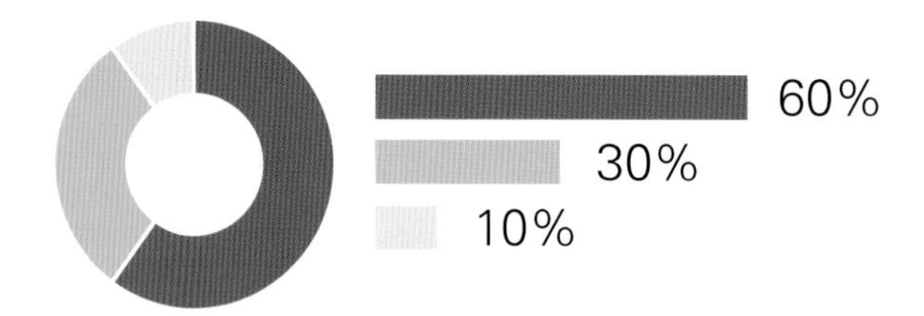

铁锈橙与浅橙色的搭配，在明度上拉开距离，一个浓郁，一个甜美，所以，这组色彩搭配即有古典、怀旧的韵味，同时也带有清甜和娇艳的气质。月白色的加入，又增添了几分内敛。

RGB：160 87 71
CMYK：45 75 73 5

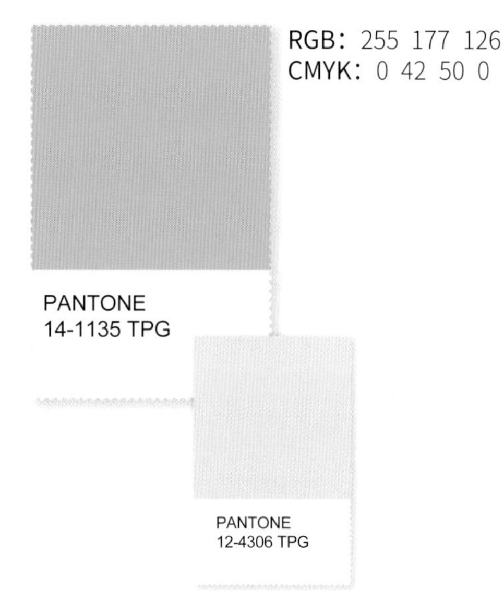

RGB：255 177 126
CMYK：0 42 50 0

RGB：222 226 225
CMYK：16 9 11 0

*印象草原品牌提供

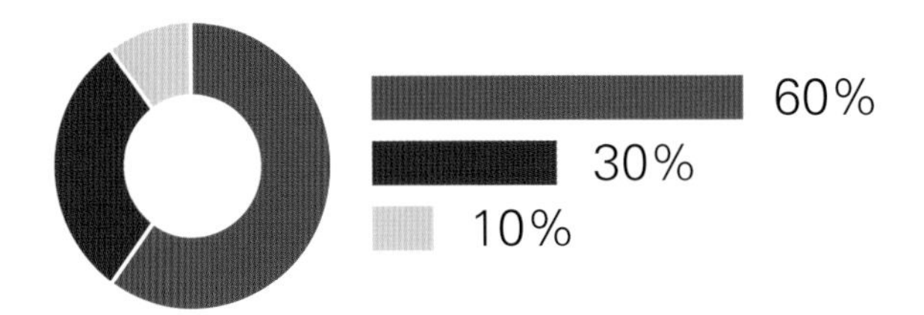

铁锈橙色与勃艮第酒红色的搭配位于坐标轴偏下方，同属于深而浓的色彩，组合在一起，是浓郁而充盈的，具有成熟感、品味感。加入净皮黄色，提亮画面，稍显明朗。

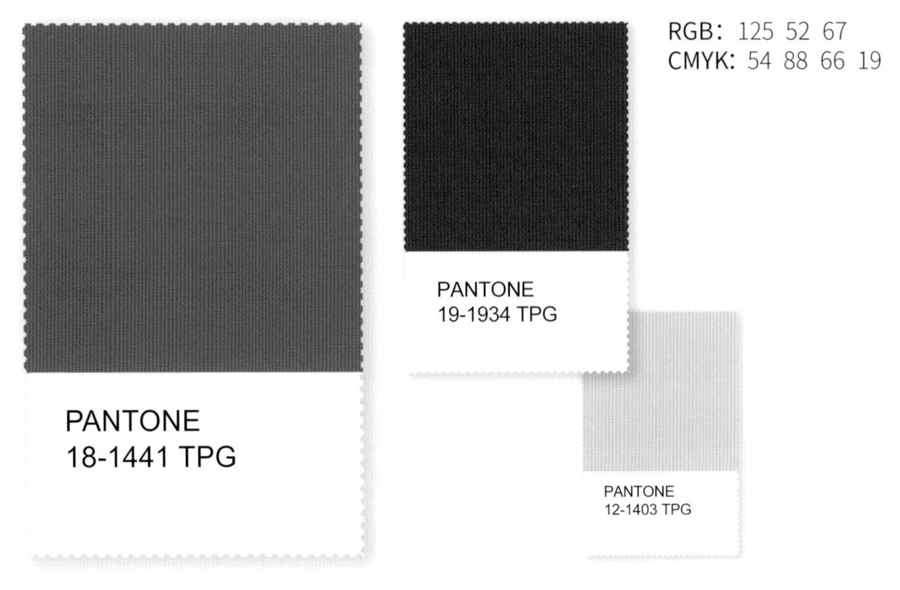

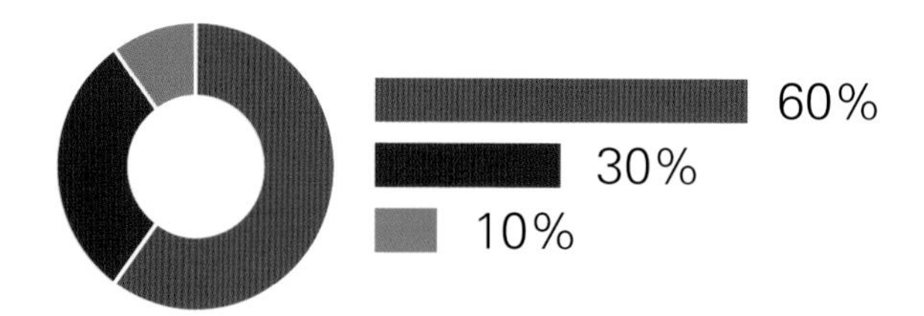

铁锈橙色与墨绿色的搭配，两个颜色的色相差强烈，墨绿色更加深沉而庄重，两个颜色组合在一起，体现了一种稳重感，明度上的微差，更加彰显细节。陶土色的搭配不失格调感。

RGB：160 87 71
CMYK：45 75 73 5

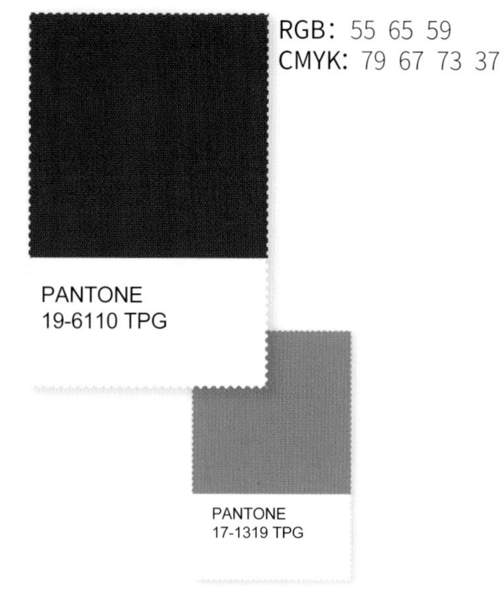

RGB：55 65 59
CMYK：79 67 73 37

RGB：155 131 108
CMYK：47 50 58 0

*印象草原品牌提供

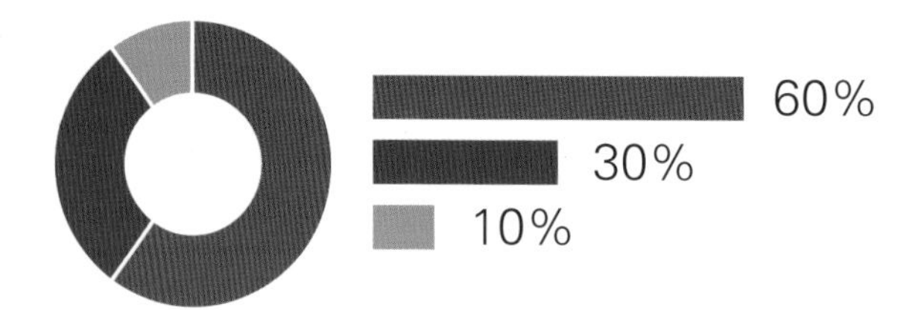

铁锈橙与深孔雀蓝在色相上形成视觉对比，这两个颜色比较浓郁，带有民族风的特点。在家居配色中若用该方式搭配，能塑造异国情调，驼金色的勾边精工细作，非常考究。

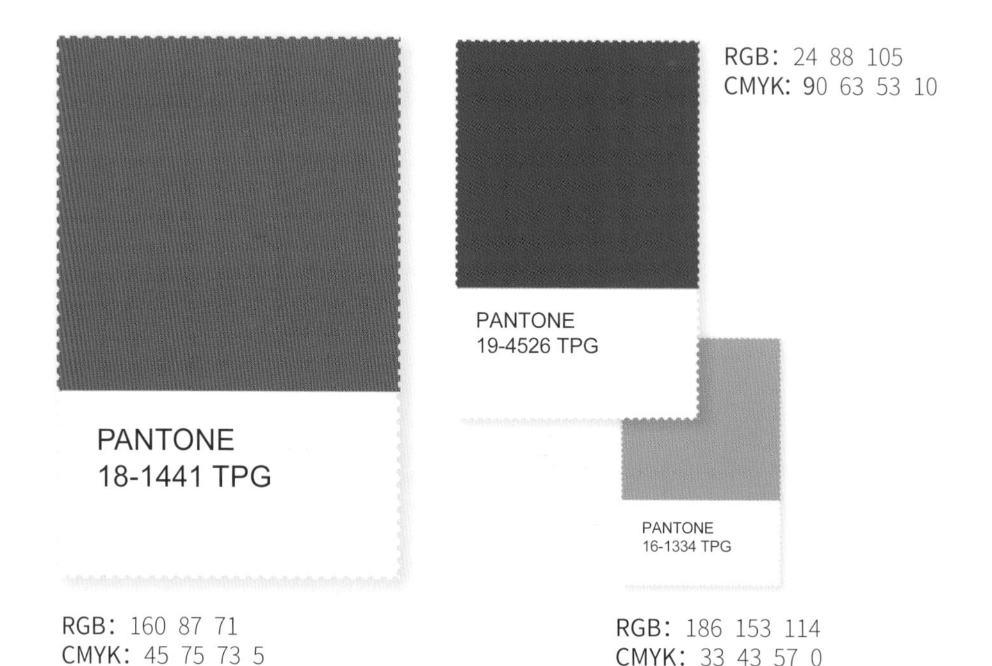

黄

YELLOW

黄色 5 个主色的选择。黄色，根据明度、纯度以及单色冷暖的梯度变化，另外选择两个不同梯度的浅黄色、两个不同梯度的深黄色。

黄色是暖色。它在形象坐标轴上属于暖区域。

黄色。处于形象坐标轴的暖区域偏上位置，其印象为充满阳光的、活跃的。

淡黄色及浅黄色。纯度低，明度高，淡黄色比浅黄色更加偏冷，其印象是纯真、温润的感觉。

低彩度、中明度的黄色。处于坐标轴中间偏暖位置的上下区域，调性为自然的原木色、亚麻色和砂岩色、枯草色等。其印象是平和、舒服、自然、平实无华。

暗黄色。由于纯度低、明度低，可以用褐色命名。这个暗黄色似乎已经失去黄色本身具有的特性。其印象是传统而怀旧。

黄色。是阳光的色彩，有黄色的出现，就有一种幸福和快乐的存在。有了光，能更清晰地看到物体，所以，黄色又代表了一种清晰的洞察力。

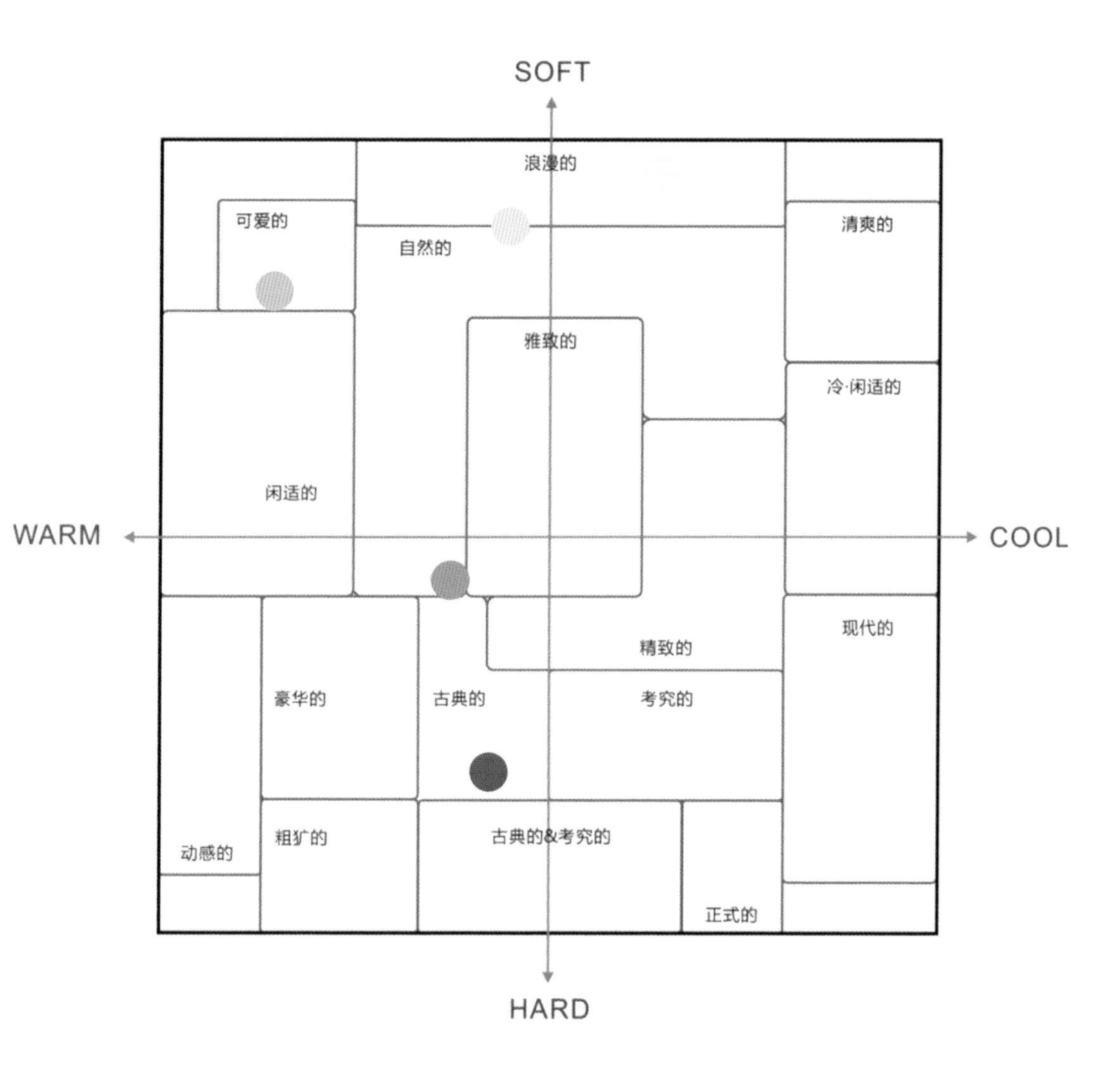
SOFT
浪漫的
可爱的
自然的
清爽的
雅致的
冷·闲适的
闲适的
WARM
COOL
现代的
精致的
豪华的
古典的
考究的
动感的
粗犷的
古典的&考究的
正式的
HARD

· 精美的
· 运动的
· 潇洒的
· 华丽的

RGB：245 199 26

CMYK：9 26 88 0

PANTONE：13-0752 TPG

黄色在配色中占到主要优势，处于坐标轴的暖色区域。黄色代表了获取知识的能力，能够很清晰地洞察事物，黄色同样代表了幸福、喜悦。案例中选择了黄色与紫色、黄色与黑色、黄色与湖蓝色、黄色与红色的配色关系，都属于强烈对比型。由于色彩搭配组合的变化，组合后的色彩形象也发生了变化，黄色与湖蓝色的搭配处于坐标轴的冷色区域，黄色与红色的搭配仍处于坐标轴的暖色区域。

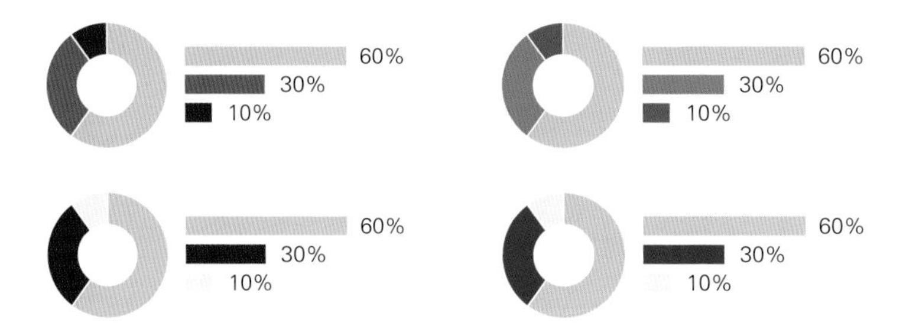

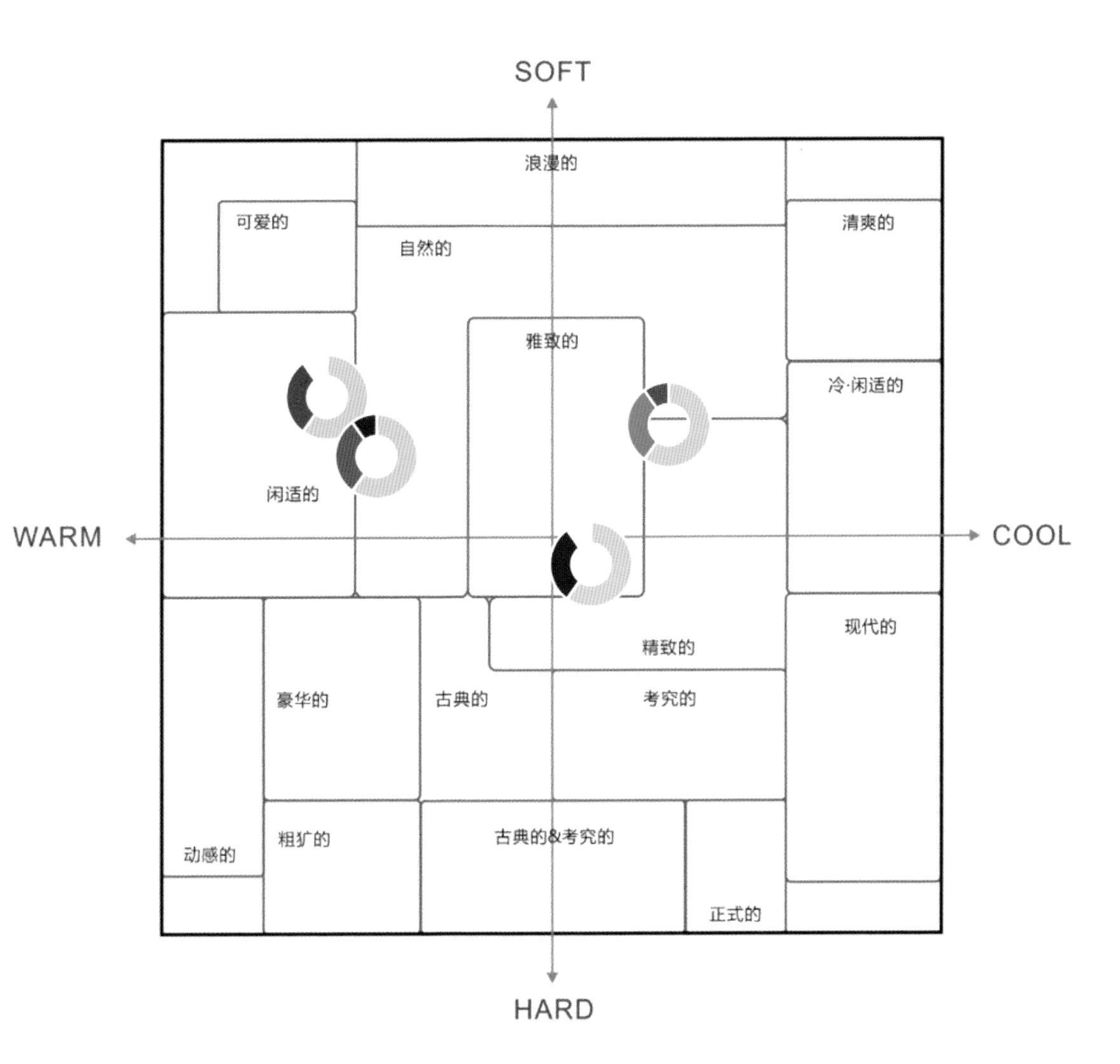
SOFT
浪漫的
可爱的
清爽的
自然的
雅致的
冷·闲适的
闲适的
WARM
COOL
现代的
精致的
豪华的
古典的
考究的
粗犷的
古典的&考究的
动感的
正式的
HARD

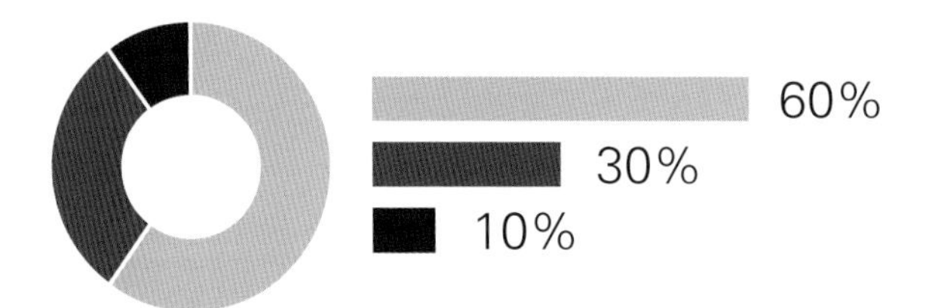

鲜艳的黄色在画面中占主角，艳丽的紫色明显与黄色在色相上形成强烈对比感，具有快活、大胆及华丽的印象，同时加入黑色做搭配，尽显风趣而灵动的运动感。

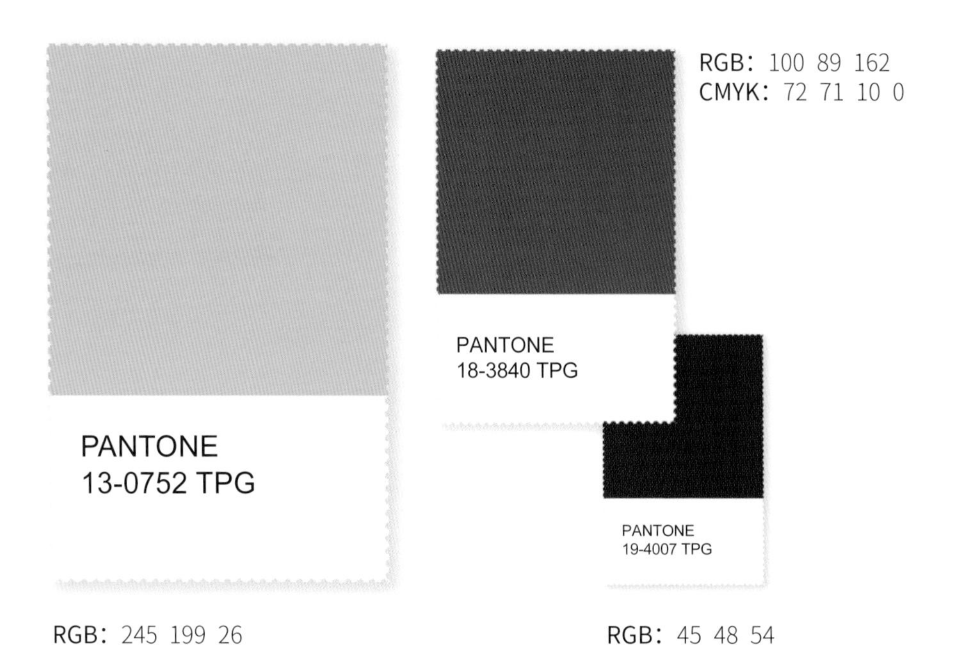

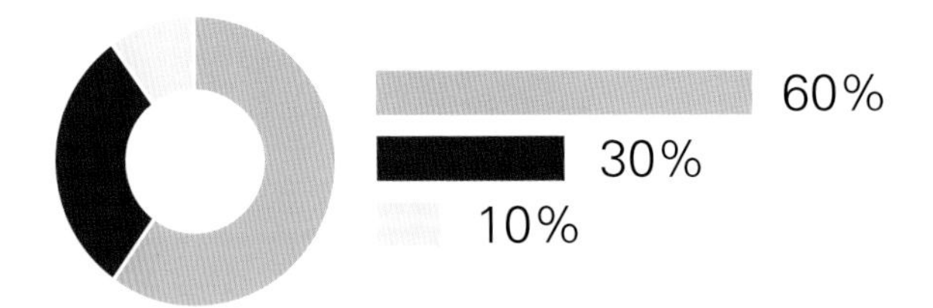

在产品中，单色黄与单色黑在坐标轴上的位置相距较远，两者搭配形成醒目的配色关系，具有极强的先锋艺术感，给人以华丽、鲜明的印象，相互起衬托作用。

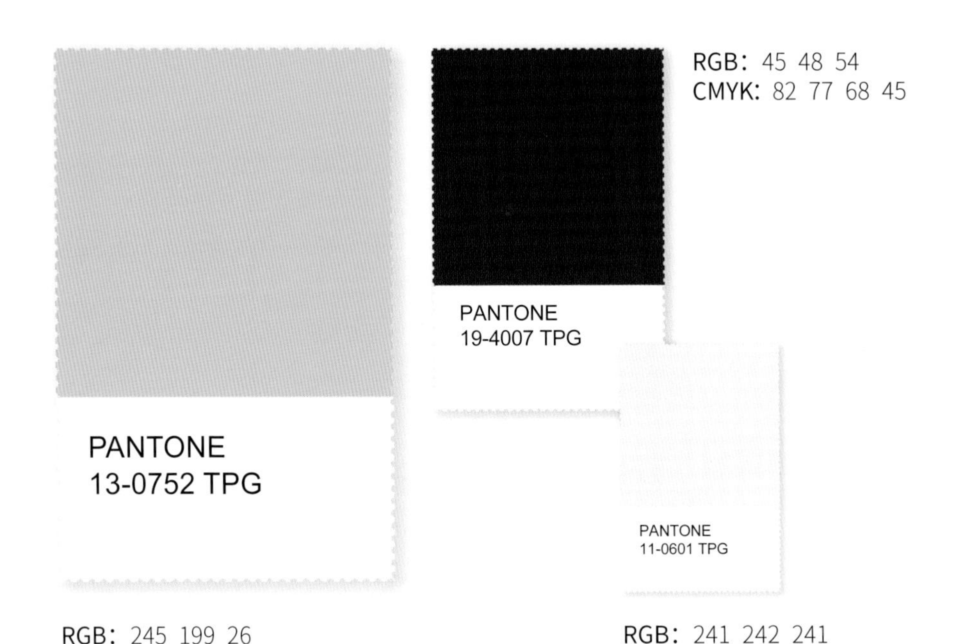

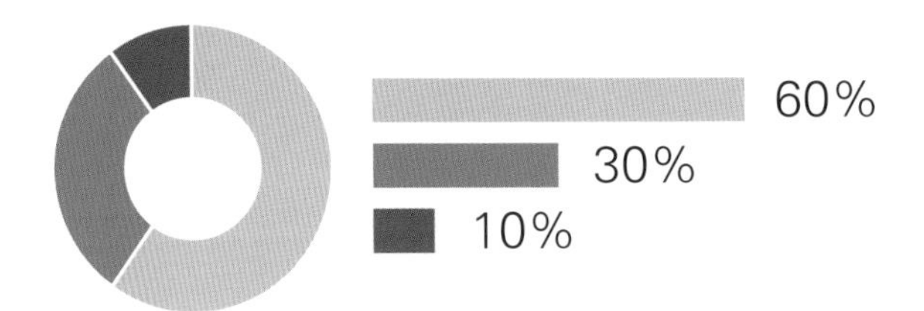

黄色与湖蓝色的搭配，两个颜色的色相元素完全不同，但由于处于冷极的蓝色影响，将这个组合拉到色彩坐标轴的冷轴，体现一种自然的都市印象，有健康而新鲜的感觉。

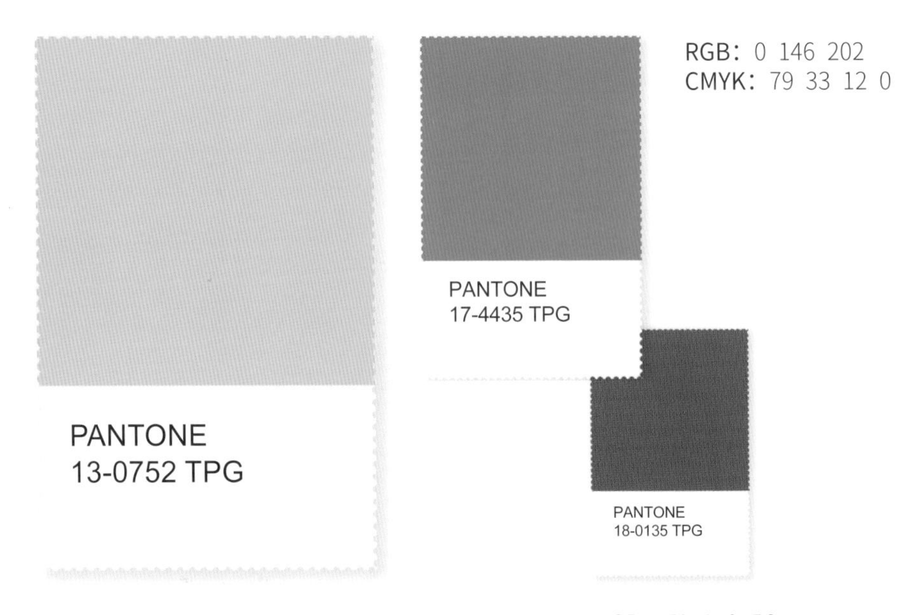

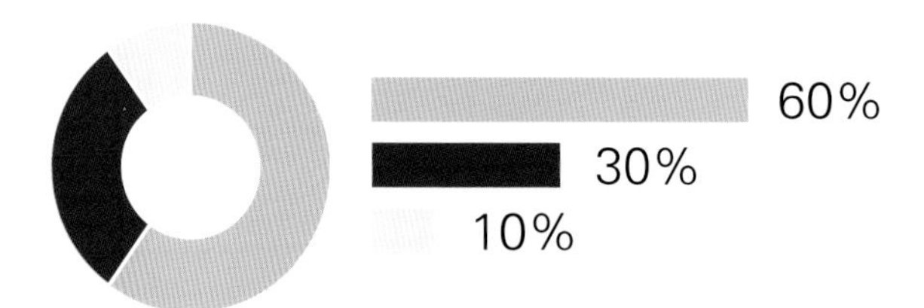

黄色与红色的搭配是中国人偏好的一组配色，人们幽默地称其为“番茄炒蛋”。这组色彩关系是非常活跃且喜庆的，体现一种祥和、热烈的能量，同时也是一组积极动感的色彩组合，给人以朝气蓬勃、能量满满的印象。

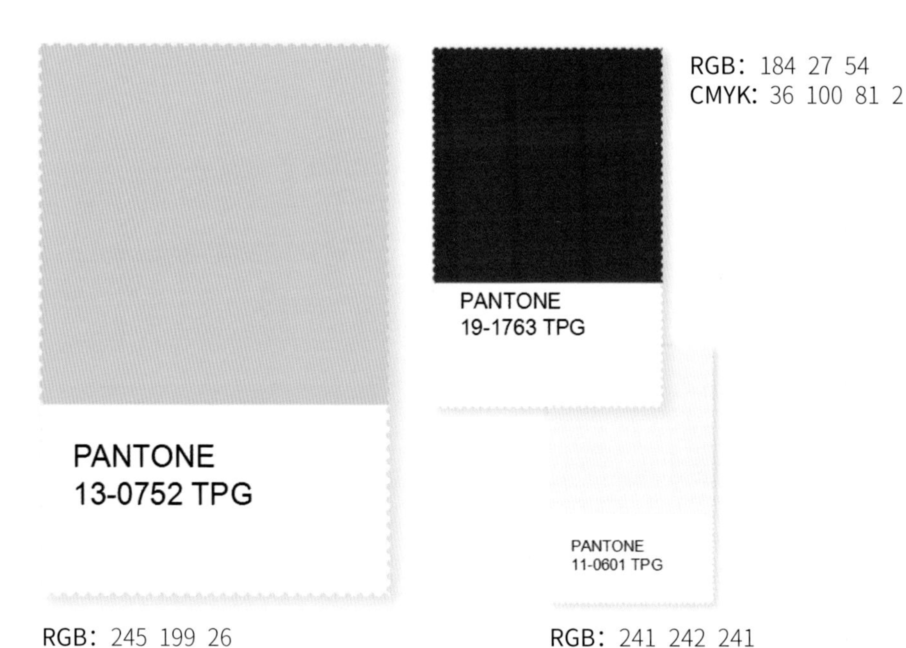

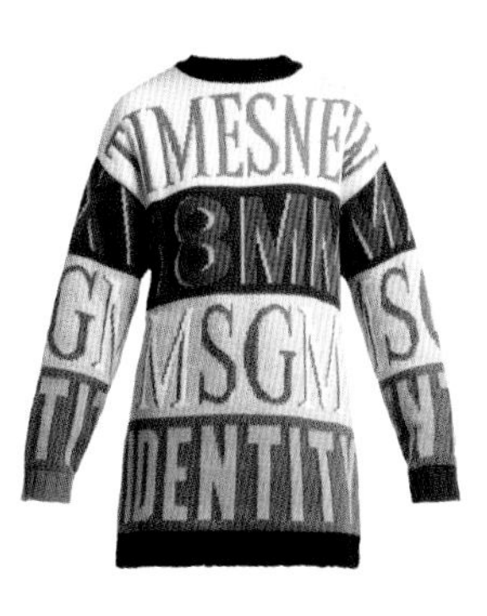
MSGM
IDENTITY

·清纯的
·清新的
·伶俐的
·温润的

RGB：239 238 178

CMYK：11 5 38 0

PANTONE：11-0710 TPG

淡黄色为主色，淡黄色的形象是清纯的、温润的、伶俐的。案例中的四组颜色搭配组合，分别是淡黄色与雾白色、淡黄色与天青色、淡黄色与浅黄色、淡黄色与苔藓绿色。处于次要面积的颜色在明度及纯度上均有差异，在与淡黄色组合后，单色淡黄色处于坐标轴的最初位置被改变了，淡黄色与浅黄色的搭配，处于暖轴区域，淡黄色与天青色的搭配，处于冷轴区域。

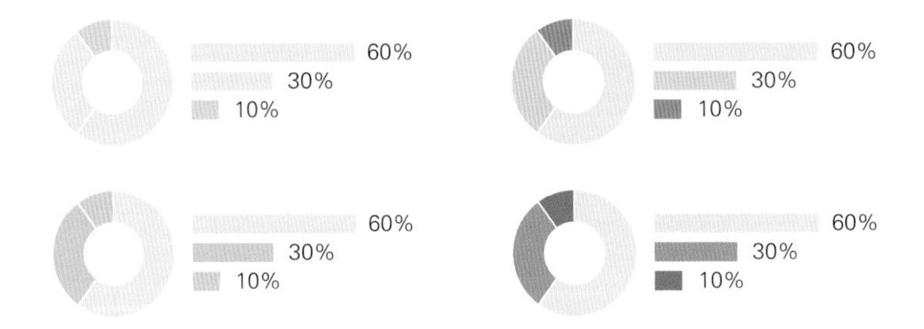

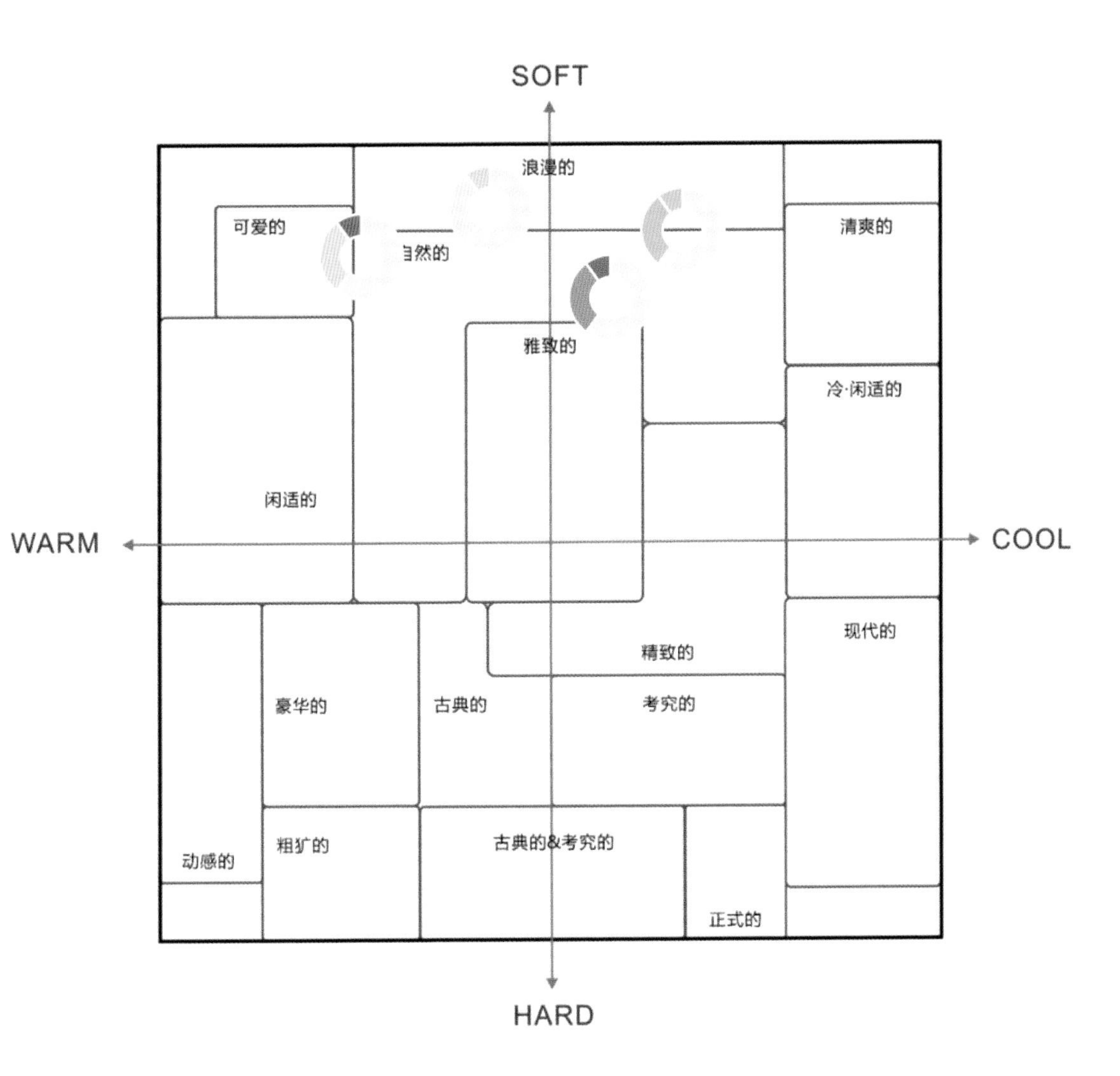
SOFT
浪漫的
可爱的
自然的
清爽的
雅致的
冷·闲适的
闲适的
WARM
COOL
现代的
精致的
豪华的
古典的
考究的
动感的
粗犷的
古典的&考究的
正式的
HARD

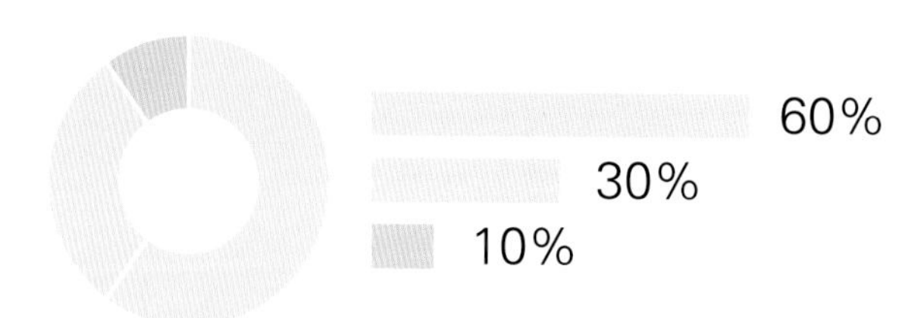

淡黄色、雾白色、大理石白色，三个颜色均是朦胧、轻柔且带有童话般感觉的色彩。同样的色相、同样的明度、同一种调性，不管怎样自由搭配，都能令人感受到协调统一，仅通过纯度的微小变化，使画面产生不易察觉的节奏感。

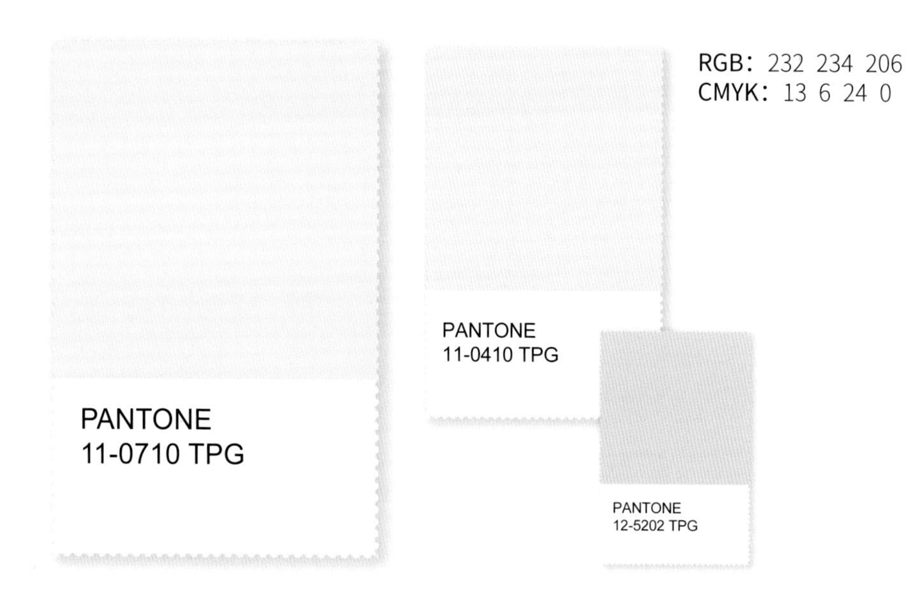

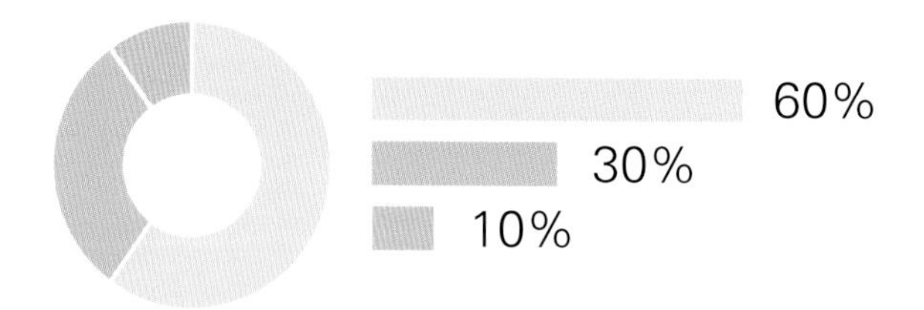

淡黄色、天青色、淡橙色，这三个颜色的单色形象均处于色彩坐标轴的软极，搭配在一起属轻柔的粉彩色调，纯真且浪漫，让人联想起童话般的故事，是梦幻的色彩组合。

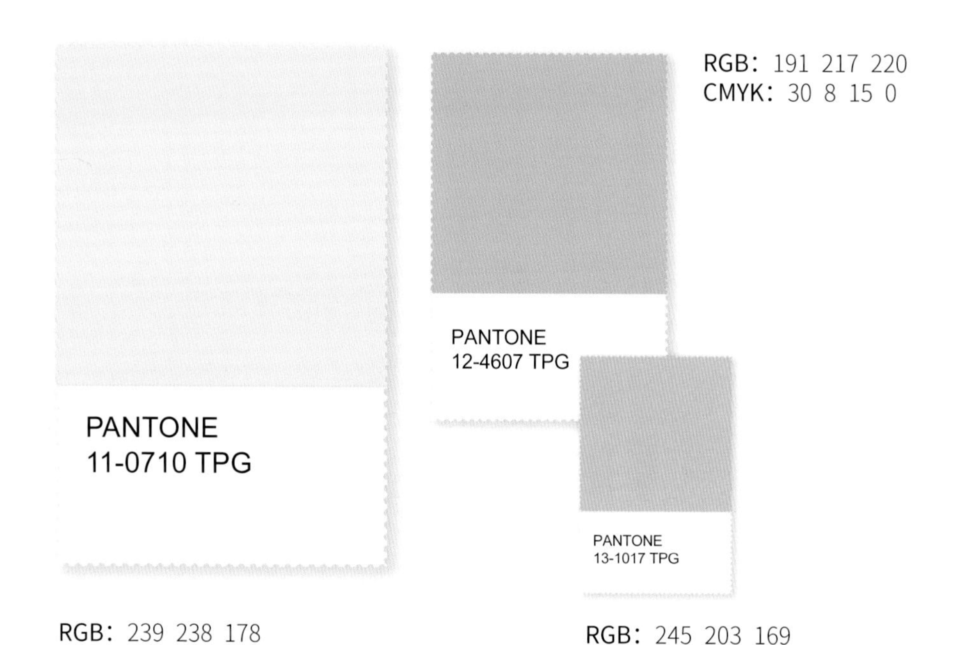

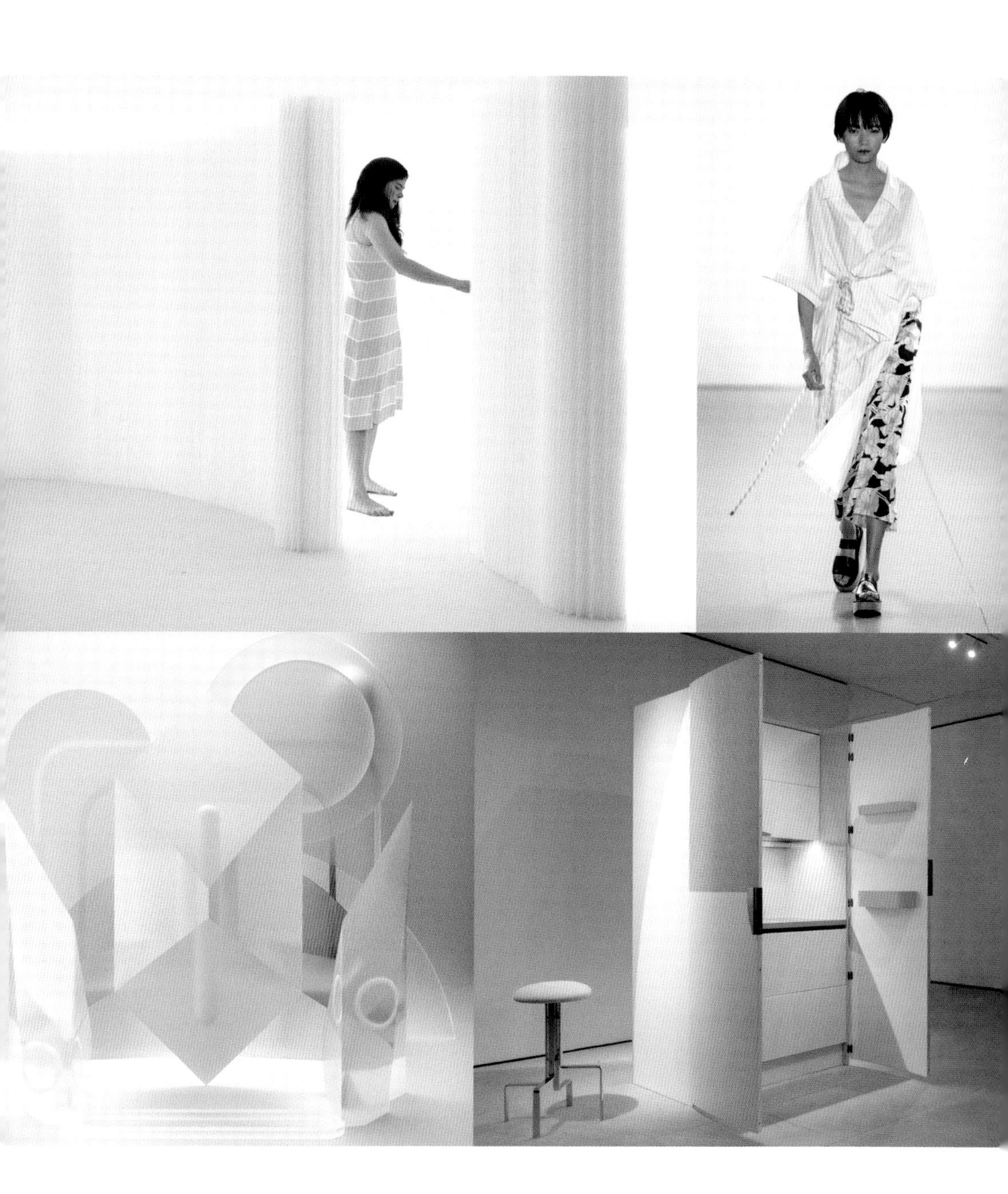

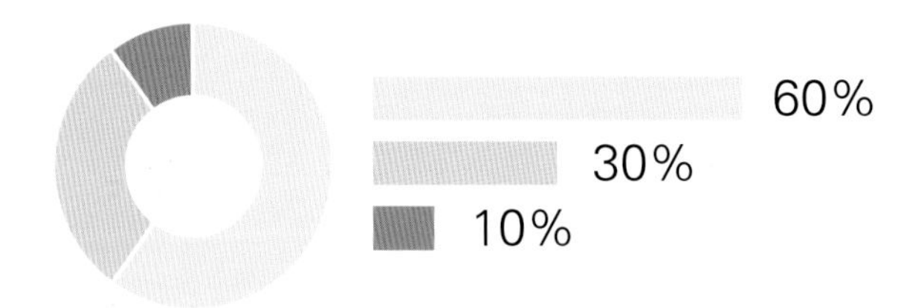

淡黄色与浅黄色，在明度上尽显差异，色相上的完全相同，带来协调统一的印象。

少量的橙色加入，在色相上发生少许变化，增加一些孩子气，体现活泼与伶俐的感觉。

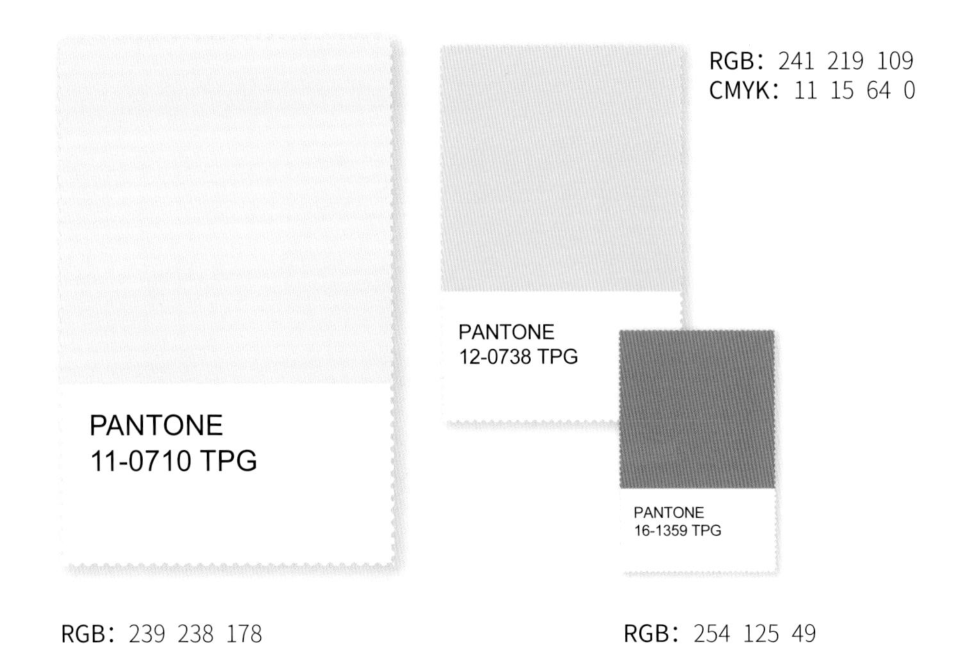

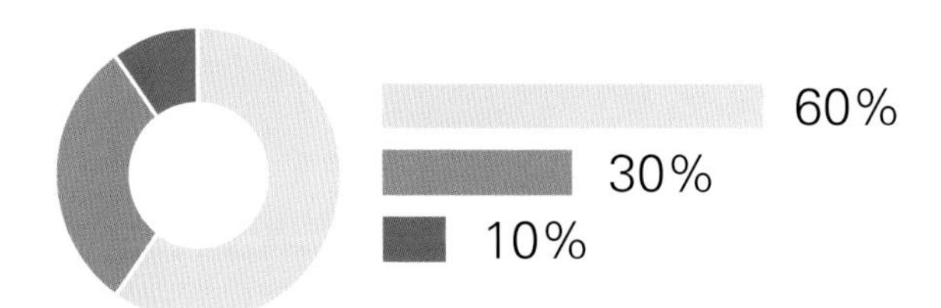

这组配色以淡黄色为主，搭配了苔藓绿色。黄与黄绿在色环上是相邻接的颜色，是拥有共同元素的不同色彩。这是类似色搭配方式，由于色相对比不强，给人以平静、舒适的感觉，因此，属产品配色中常用的配色方法。

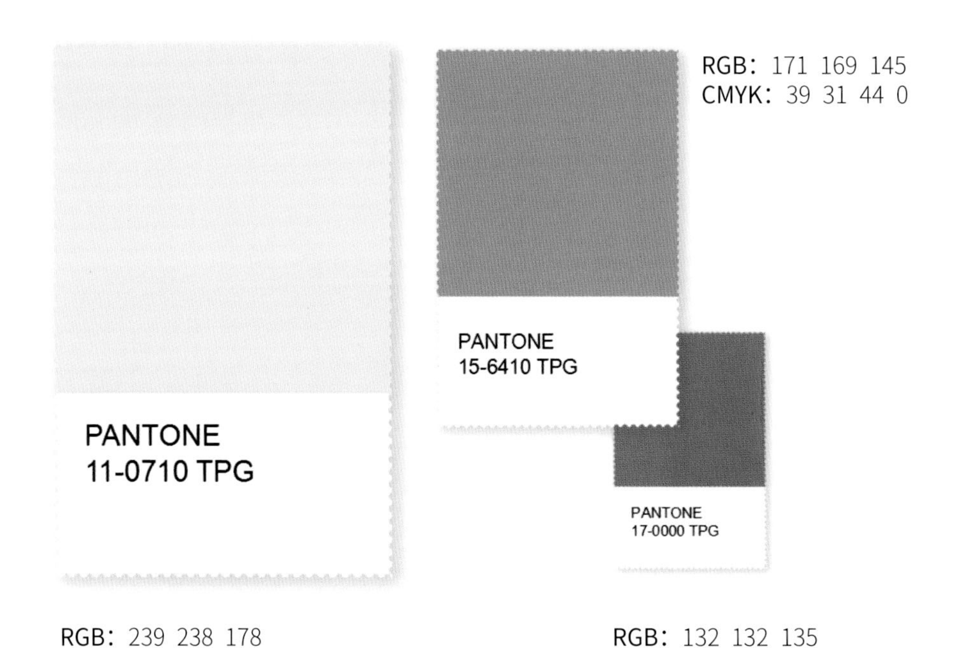

OFF

·优雅的
·古典的
·田园的
·知性的

RGB：178 144 81

CMYK：38 46 75 0

PANTONE：16-1133 TPG

鎏金色是自然孕育的颜色，朴素大方，且材料会带来一些奢华感，在配色关系中作为主色调，给人以自然的美感。案例中的鎏金色与松枝绿色、鎏金色与凤仙紫色、鎏金色与绀青色、鎏金色与浅黄色的配色关系，给人一种洒脱、素雅的知性美。鎏金色与凤仙紫色的组合，不仅是色相之间的对比，也由于纯度相当，给人很舒服的优雅感。

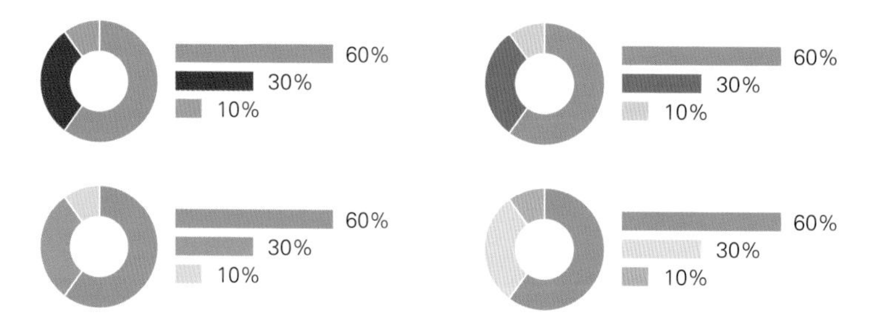

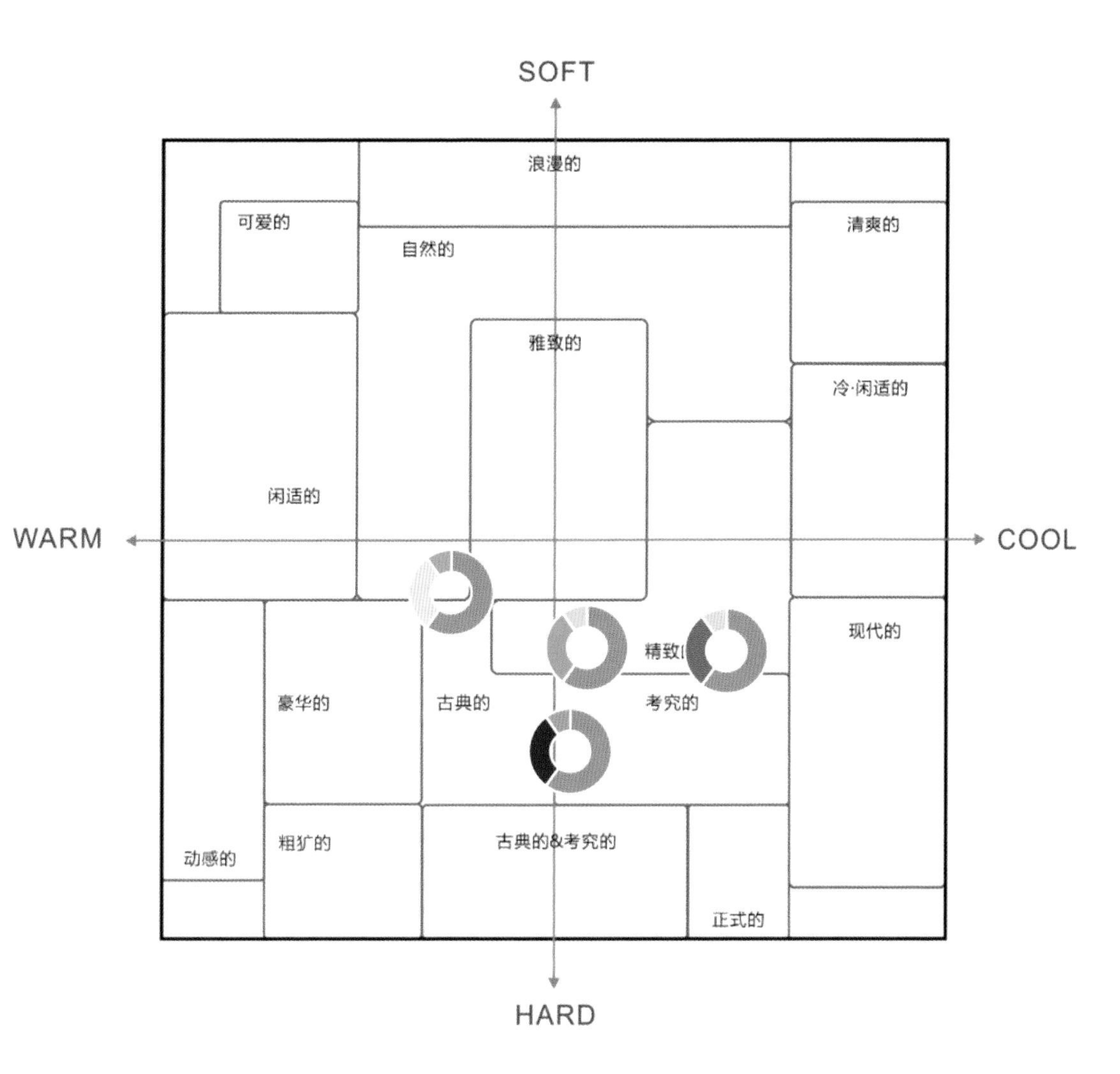
SOFT
浪漫的
可爱的
清爽的
自然的
雅致的
冷·闲适的
闲适的
WARM
COOL
现代的
精致的
豪华的
古典的
考究的
动感的
粗犷的
古典的&考究的
正式的
HARD

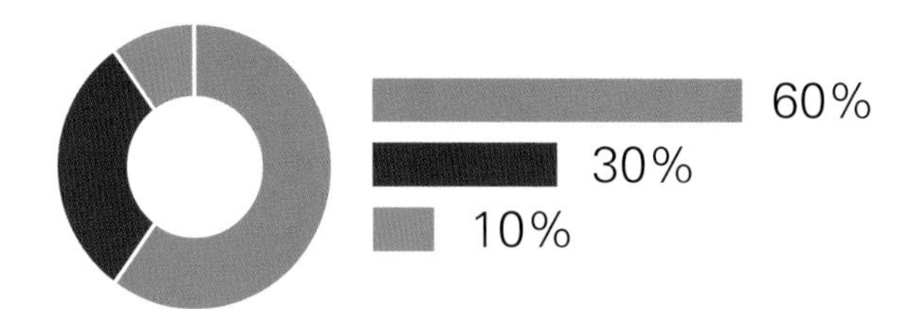

鎏金色与松枝绿色的搭配，鎏金色代表了轻奢主义，松枝绿体现沉稳感觉，两个颜色的组合给人以华丽而优雅、低调而复古的印象。加上少量的雪青色，将明度提升，具有节奏感。

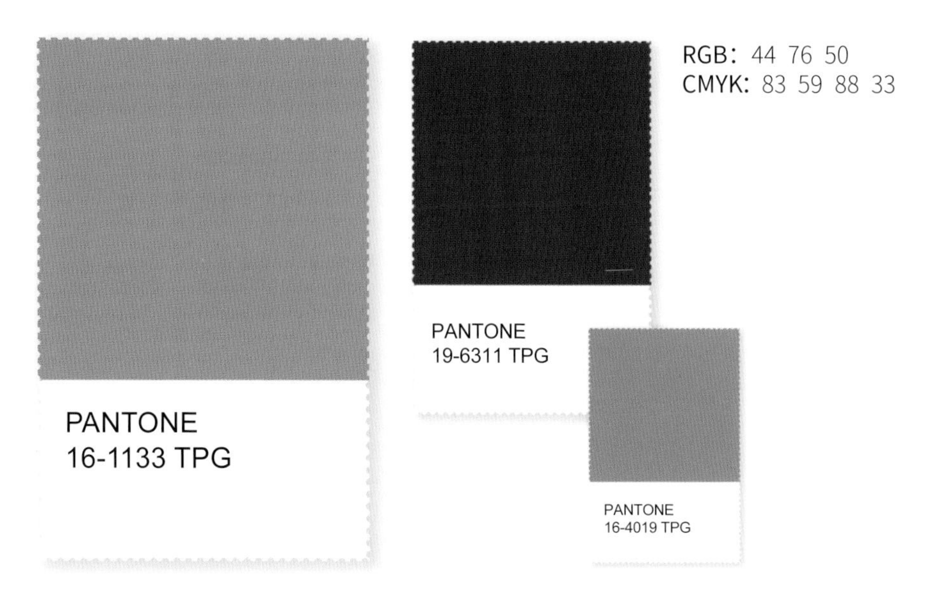

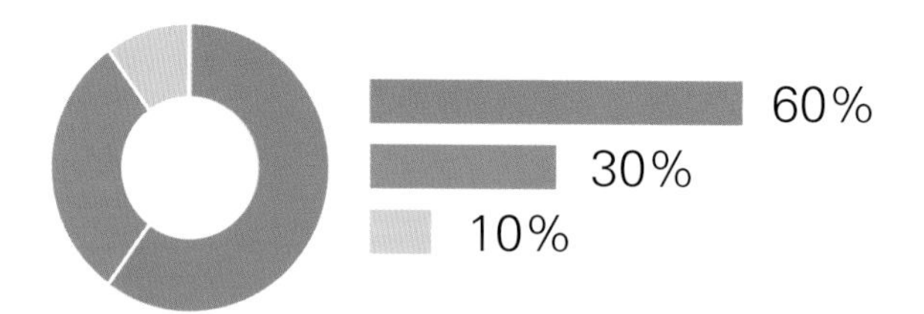

鎏金色与凤仙紫色的搭配，处于古典的风格，凤仙紫的明度略高，形象清馨、优雅，增加了浪漫田园的意境，如果在材料选择上加以修饰，这组的配色具有十足的创意性，能达到意想不到的效果。

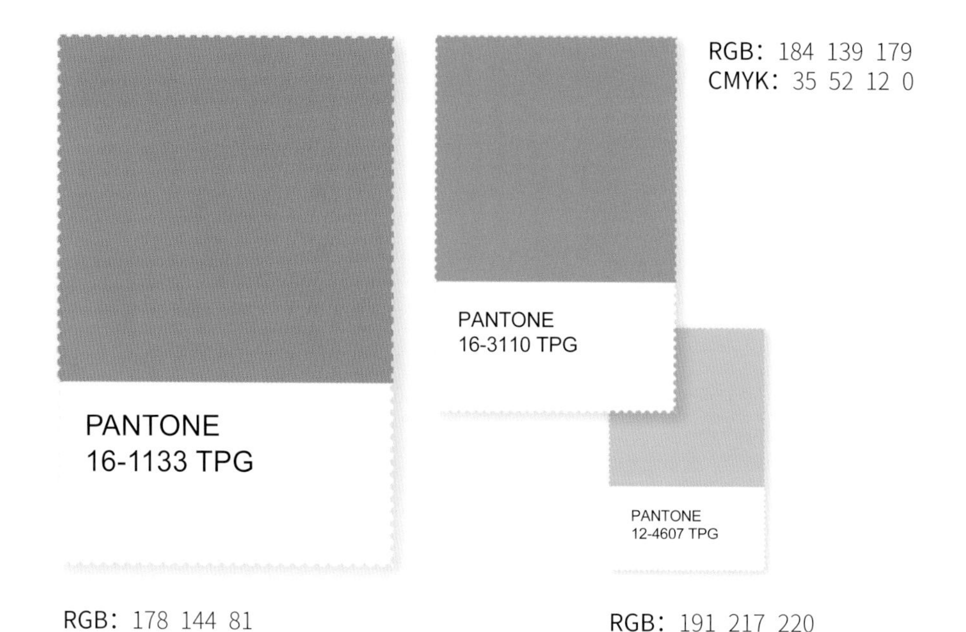

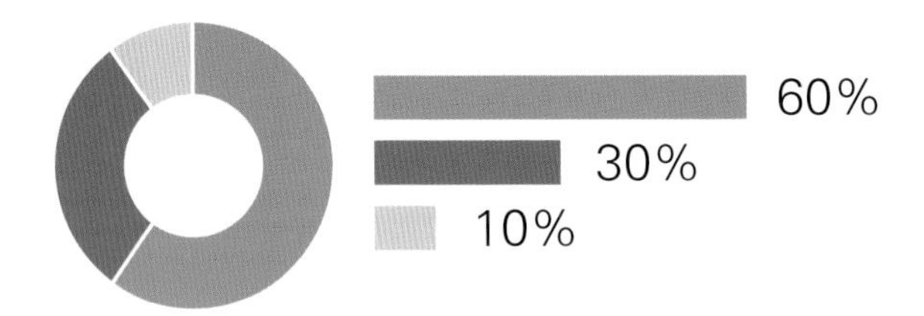

鎏金色与绀青色的搭配，两个颜色属同一明度，整体融入于一种色调氛围，绀青色将鎏金色的奢华与张扬稀释，显得沉稳而含蓄，蓄势待发，给人沉着、知性的印象。芥末黄色的加入提亮了产品或空间，不至于陷入沉闷。

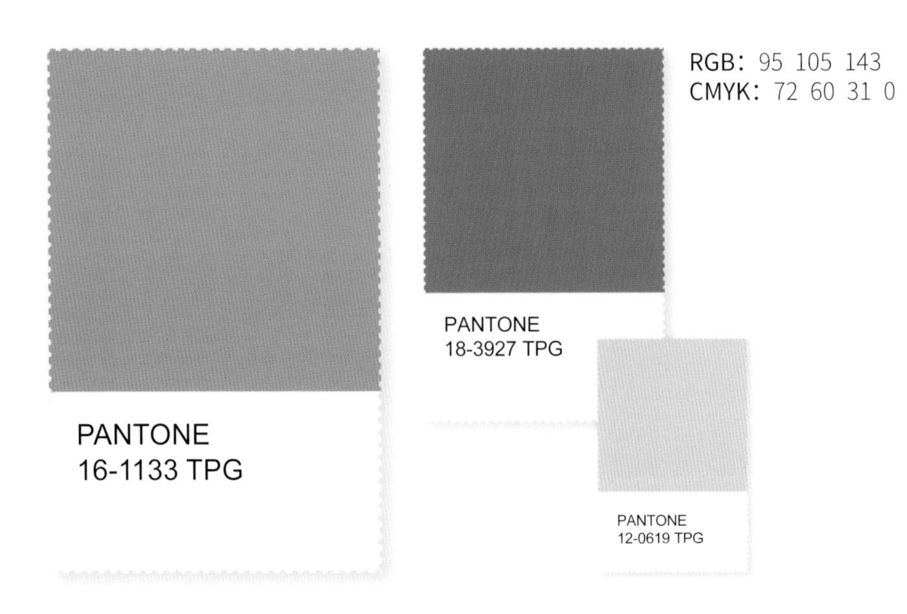

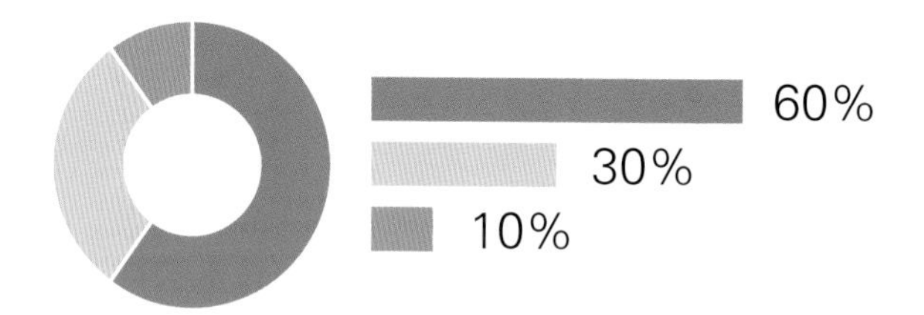

鎏金色与浅黄色的搭配，是在不改变色相的情况下进行明度和纯度的改变。这种色彩搭配方法是在统一的色相中寻求变化，给人以清新而明快、靓丽而自然的印象，增加空间感。加入绿色，活跃整体情趣，自由洒脱。

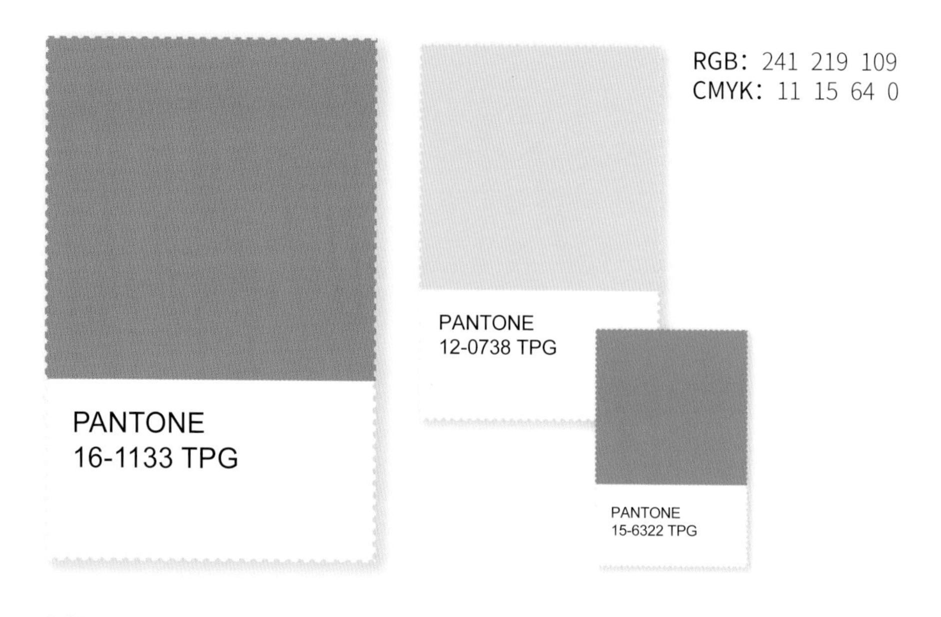

BURBERRY

绿

GREEN

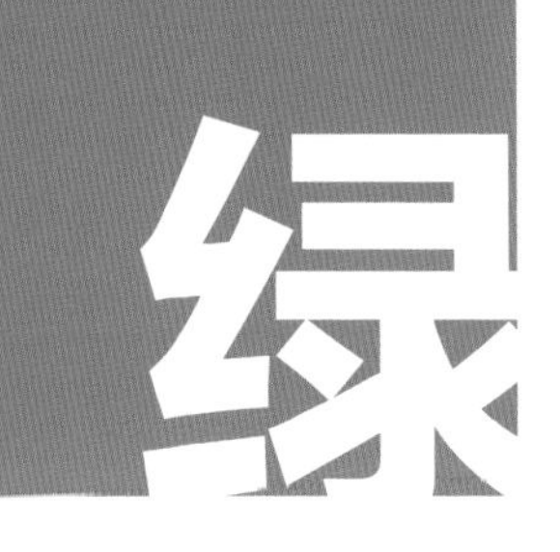

绿色 5 个主色的选择。绿色，根据明度及纯度的梯度变化，另外选择两个不同梯度的浅绿色、两个不同梯度的深绿色。

绿色是间色。它属于不冷不暖的颜色。

绿色。处于形象坐标轴的中间偏右区域，其印象是健康、素雅。

淡绿色与浅绿色。纯度低，明度高。淡绿色比浅绿色更加偏冷。其颜色印象为青春且自在。

深绿色与暗绿色。由于纯度低，明度低。暗绿比深绿更加偏暖。颜色印象代表着严谨而正式。

绿色。绿色是一个中性色，被称为“彩虹之桥”，不暖也不冷，可以平衡协调其他的颜色。当我们生活中出现躁动、不安时，我们就需要自然中的绿色来放松心情。自然可以容纳一切，它没有分别心，没有好坏与对错，能保持自我原生的状态。

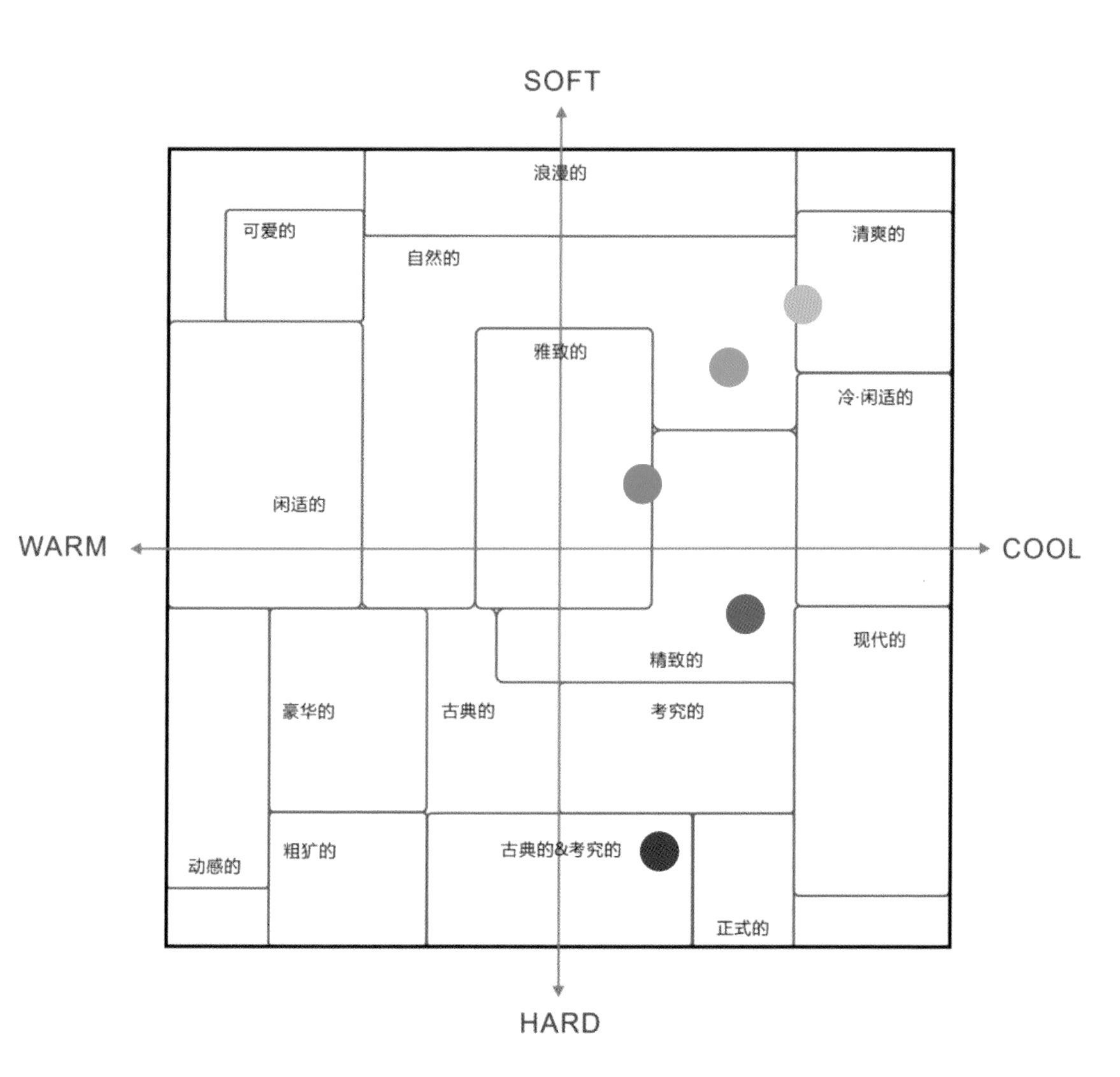
SOFT
浪漫的
可爱的
清爽的
自然的
雅致的
冷·闲适的
闲适的
WARM
COOL
现代的
精致的
豪华的
古典的
考究的
粗犷的
古典的&考究的
动感的
正式的
HARD

·潇洒的
·娇艳的
·舒畅的
·运动的

RGB：0 165 113

CMYK：78 14 70 0

PANTONE：17-5937 TPG

祖母绿色在配色中占到主要优势，处于坐标轴的中间偏右的区域。绿色深处自然，不暖不冷，善于妥协。案例中选择了祖母绿色与玫红色、祖母绿色与宝蓝色、祖母绿色与白色、祖母绿色与淡黄色的配色关系。由于占次要面积颜色的明度、纯度及色相不同，与占主要面积的颜色进行搭配组合后，所处坐标轴的空间位置发生了不同程度的改变。

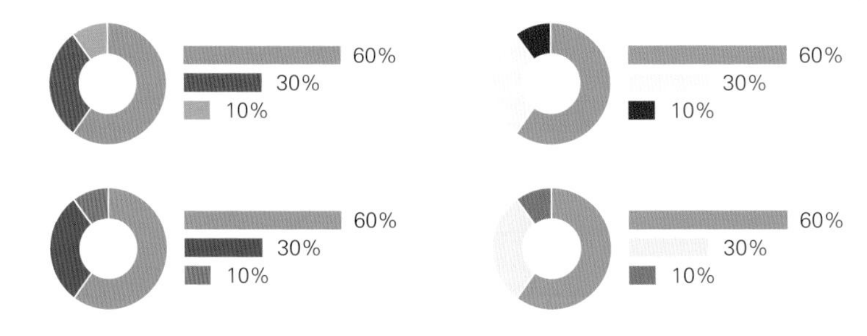

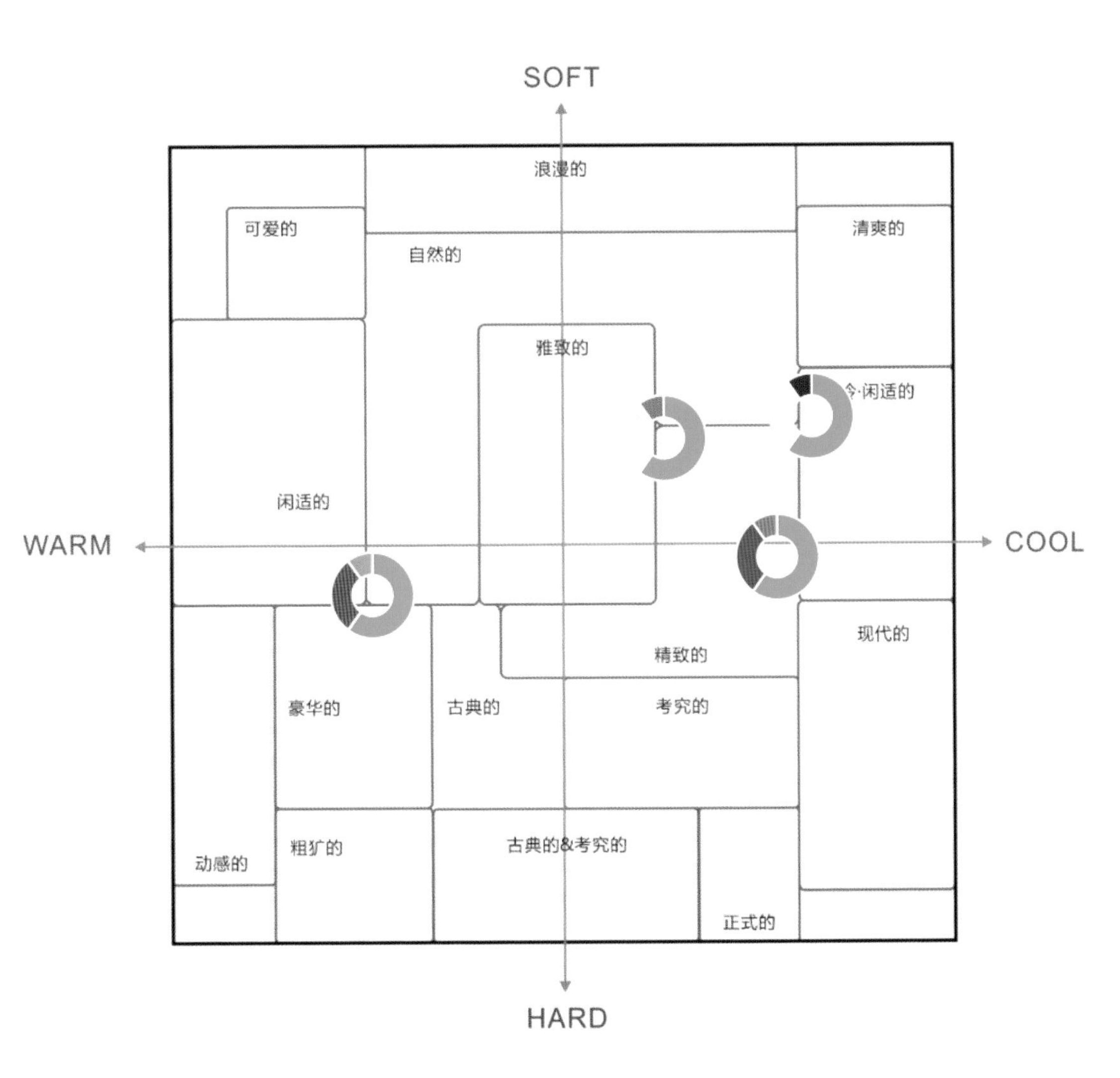
SOFT
浪漫的
可爱的
清爽的
自然的
雅致的
令·闲适的
闲适的
WARM
COOL
精致的
现代的
豪华的
古典的
考究的
动感的
粗犷的
古典的&考究的
正式的
HARD

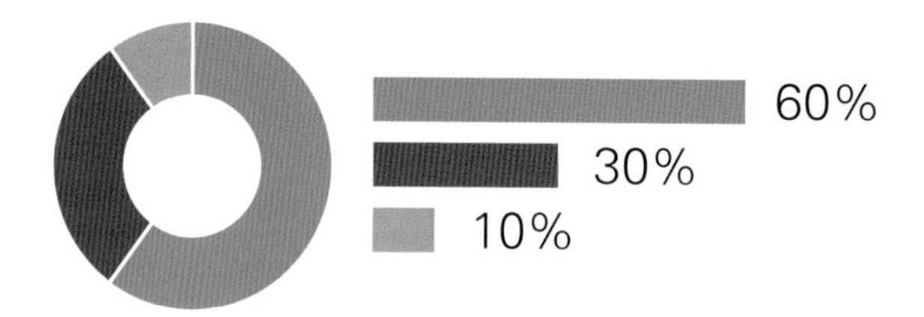

祖母绿色与玫红色、橙黄色的配色关系，色相差较大，高纯度的对比就像跳跃的音符、欢快的舞步、不羁的青春，给人以甜美、明艳的感觉，同时还带有波谱风格。

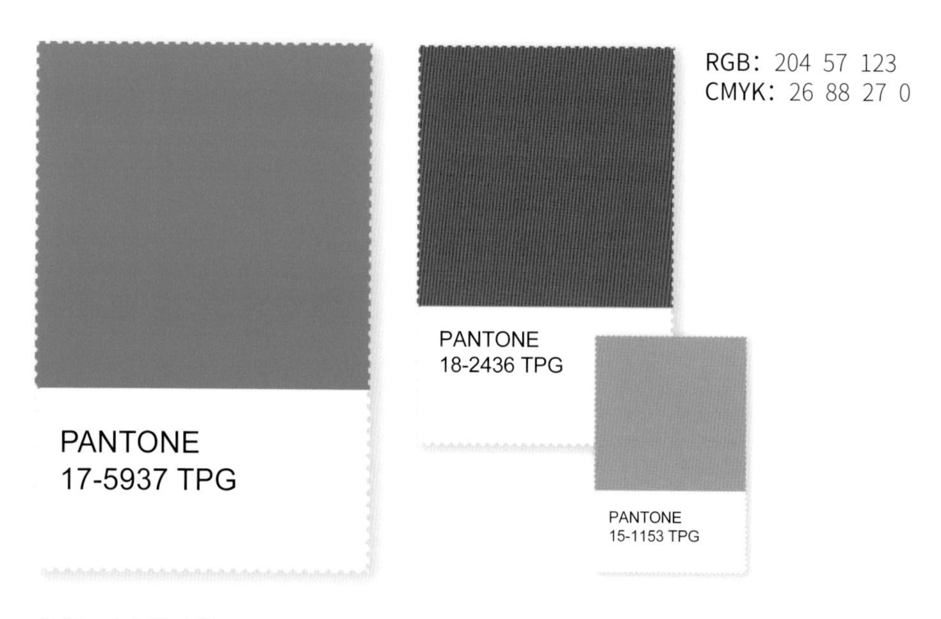

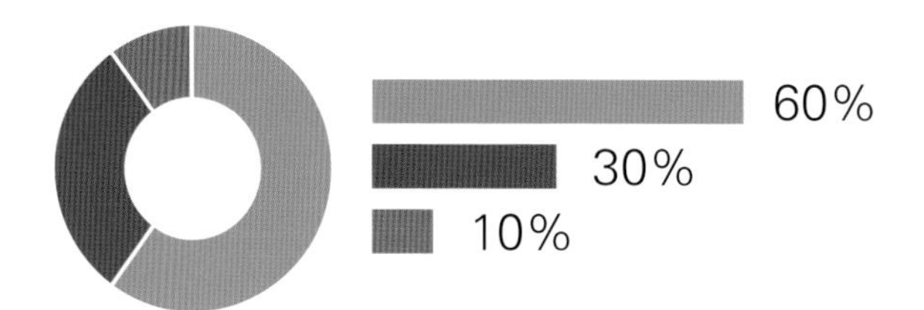

祖母绿色与宝蓝色的搭配，两者是色相不同、纯度与明度相同的组合，给人以都市洒脱的气质。祖母绿色与宝蓝色作为同类色的对比，能产生青春的活力印象。朱红色的少量加入，成为点睛之笔。

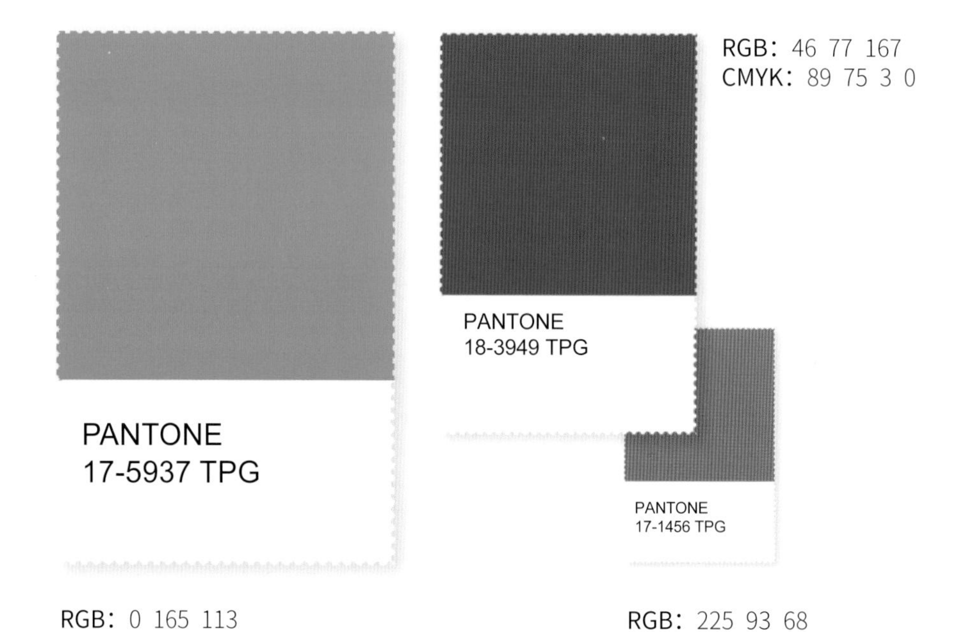

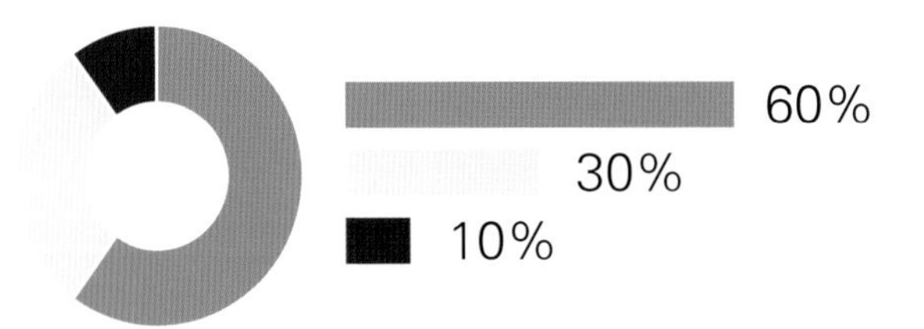

祖母绿色与白色的配色，绿色的气质是潇洒而舒畅的，白色是清爽而纯洁的，两个颜色的组合，既体现出健康精神，又展示出安稳的印象。少量黑色的加入，增加高贵感。

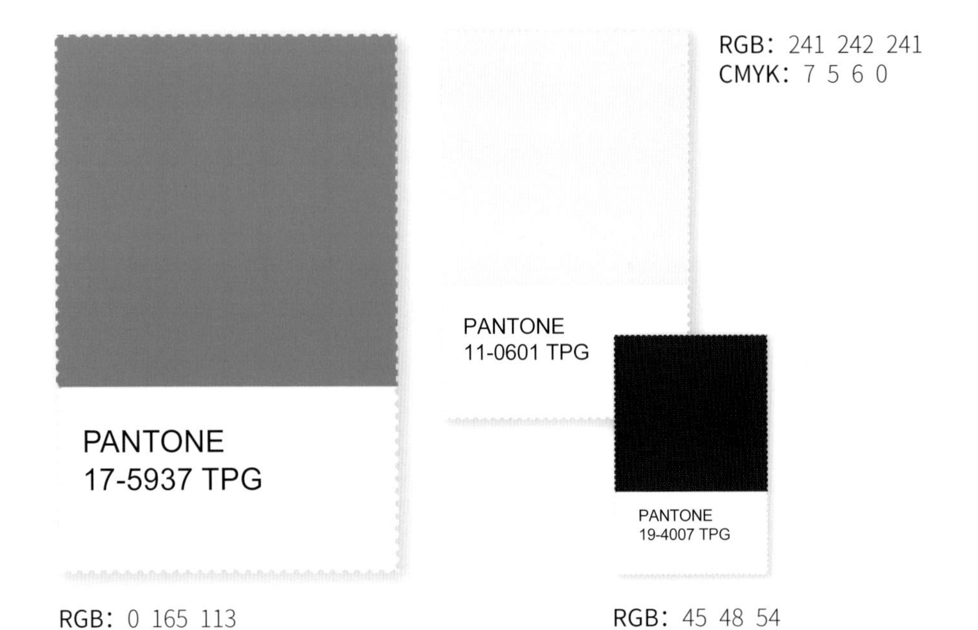

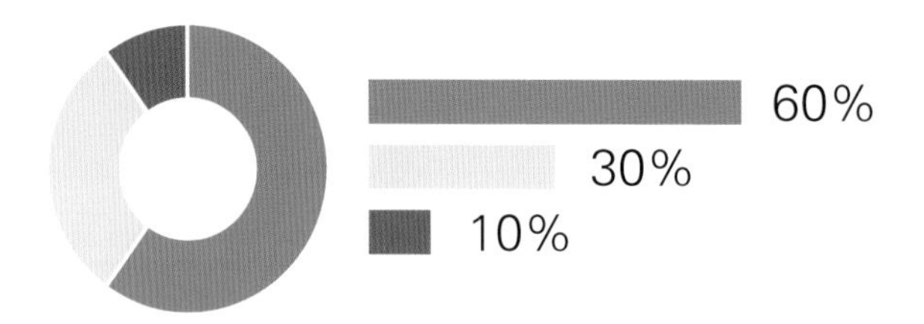

祖母绿色与淡黄色的配色关系，色相不同，明度的差异很大，给人以运动时尚感。崇尚阳光，热爱生活，不知道疲倦，不妥协，只做自己，这是一组年轻的色彩组合。

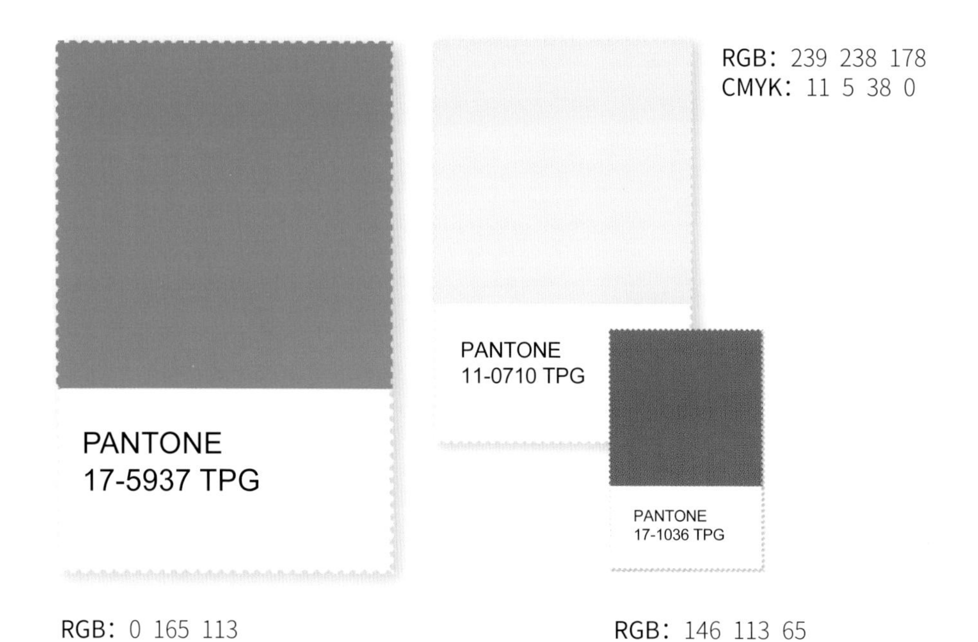

NOW

·自在的
·柔美的
·温顺的
·清雅的

RGB：169 209 189

CMYK：40 7 32 0

PANTONE：13-5911 TPG

淡绿色在这个系列配色中占为主色，淡绿色的形象是自在的、温顺的、柔美的。案例中的四组颜色搭配组合，分别为淡绿色与珊瑚粉色、淡绿色与岩石灰色、淡绿色与雾白色、淡绿色与雏菊黄色。这个系列的搭配主要集中在色相上的变化。

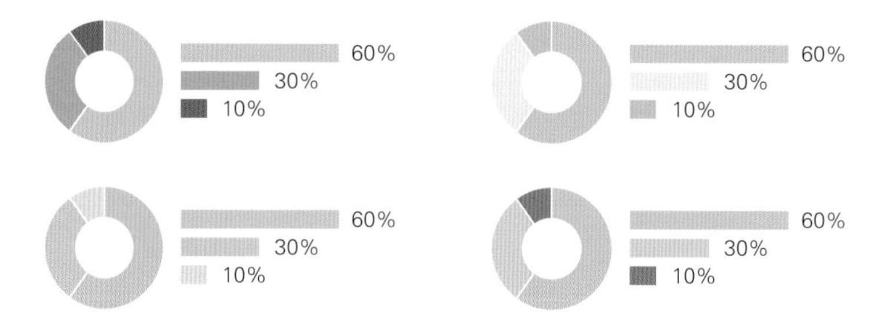

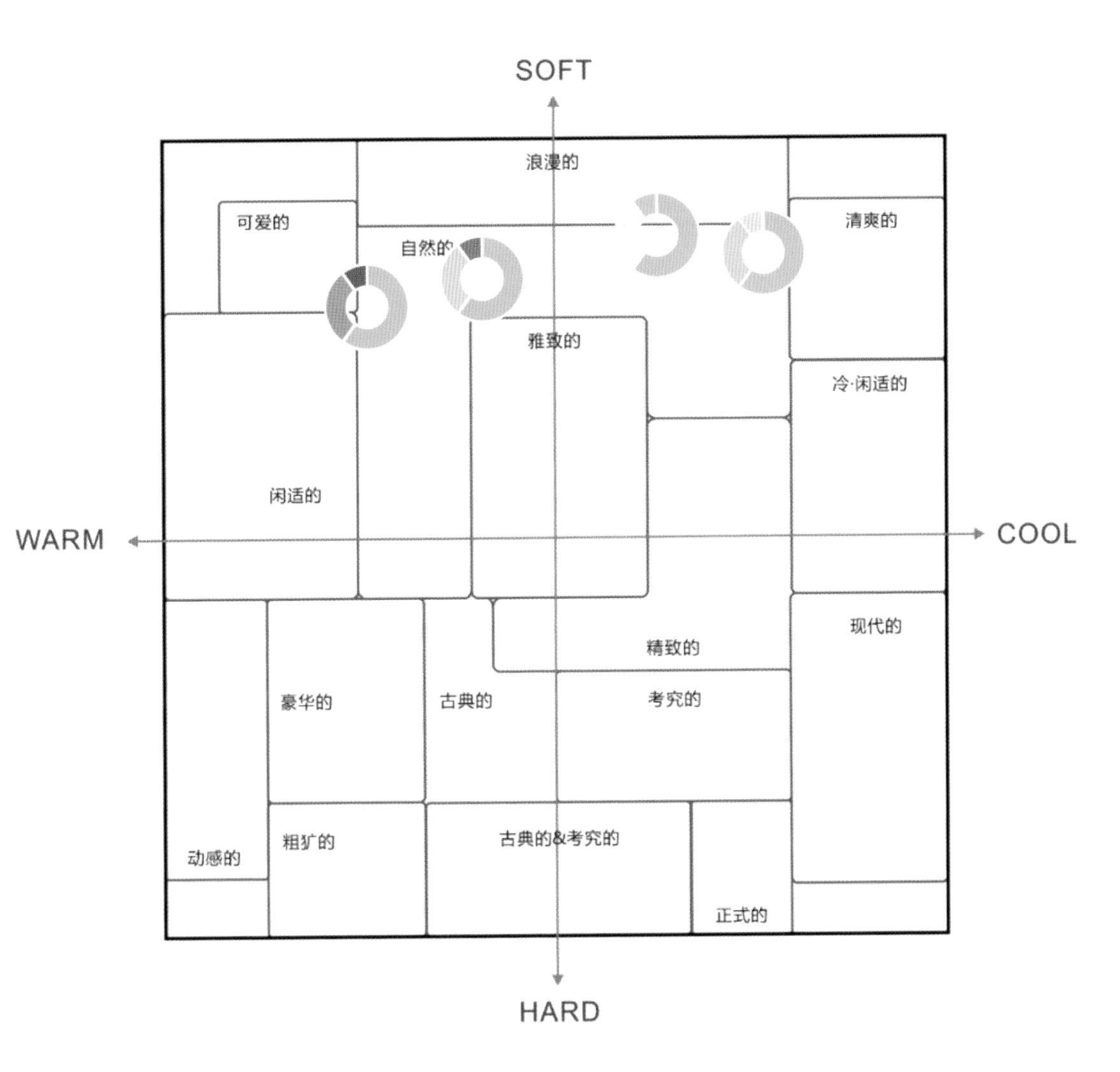
SOFT
浪漫的
可爱的
自然的
清爽的
雅致的
冷·闲适的
闲适的
WARM
COOL
现代的
精致的
豪华的
古典的
考究的
古典的&考究的
粗犷的
动感的
正式的
HARD

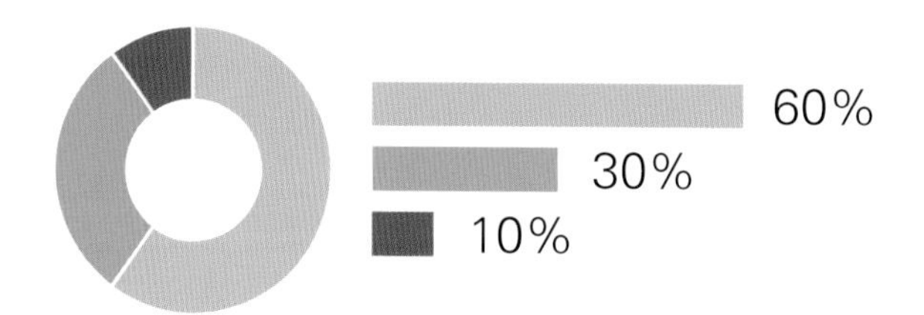

淡绿色与珊瑚粉色的搭配，就像是陶渊明那句“采菊东篱下，悠然见南山”的心境，恬淡闲适，对生活无欲无求，在世外桃源悠闲地荡着秋千，体会纯真年代。槐树皮色的少量加入，增加一抹泥土的气息。

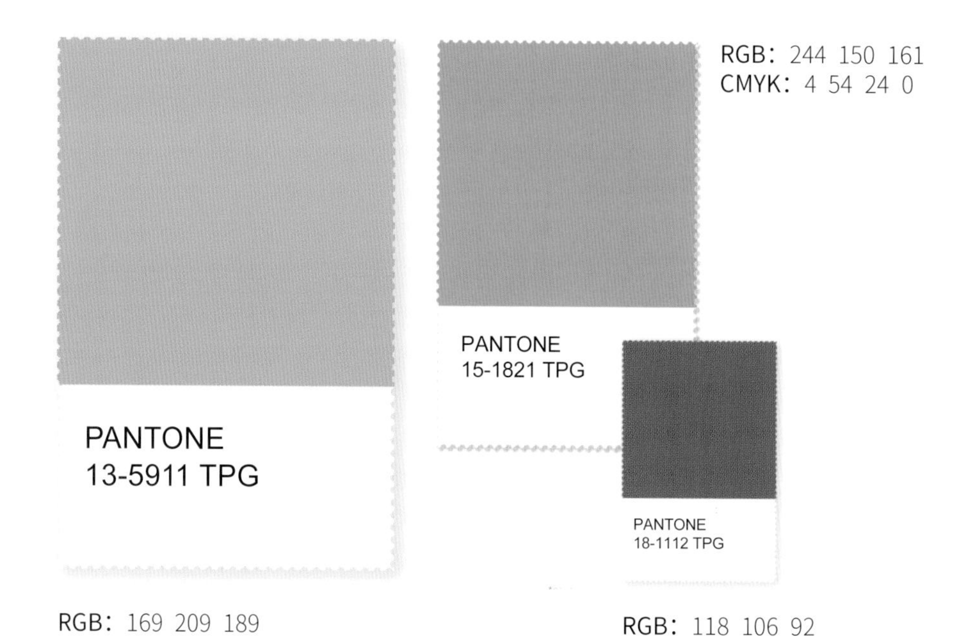

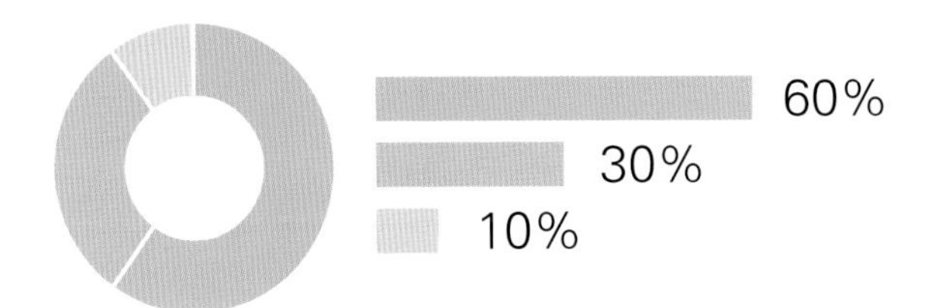

淡绿色、岩石灰色加上淡桔粉色，低纯度的组合形成粉彩色调性，如同少女的衣柜，有芳心萌动、遇见白马王子时那种朦胧青涩的感觉。这种色彩搭配，好像每天生活在蜜罐中，有糖果陪伴，不愿长大。

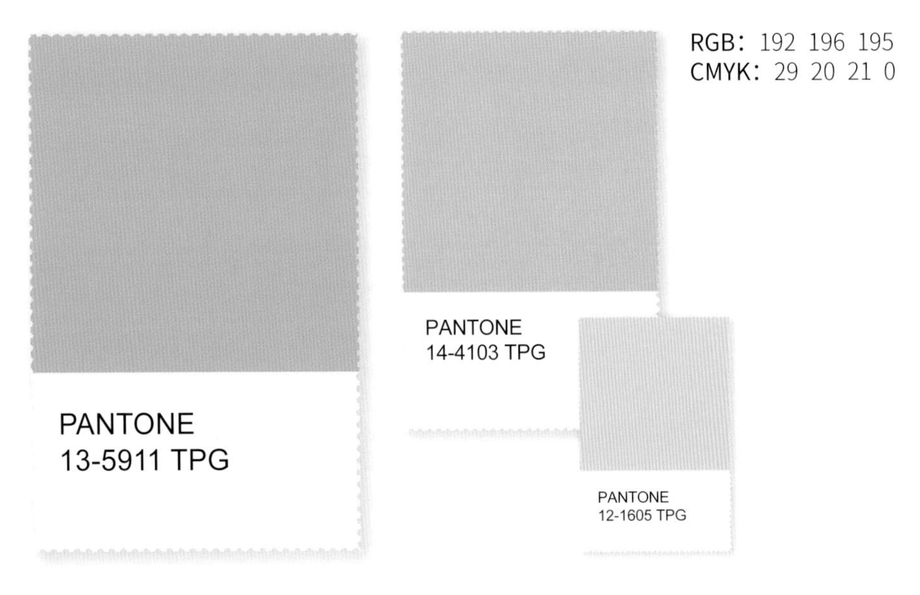

SMEG
50 60 70 80 90 95 100

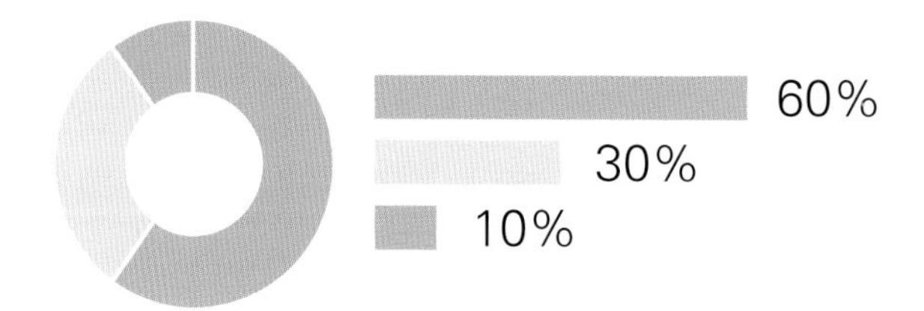

淡绿色、雾白色、熟粉色的搭配，好似初入社会时那种略带青涩的感觉，一切都是崭新的，渴望回归梦幻花园，享受纯真年代。同时，这种颜色的组合犹如木偶戏，情非得已，但始终坚持自我。

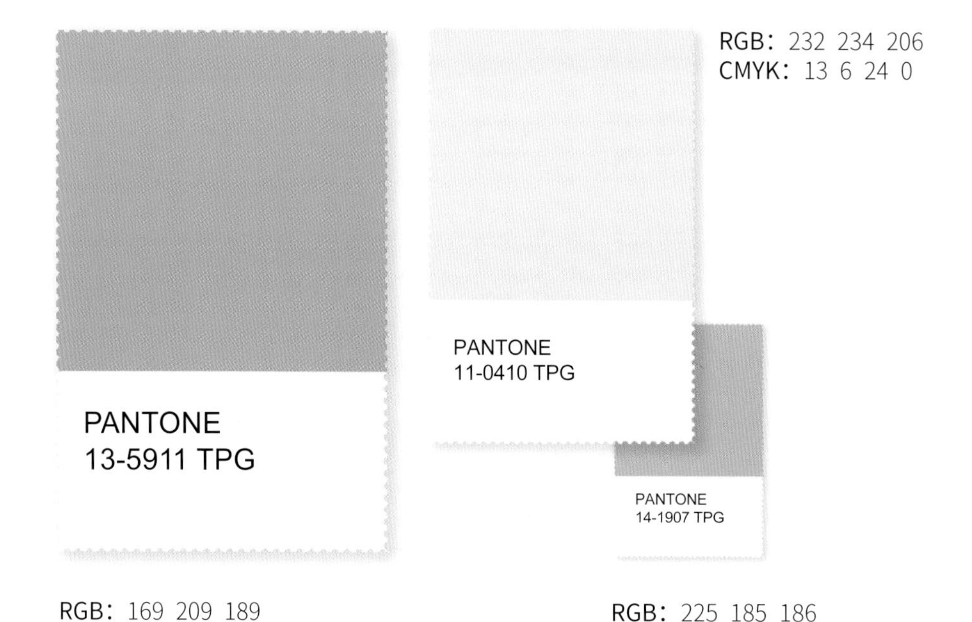

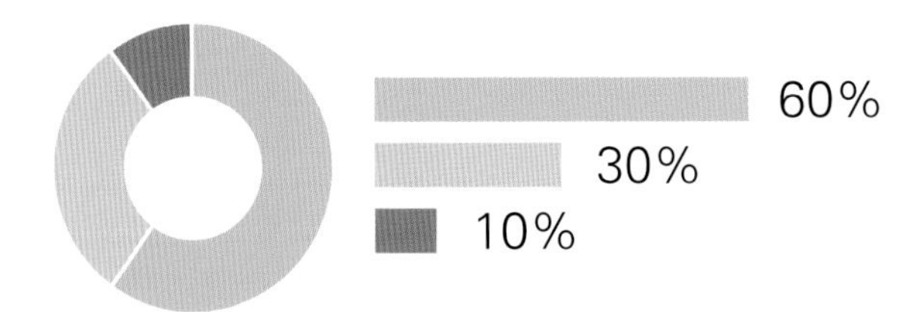

淡绿色与雏菊黄色的搭配，淡绿色的印象轻松自在，雏菊黄色充满阳光与希望，给人以温暖的关怀感，希望能得到重视。两个颜色的组合寓意善于社交、乐观向上，做自己的主角。豆沙红的少量引入，带来一丝稳重和内敛。

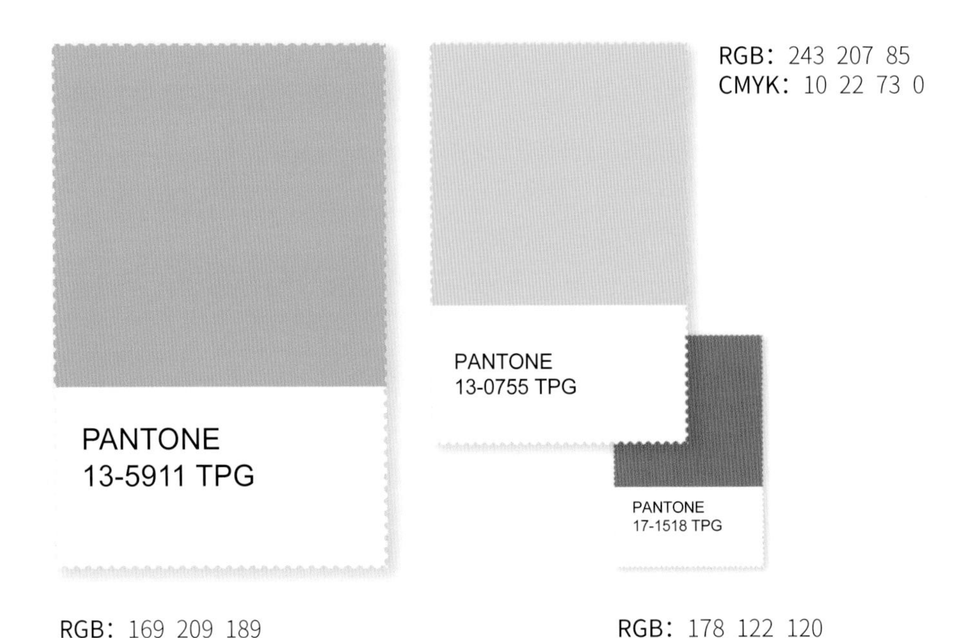

·考究的
·民族的
·致密的
·现代化的

RGB：38 92 89

CMYK：86 58 64 15

PANTONE：18-5315 TPG

在以黛绿色做主调的这个系列中，色彩组合后的印象给人以稳重、正式感。案例中黛绿色与麦田金色、黛绿色与橙红色、黛绿色与脂白色、黛绿色与海松蓝色的配色关系，处于坐标轴的硬轴偏下区域，体现古典、考究、沉稳、庄重的印象。

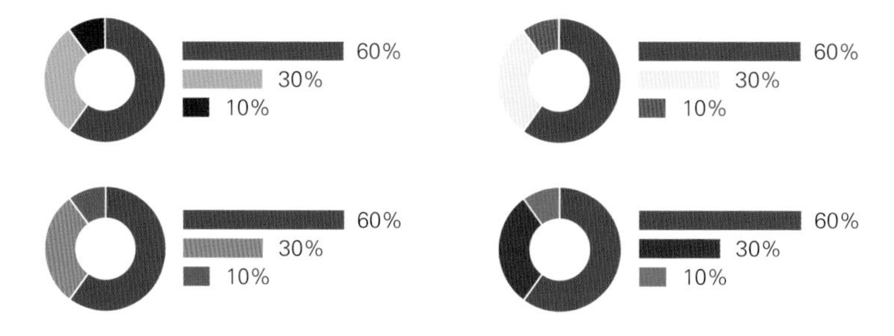

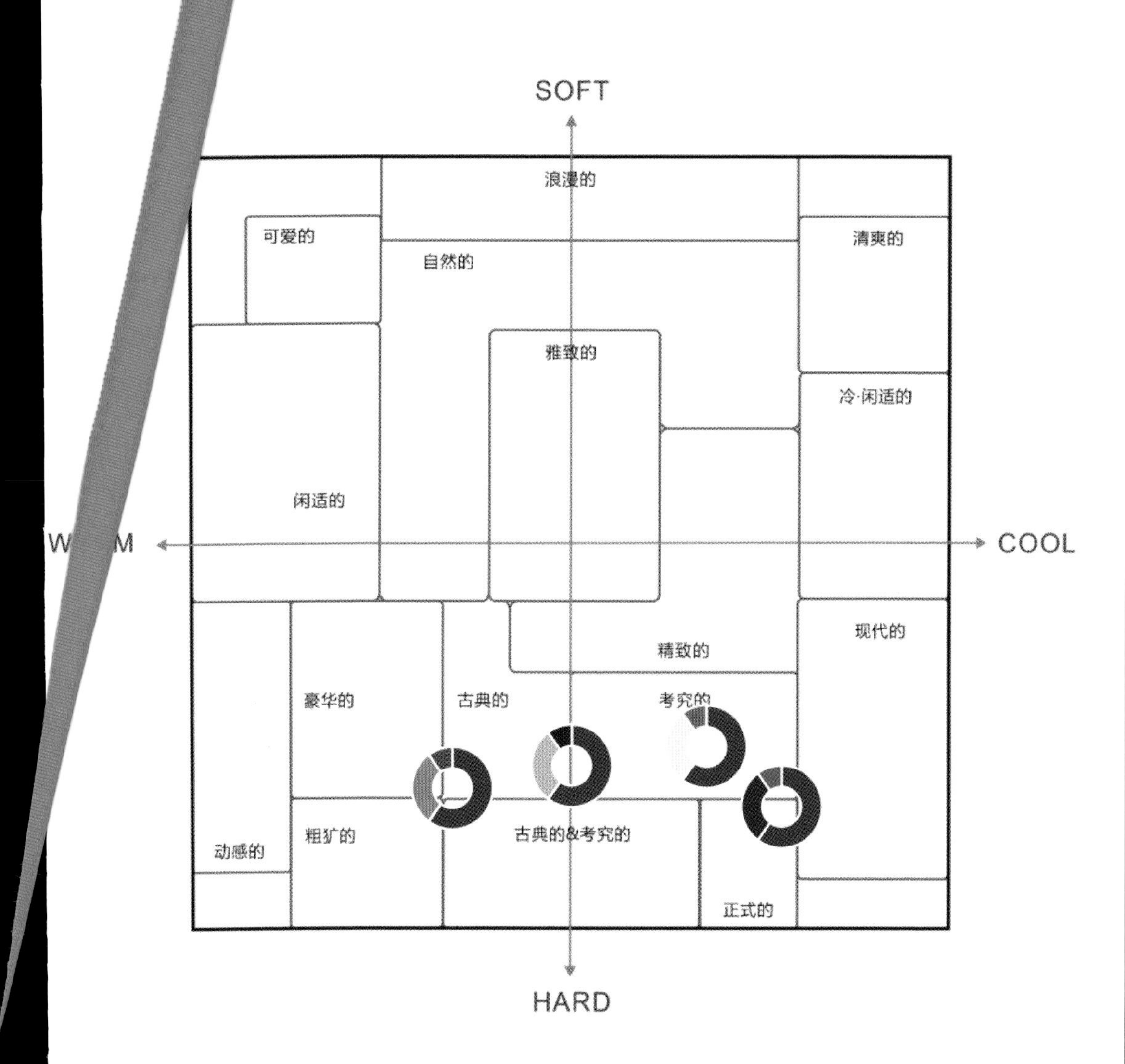
SOFT
浪漫的
可爱的
清爽的
自然的
雅致的
冷·闲适的
闲适的
COOL
现代的
精致的
豪华的
古典的
考究的
动感的
粗犷的
古典的&考究的
正式的
HARD

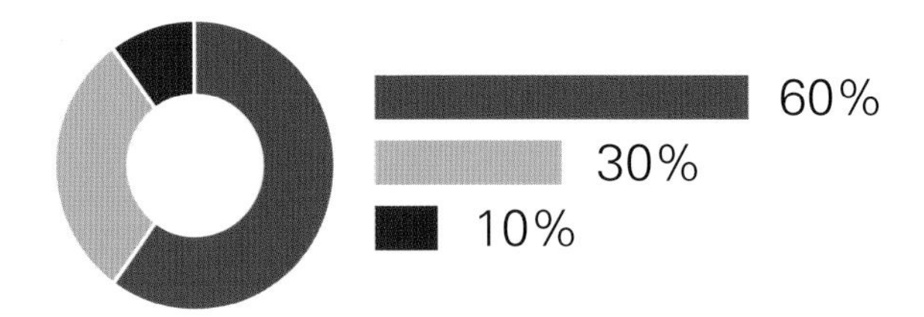

黛绿色与麦田金色的配色，体现了民族风，制作精良而考究。同时，黑色的少量加入，如光与影的完美结合。麦田金散落在黛绿中，如阳光洒满居室，带有古典的神秘印象。

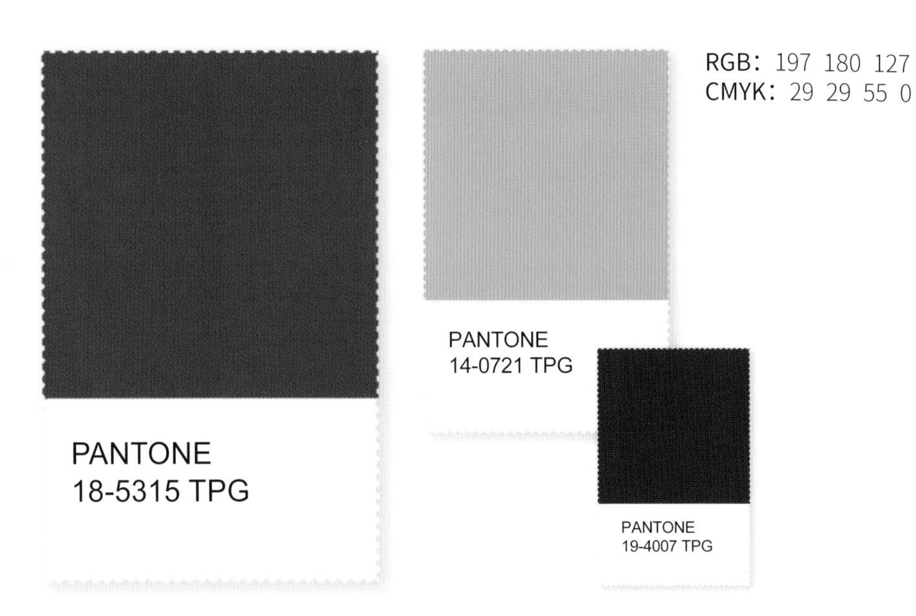

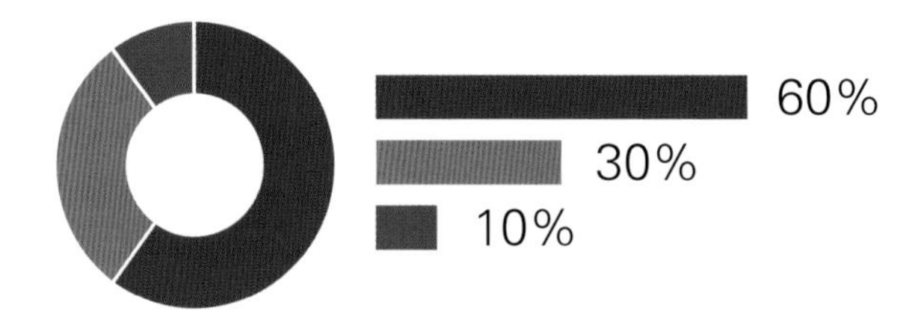

黛绿色与橙红色的配色，单色深绿色与单色橙红色在坐标轴上的位置相距较远，对比强烈，橙红色从黛绿色中跳出，具浓郁且复古的印象。一抹牛油果绿色的增加，提升了春的气息。

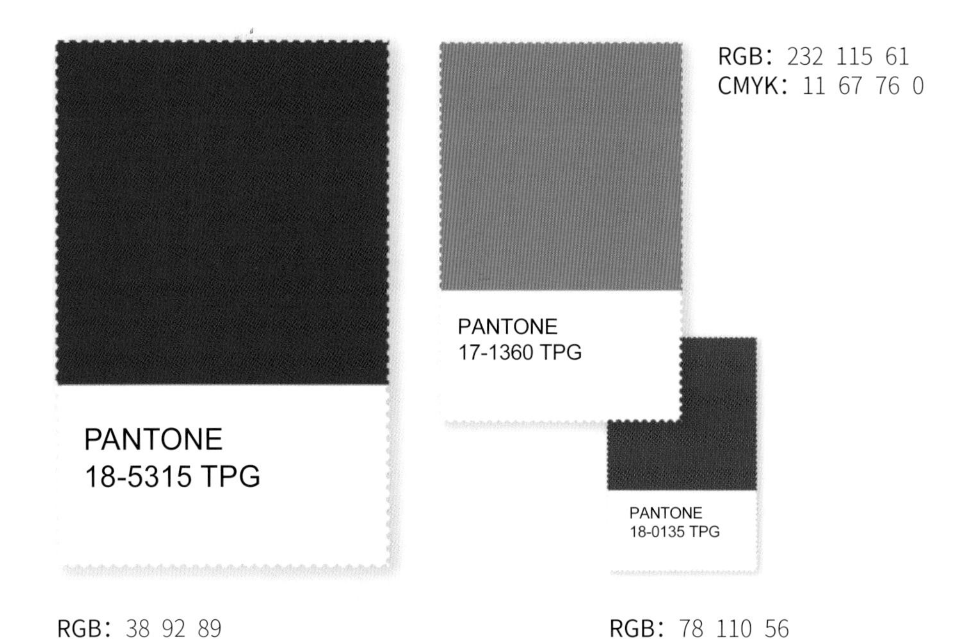

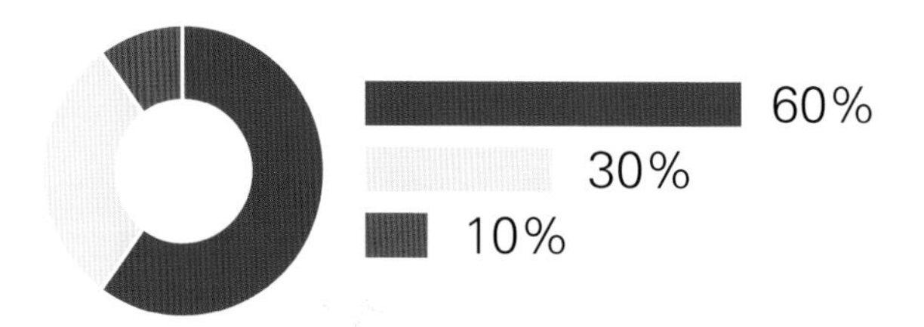

黛绿色与脂白色的配色，黛绿色处于色彩坐标轴冷色区域的下方，沉稳且正式，单色脂白色处于坐标轴的上方，一软一硬，一轻一重，带给人们强烈的对比感，正式中带有一种闲适。杜鹃红色的加入活跃气氛。

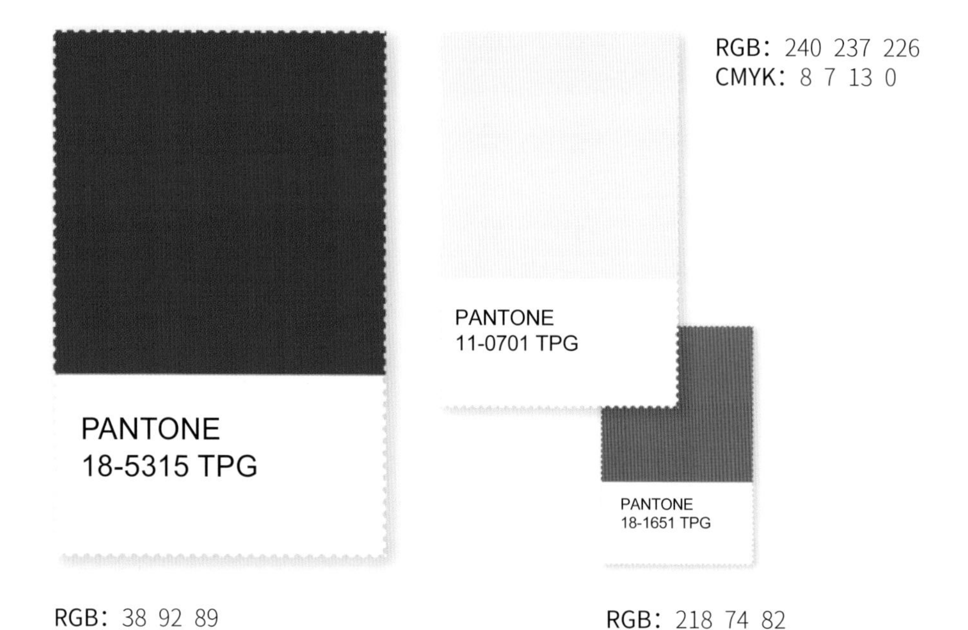

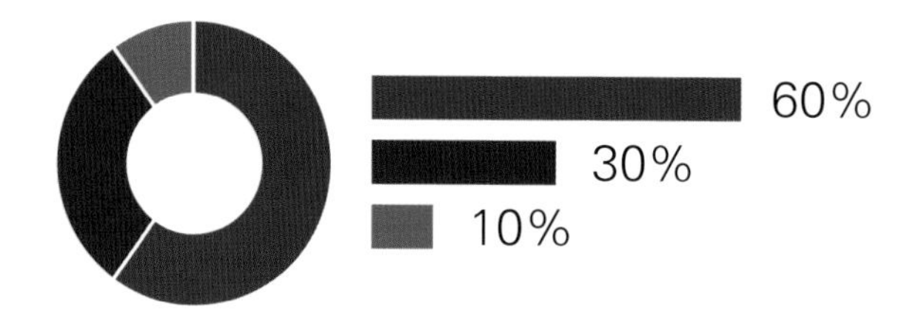

黛绿色与海松蓝的配色，在不改变色相的情况下进行明度和纯度的改变，给人以简洁、条理感。一抹翠绿的加入，提亮整体氛围，色彩的渐变有时只在于微妙的变化。

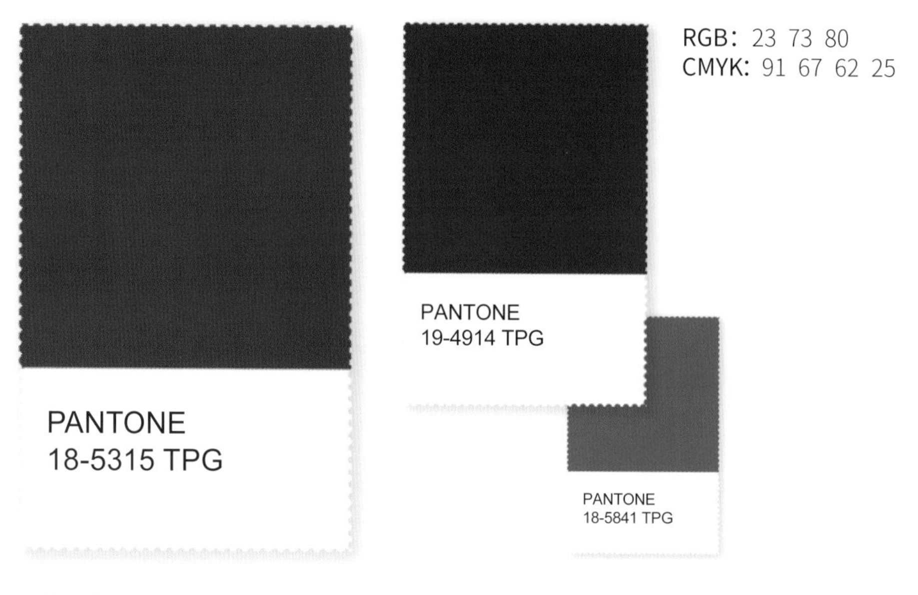

蓝绿

BLUE GREEN

蓝绿

蓝绿色 5 个主色的选择。蓝绿色，根据明度及纯度的梯度变化，另外选择两个不同梯度的浅蓝绿色、两个不同梯度的深蓝绿色。

蓝绿色是间色。偏蓝的绿有冷感。

艳丽的蓝绿色。处于形象坐标轴的冷色区域，其印象为平静、宽广、凉爽。

淡蓝绿色与浅蓝绿色。纯度低，明度高。其印象为现代而纯净。

深蓝绿色与暗蓝绿色。纯度低，明度低。其印象为精致而古典。

蓝绿色。由心而发的沟通，像海洋表面一浪接一浪，如同每个人的个性，而海洋深处却是平静的，又如同每个人内心深处的宁静。蓝绿色就是心灵的导师，教我们向内去寻找答案。

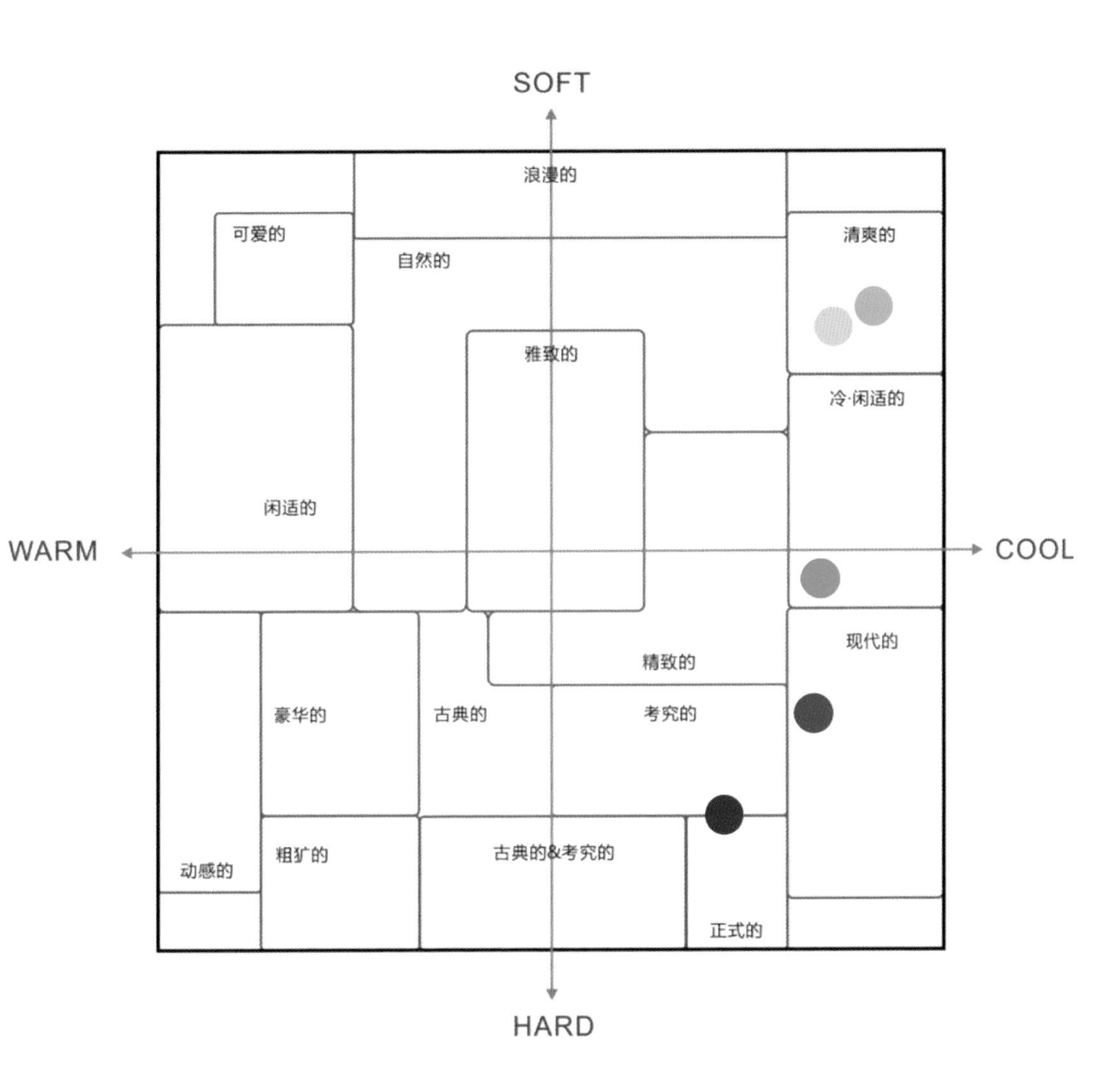
SOFT
浪漫的
可爱的
清爽的
自然的
雅致的
冷·闲适的
闲适的
WARM
COOL
现代的
精致的
豪华的
古典的
考究的
粗犷的
古典的&考究的
动感的
正式的
HARD

RGB：0 175 172

CMYK：75 11 40 0

PANTONE：16-5127 TPG

·现代的
·运动的
·洗练的
·朝气蓬勃的

蓝绿色在配色中占到主要优势，处于坐标轴的冷色区域。蓝绿色给人的印象是平静、宽广而凉爽。案例中选择了蓝绿色与景泰蓝色、蓝绿色与白色、蓝绿色与花青色、蓝绿色与海螺粉色的配色关系，由于配色颜色的色相、明度、纯度不同，与占主要面积的蓝绿色搭配组合后，所处坐标轴的空间位置也会不同。

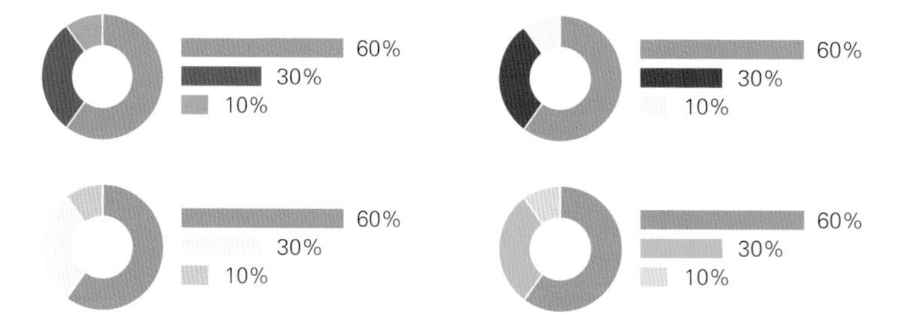

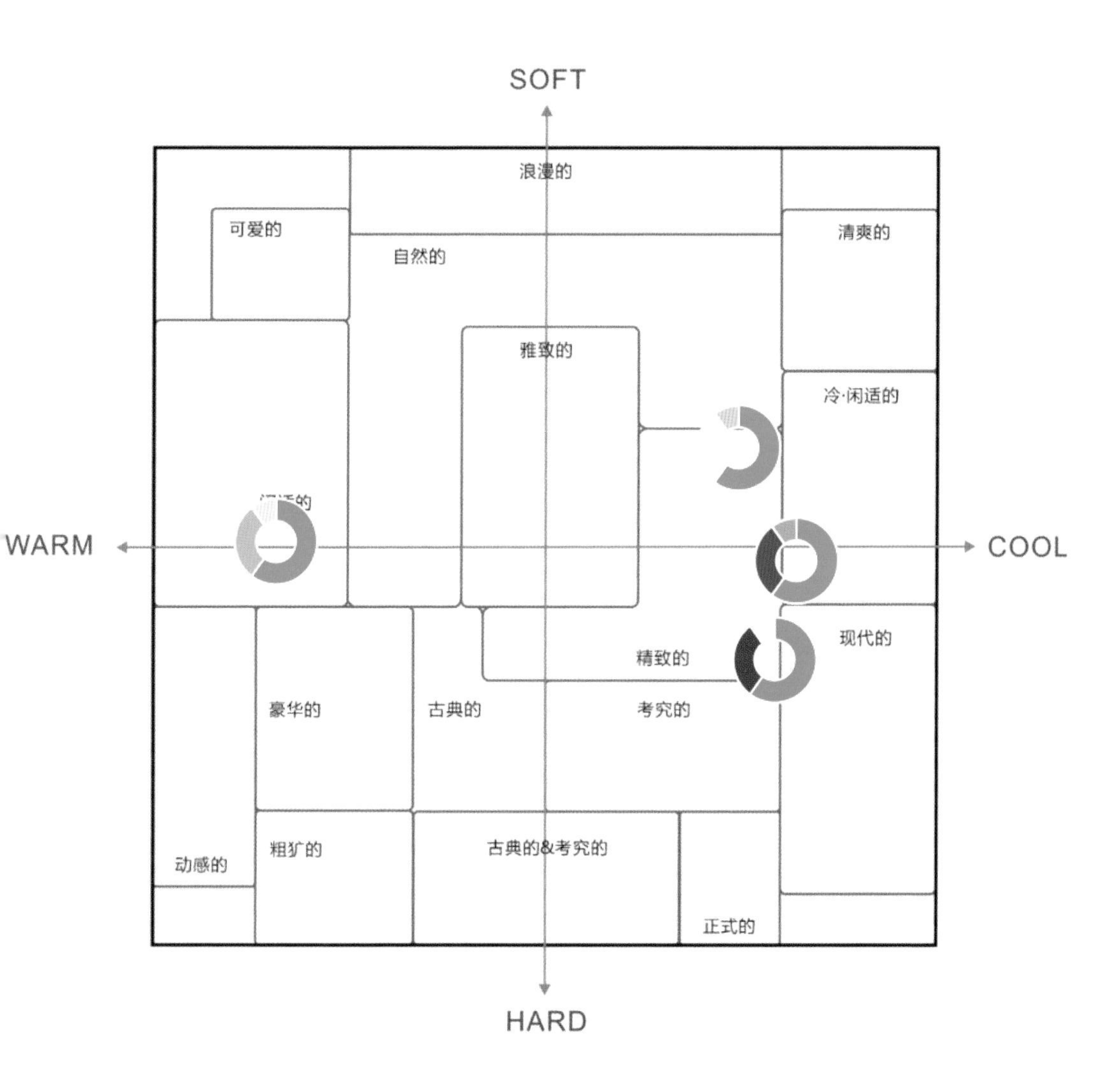
SOFT
浪漫的
可爱的
自然的
清爽的
雅致的
冷·闲适的
WARM
COOL
现代的
精致的
豪华的
古典的
考究的
动感的
粗犷的
古典的&考究的
正式的
HARD

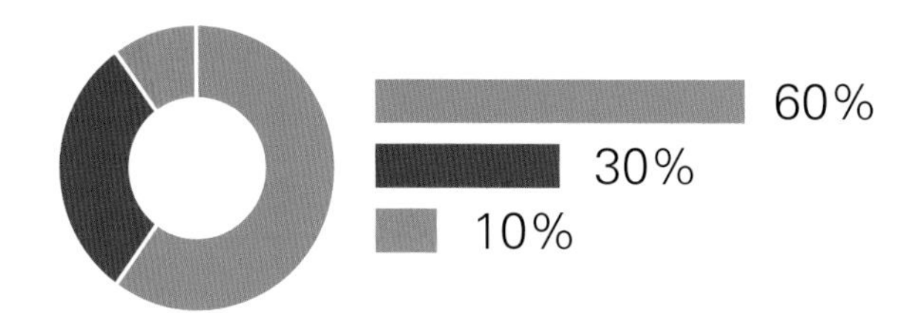

蓝绿色与景泰蓝色的搭配，体会拼搏精神，在蓝天下杨帆出海，享受自由呼吸。橙色的加入，如同出海归来，夕阳印在海面上，充满惬意的心情，让我们领略不同寻常的人生，收获成功。

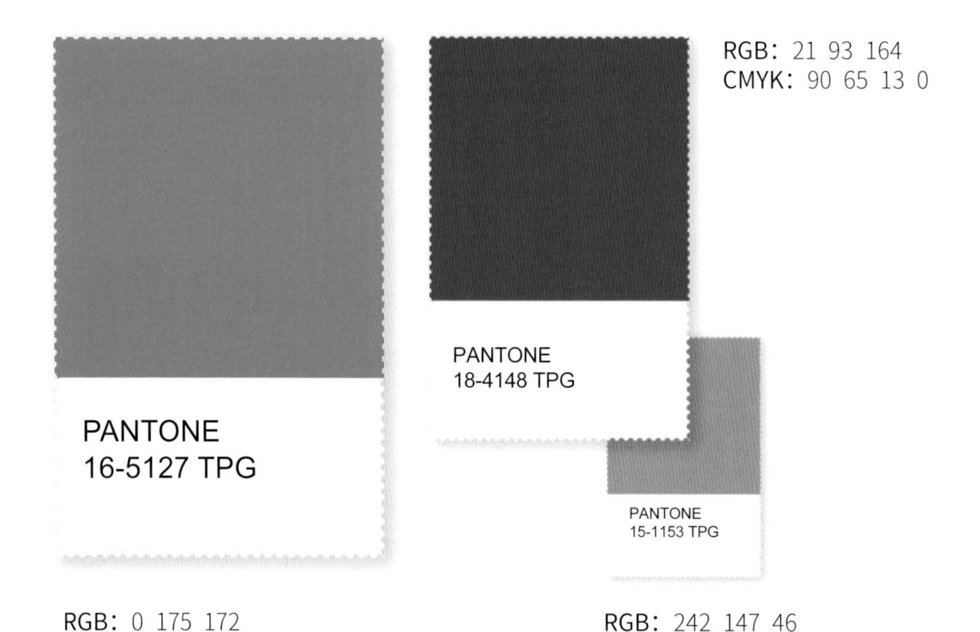

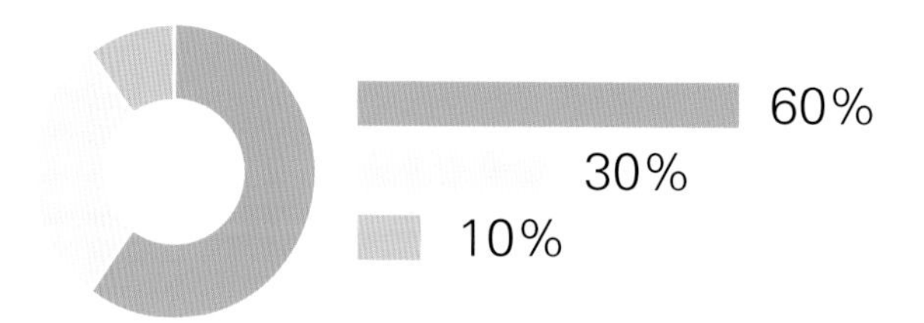

蓝绿色与白色的搭配，处于色彩坐标轴冷色区域中间偏上的位置，极具北欧简约、人性化的特点，以轻盈明快的颜色，贴近自然、品味梦想。随意的一抹黄色，增加动感。

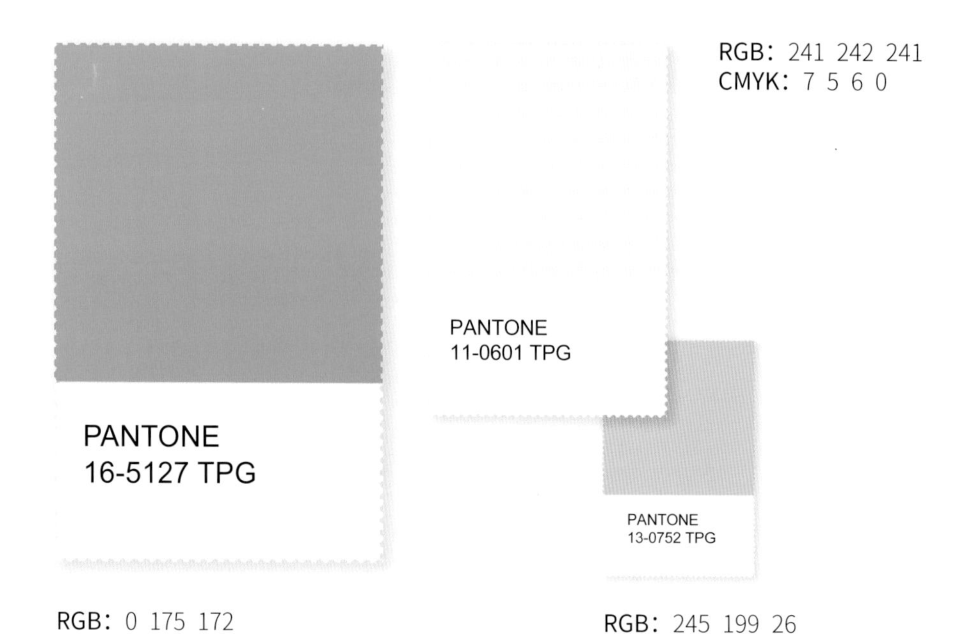

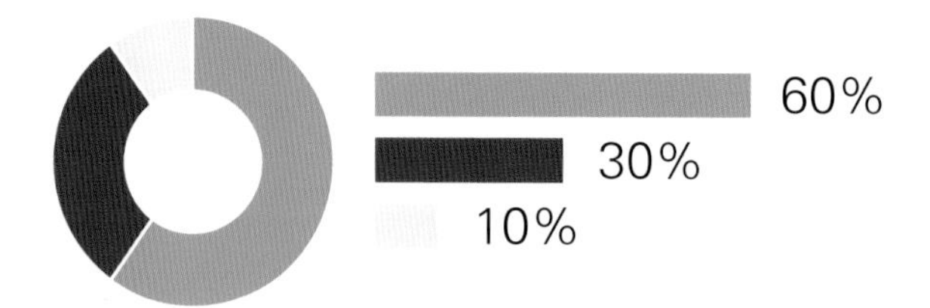

蓝绿色与花青色的搭配，蓝绿色有现代感和运动感，而花青色是相对保守而冷静的颜色，两个颜色在气质上形成对比，不过两个颜色同样都含有蓝色元素，组合在一起呈现出理性和机敏的态度。白色的添加给人以透气感。

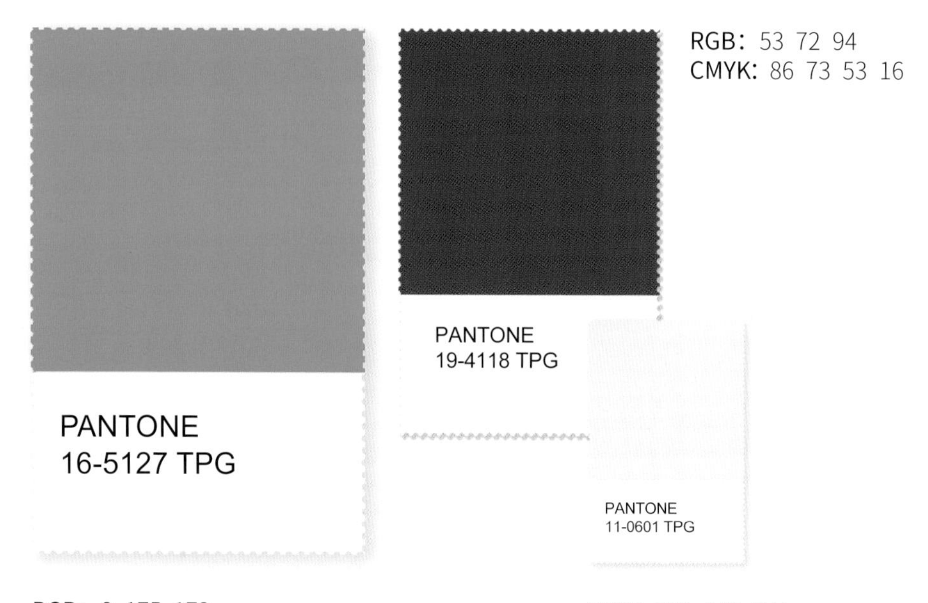

RGB：53 72 94
CMYK：86 73 53 16

RGB：0 175 172
CMYK：75 11 40 0

RGB：241 242 241
CMYK：7 5 6 0

visconti

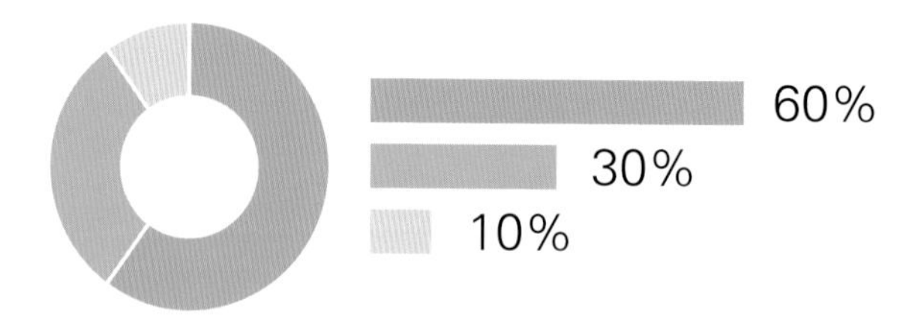

蓝绿色与海螺粉色的搭配，形成强而有力的色相对比。蓝绿色体现一种运动、朝气，具有现代感，海螺粉色则是一种浪漫、甜美的印象，这两个颜色的搭配，简单中蕴含着温柔，黄色的加入增添快乐感。

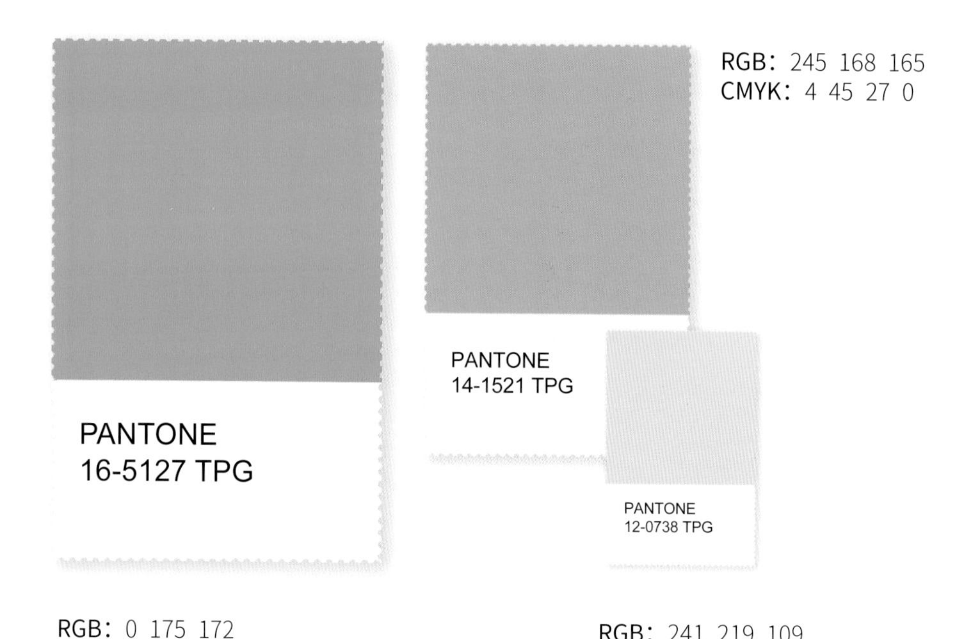

· 稚嫩的

· 柔美的

· 清爽的

· 纯真的

RGB：191 217 220

CMYK：30 8 15 0

PANTONE：12-4607 TPG

在以天青蓝色做主调的这个系列中，色彩组合后的印象给人以浪漫、清爽的柔和感。案例中天青蓝色与深灰色、天青蓝色与白色、天青蓝色与凤仙紫色、天青蓝色与浅褐色的配色关系，处于坐标轴的软轴区域，由于色相差异，分别分布于暖轴或冷轴。

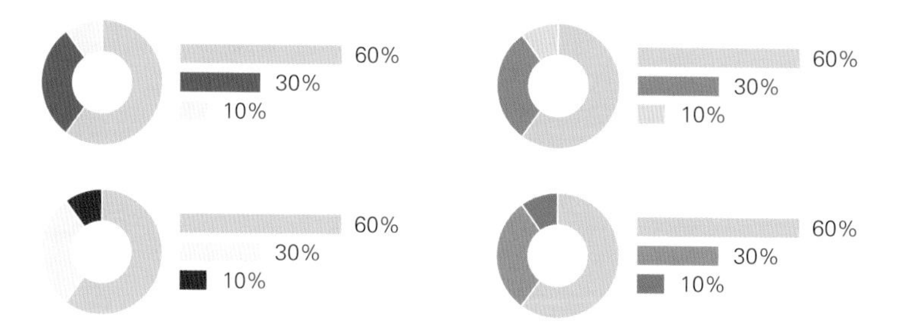

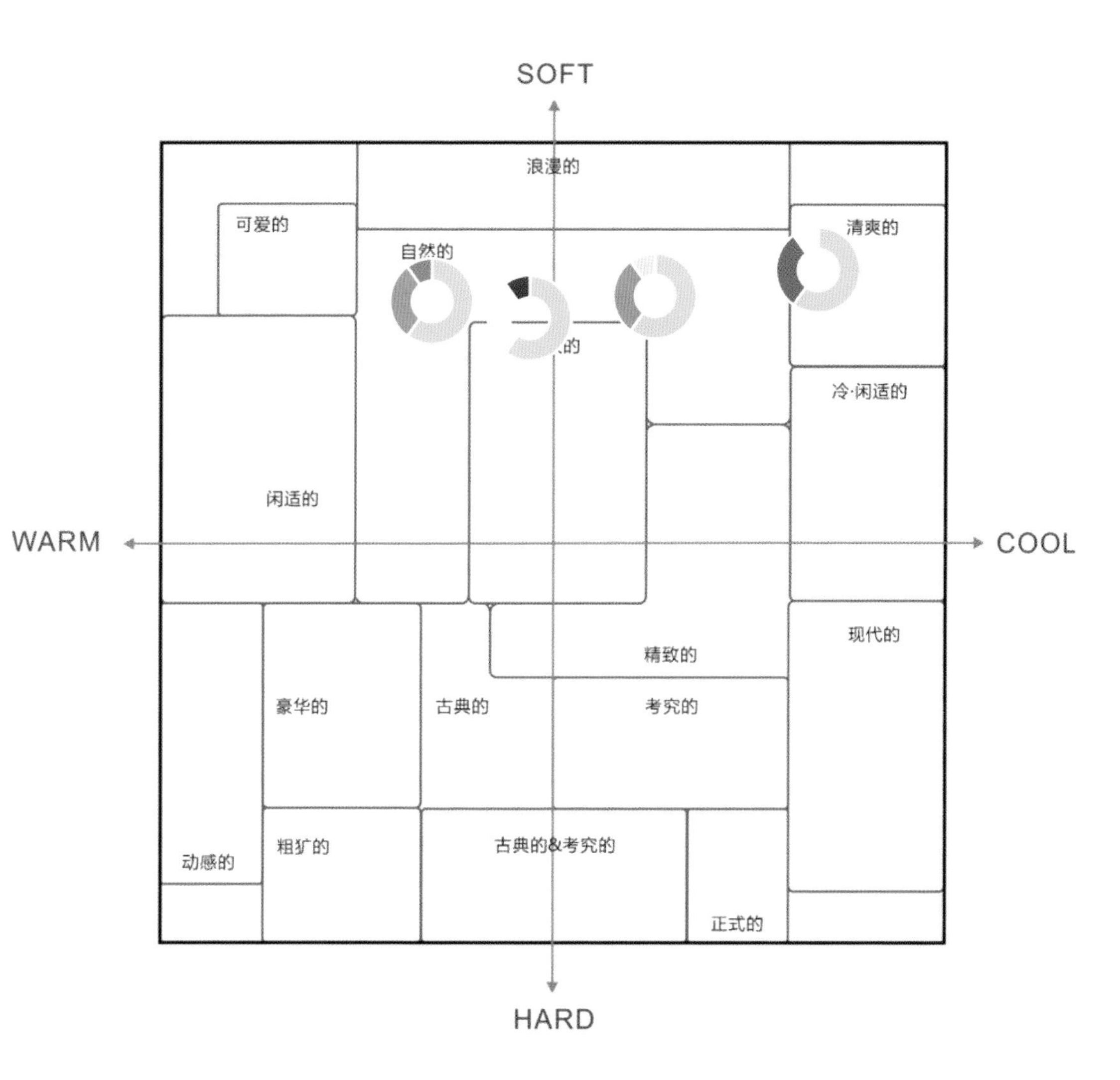
SOFT
WARM
COOL
HARD
浪漫的
可爱的
清爽的
自然的
冷·闲适的
闲适的
现代的
精致的
豪华的
古典的
考究的
动感的
粗犷的
古典的&考究的
正式的

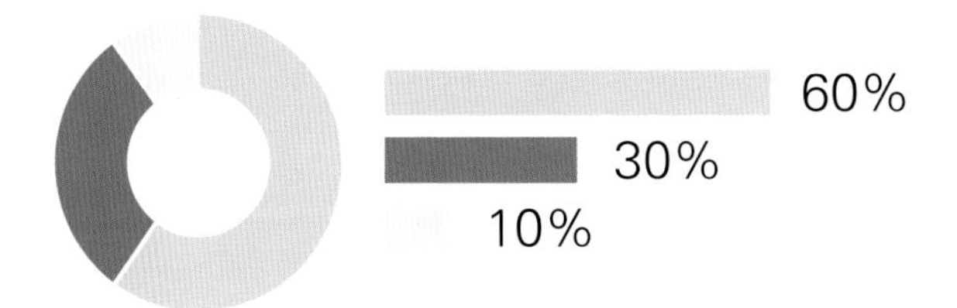

青蓝色、深灰色、白色三个颜色的搭配，处于色彩坐标轴冷轴区域偏上的位置，充满艺术家的气质，在这样的空间里可以冷静思考，体会理性及智能生活带来的灵感。

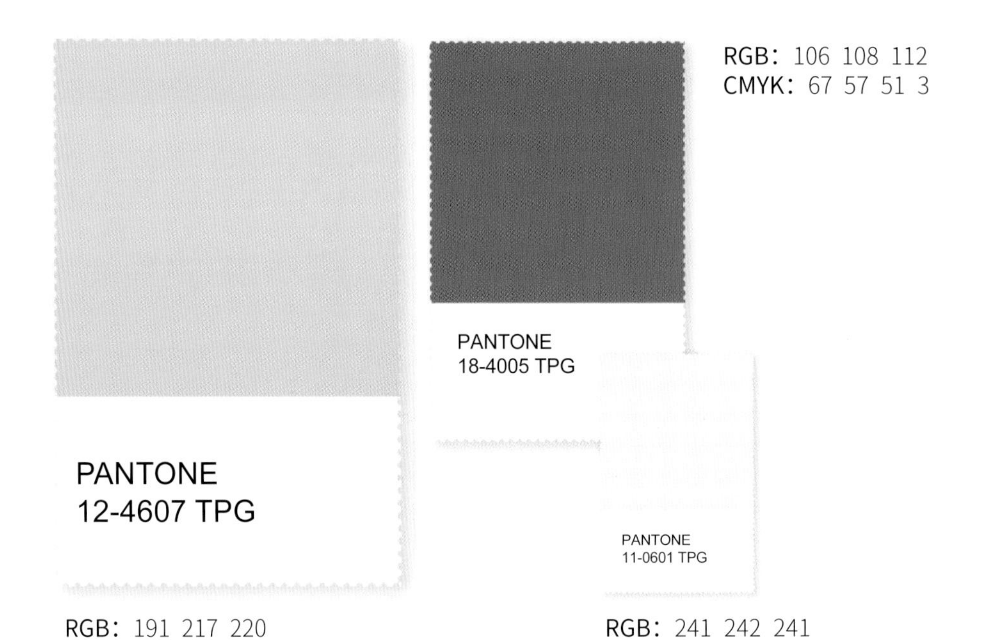

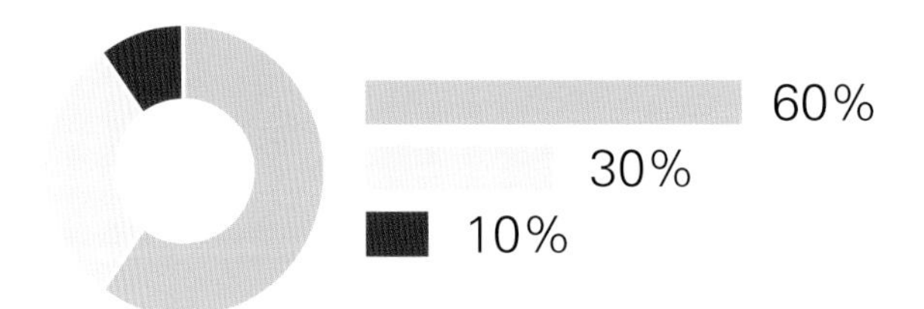

天青蓝色与白色的搭配，处于色彩坐标轴中间软轴的位置，轻快而简洁、明亮而纯粹，就像会唱歌的沙滩一样富有旋律，体现现代简约的设计感。深褐色的添加，给人纯手工打造的印象。

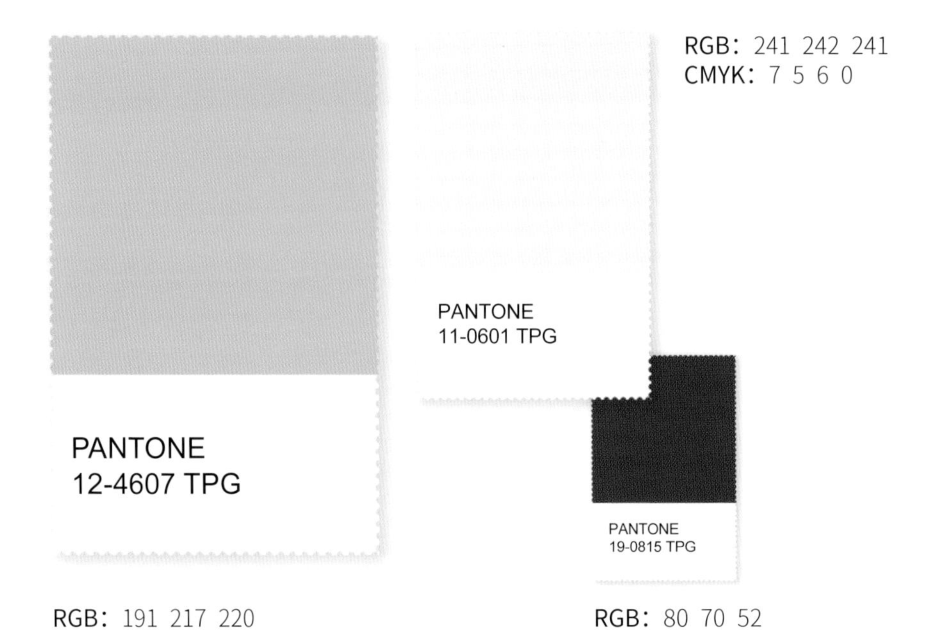

*九牧卫浴品牌提供

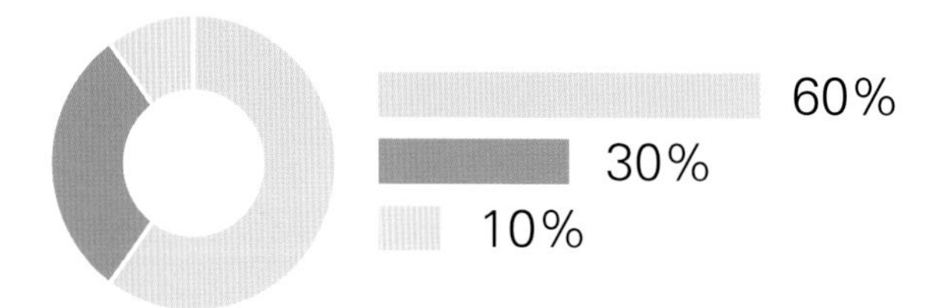

天青蓝色具有朴实、典雅、华贵的一面，犹如“雨过天晴云破处，千峰碧波翠色来”，它与凤仙紫色的搭配，给人以安静、朦胧的印象派风格。加一抹净皮黄色，在午后的花园品茶，感受慵懒的生活。

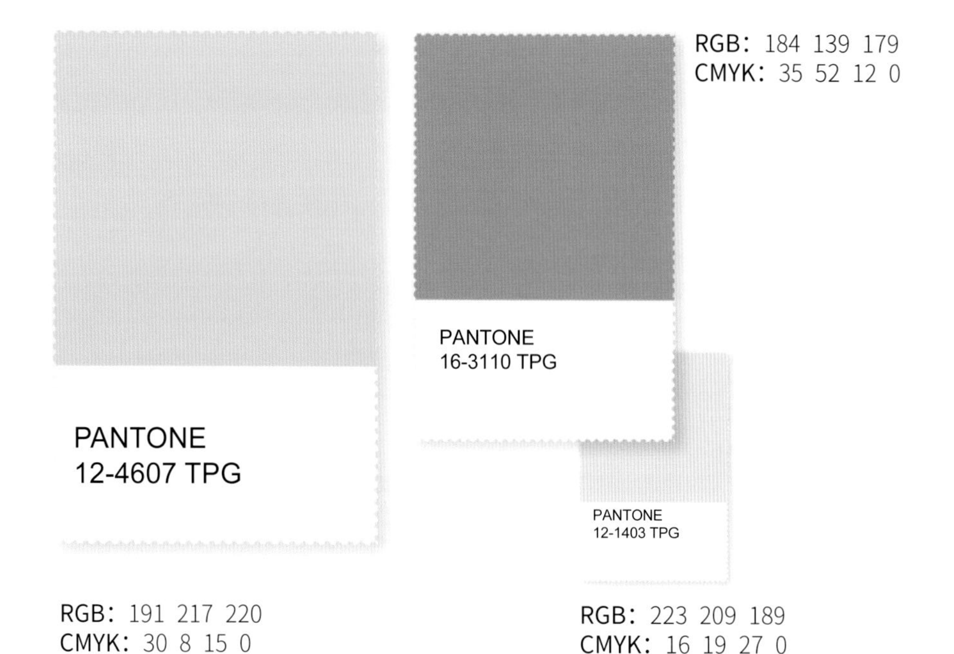

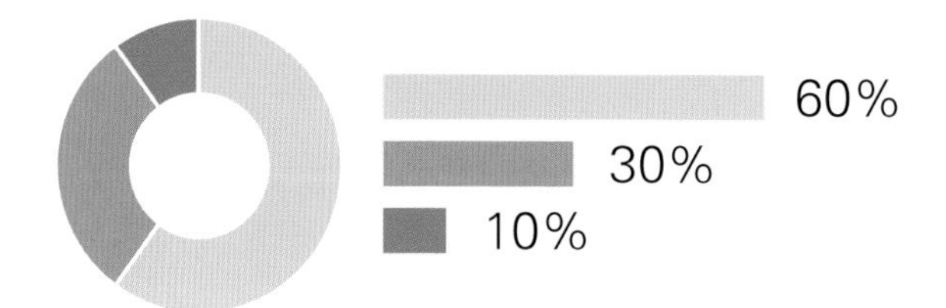

天青蓝色与浅褐色搭配，给人以都市柔韧的运动之感，在工作之余，休闲心情，享受运动带给人的舒适氛围。该组合颜色干净透气，高级而温润，材质具有柔软的印象。陶土色的加入，起到沉稳作用。

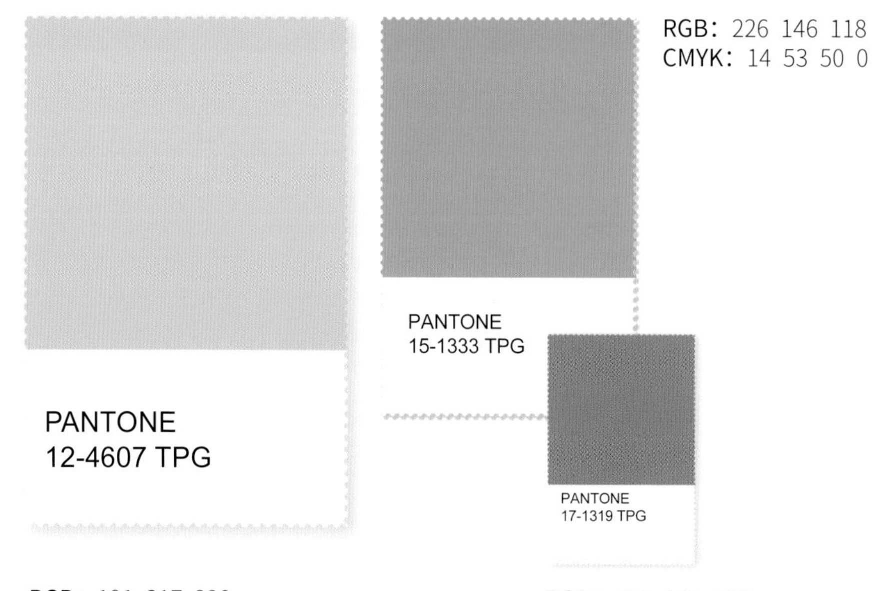

WINDOWS

·考究的
·装饰的
·严谨的
·潜心的

RGB：0 111 122

CMYK：88 51 51 2

PANTONE：18-4728 TPG

在这个系列中，孔雀蓝色作为主色调。案例中孔雀蓝色与浅砂色、孔雀蓝色与紫罗兰色、孔雀蓝色与油绿色、孔雀蓝色与黑色的配色关系，塑造严谨、考究的印象。孔雀蓝色与紫罗兰色的组合，处于色彩坐标的暖色区域，给人以华丽的装饰印象。

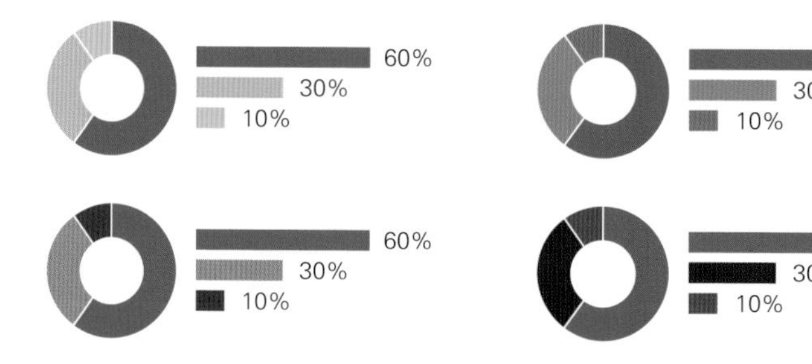

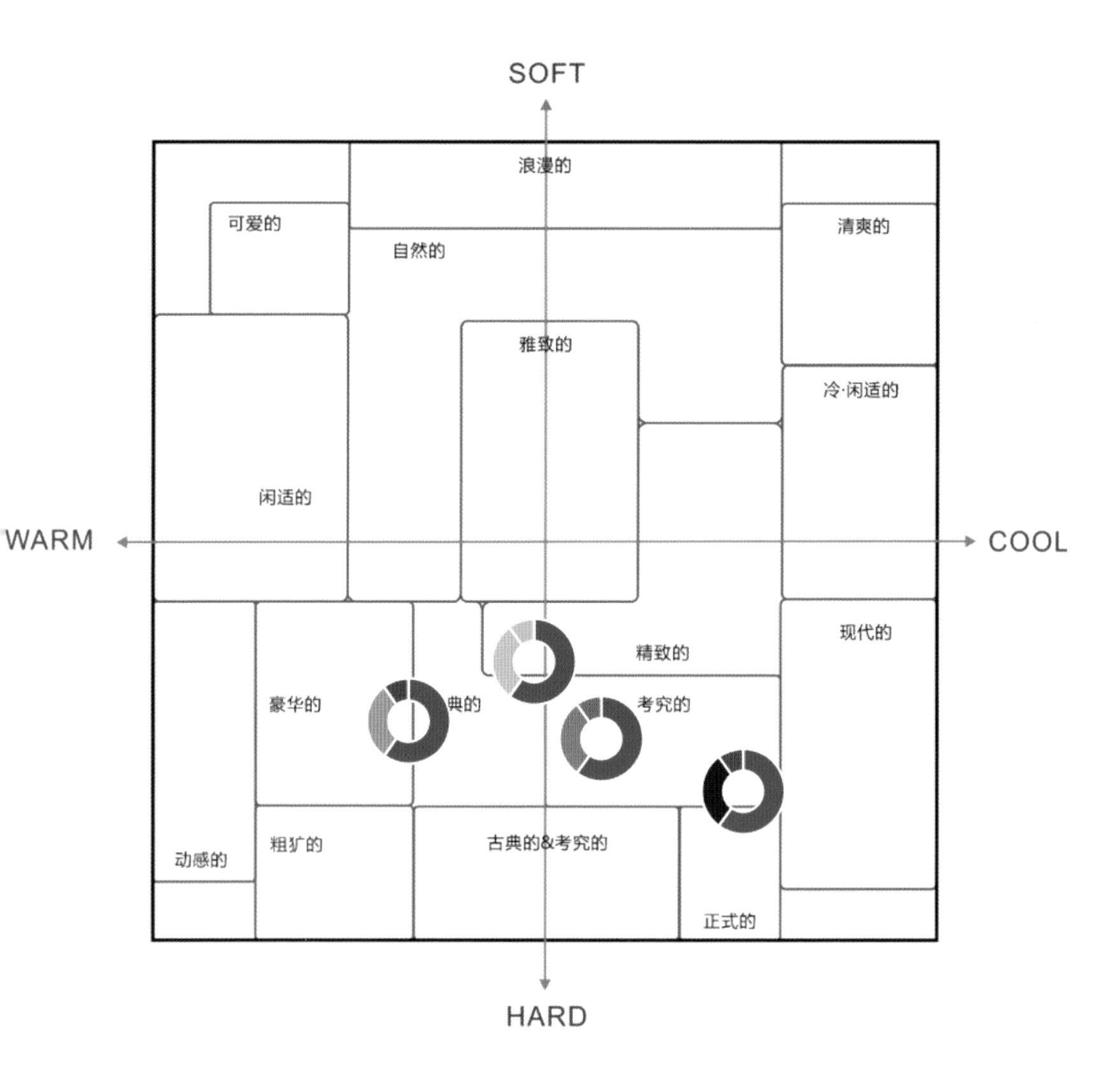
SOFT
浪漫的
可爱的
自然的
清爽的
雅致的
冷·闲适的
闲适的
WARM
COOL
现代的
精致的
豪华的
典的
考究的
动感的
粗犷的
古典的&考究的
正式的
HARD

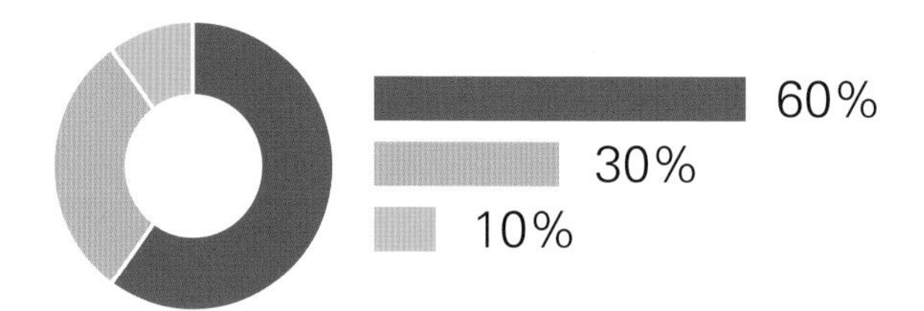

孔雀蓝色与浅砂色的配色，由于浅砂色属于自然孕育的颜色，直接将这组配色拉向了一种自然的调性氛围。由于孔雀蓝的张扬，浅砂色只能以内敛的方式呈现其古朴味道。浅橙色的出现只为增加孔雀蓝色的个性。

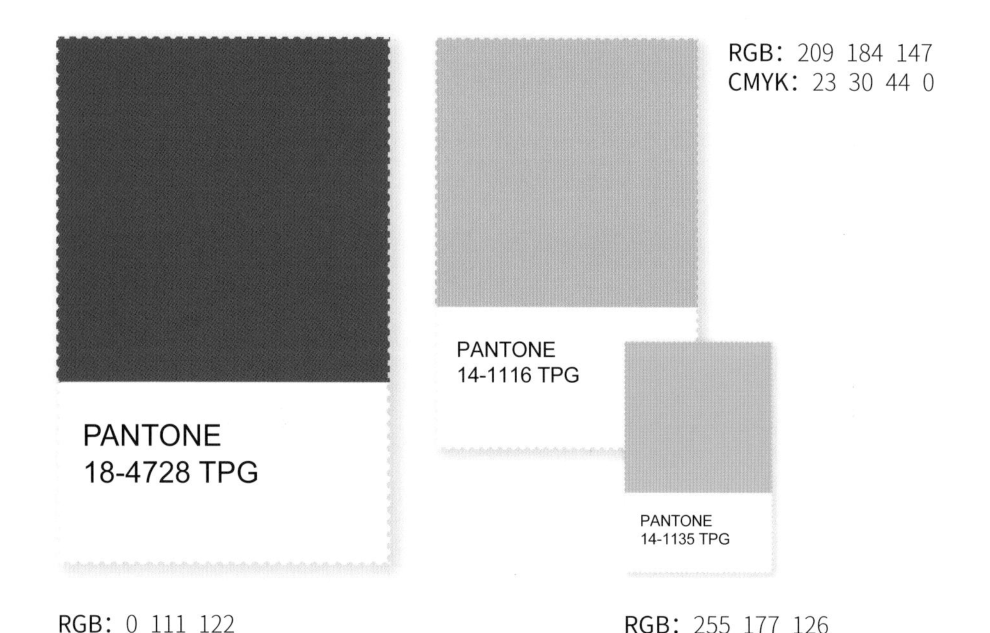

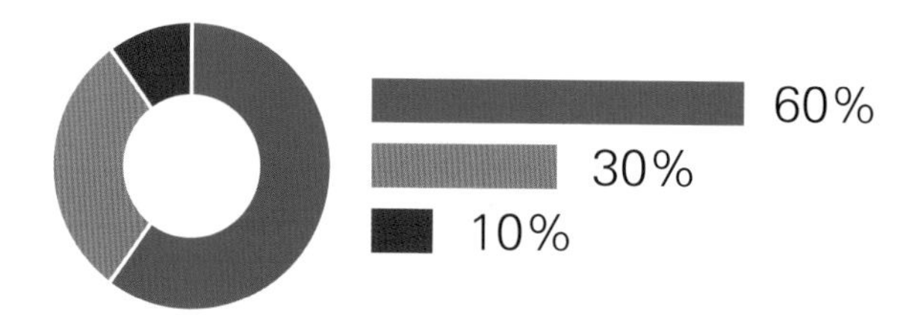

孔雀蓝色与紫罗兰色的配色，单独的两个颜色都是具有独到之处的色彩，组合在一起更具个性，是大胆的配色方式，两个颜色相互争奇斗艳，装饰感很强，彰显个性。曙红色的加入增添妩媚感。

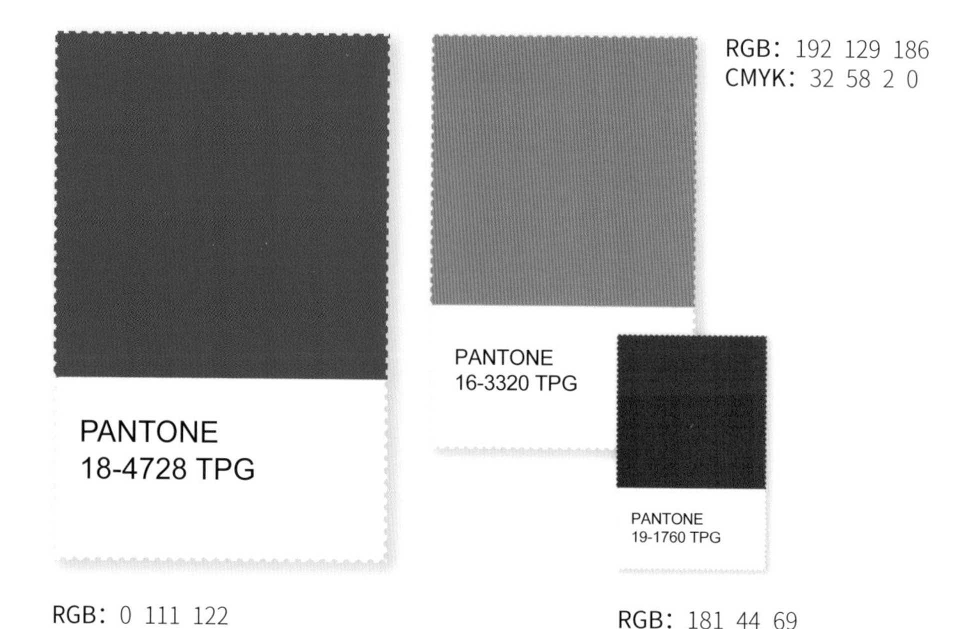

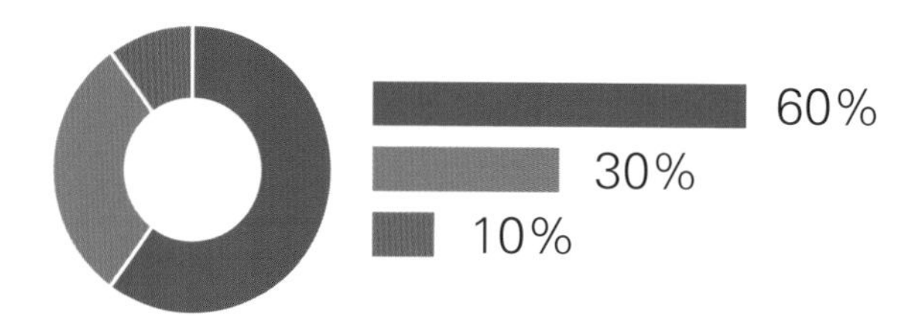

孔雀蓝色与油绿色的配色，孔雀蓝是由“蓝＋绿”组成，油绿色是由“绿＋黄”组成，两个颜色共同含有绿色，又各自有自己的元素，看似相同又不同，组合在一起，既和谐又具有包容性。青柑茶色的增加带有古朴味道。

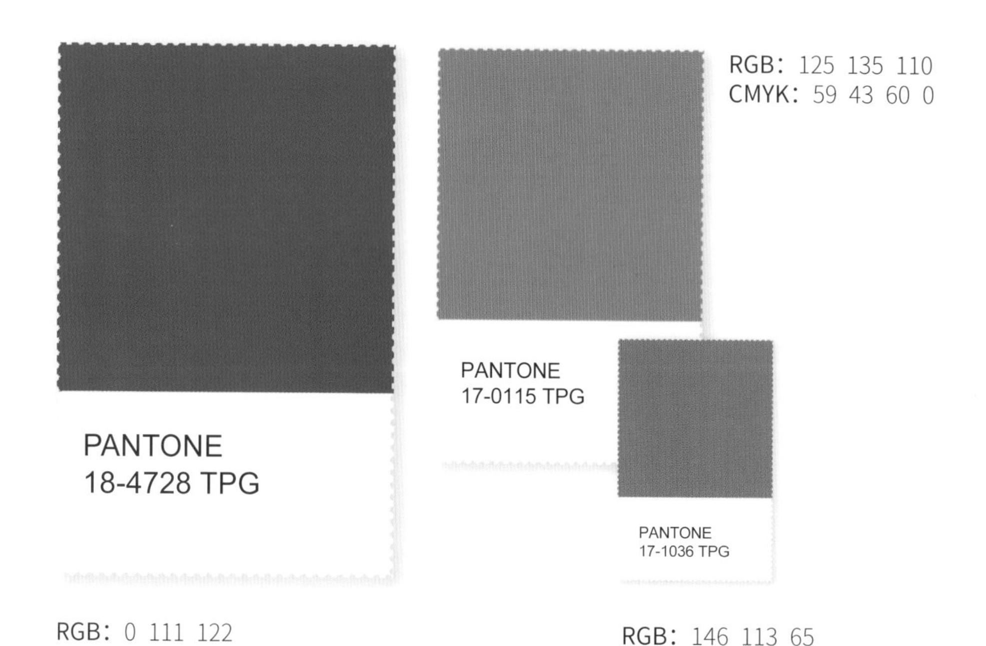

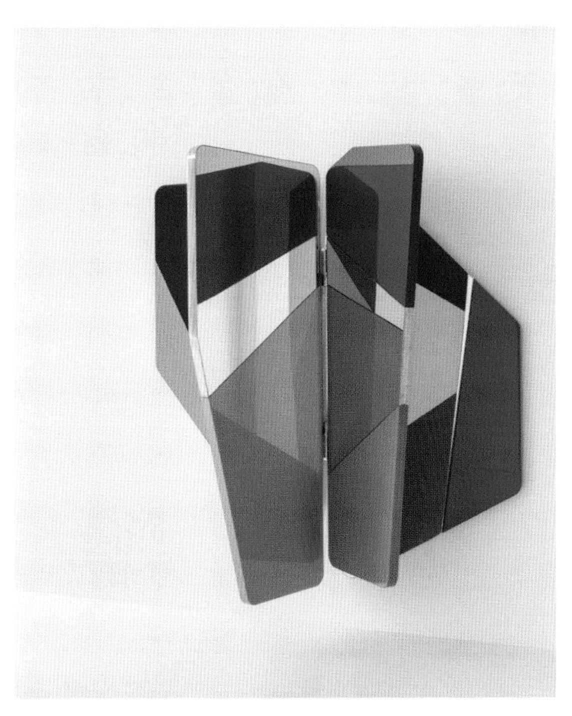

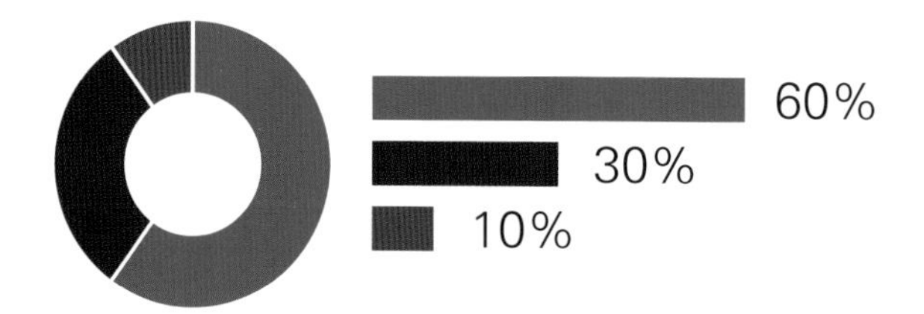

在产品中，孔雀蓝色与黑色的配色，黑色融化了孔雀蓝的个性，两个颜色的组合，由于黑色的庄严而显得硬朗，更加注重造型与结构的精致，整体非常考究，体现一种高雅、略带贵气的形象。

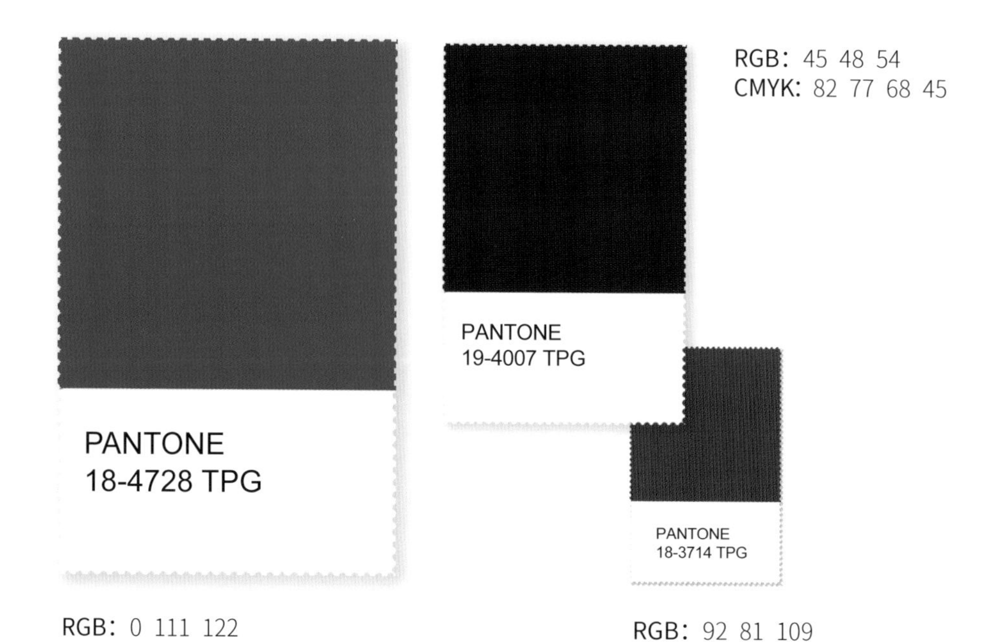

*海尔品牌提供

蓝

BLUE

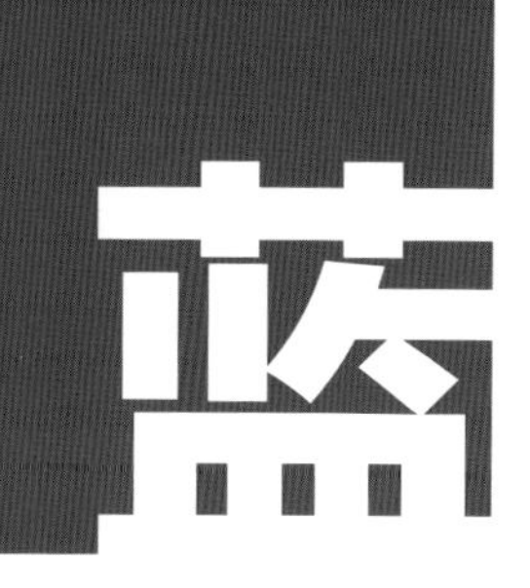

蓝色 5 个主色的选择。宝蓝色，根据明度及纯度的梯度变化，另外选择了两个不同梯度的浅蓝色、两个不同梯度的深蓝色。

蓝色是冷色。它在形象坐标轴上属于冷区域。

宝蓝色。处于形象坐标轴的冷色区域，软硬适中，其印象为潇洒的、有都市感的。

冷色称为后退色。与暖色相比，蓝色往后退。

软 / 硬轴。其形象在于明与暗、淡与浓、浅与深、弱与强、软与硬、轻与重、细与粗的对比。

淡蓝色与浅蓝色。纯度低，浅淡的蓝色偏冷；明度高，接近软轴。其印象代表轻快、纯净的感觉。

深蓝色与暗蓝色。纯度低，明度低，而接近硬轴。其印象代表成熟、考究。

蓝色。画水粉和油画的人会用蓝色打底，因为蓝色是每个人的人生目标，寓意人生蓝图，人们一直在沿着自己设定的轨道完成着使命。蓝色让我们有一种信赖感，我们毫无理由地相信自己，便是蓝色带给我们的慈爱。

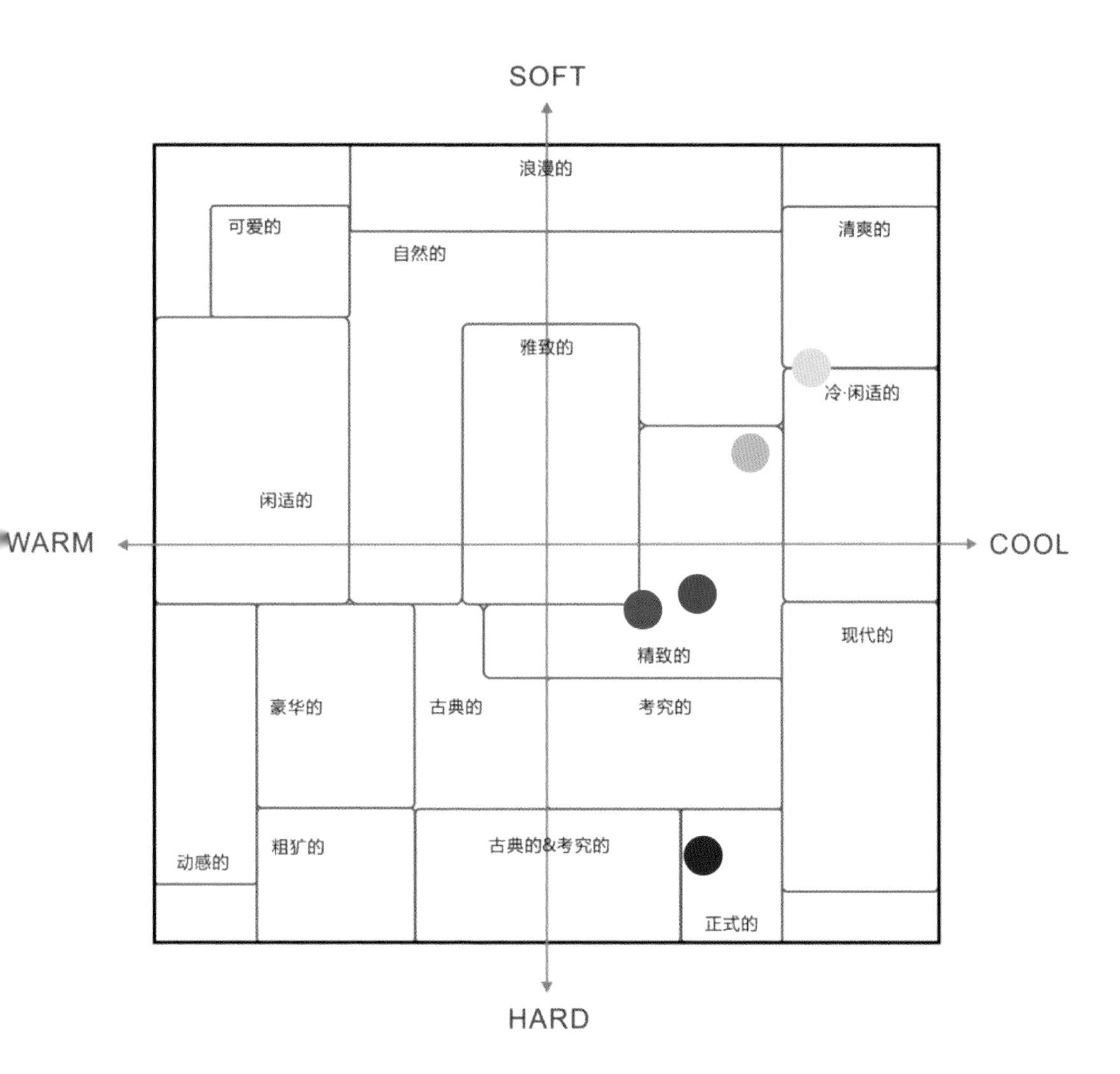
SOFT
浪漫的
可爱的
清爽的
自然的
雅致的
冷·闲适的
闲适的
WARM
COOL
现代的
精致的
豪华的
古典的
考究的
粗犷的
古典的&考究的
动感的
正式的
HARD

·活力的
·迅捷的
·敏锐的
·革新的

RGB：21 93 164

CMYK：90 65 13 0

PANTONE：18-4148 TPG

景泰蓝色在配色中占到主要面积，处于坐标轴的冷色区域，充满活力。案例中选择了景泰蓝色与白色、景泰蓝色色与翠绿色、景泰蓝色与红色、景泰蓝色与黑色的配色关系，迅捷而敏锐。由于处于次要面积的搭配颜色不同，在这些颜色与蓝色组合后，单色景泰蓝色带来的最初形象已经发生了变化。比如景泰蓝色与红色的组合，由于红色是暖色，组合后的形象处于暖轴区域，给人以大胆、创新之感。

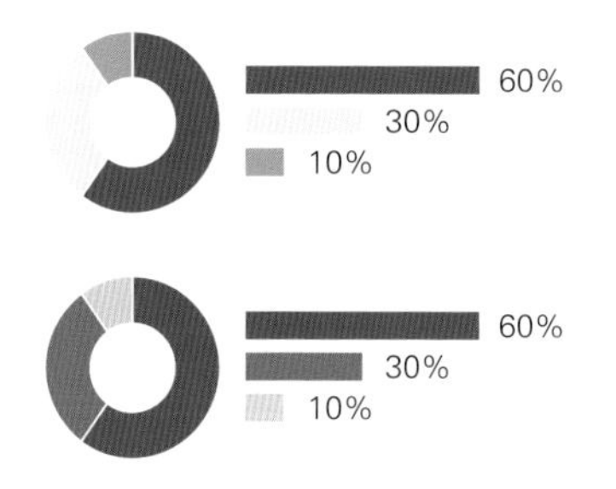

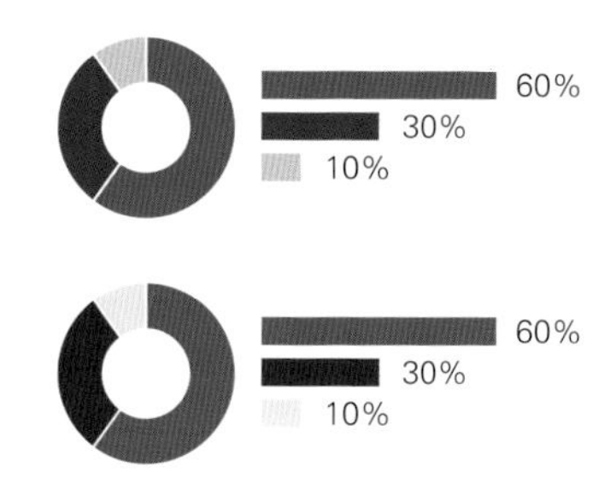

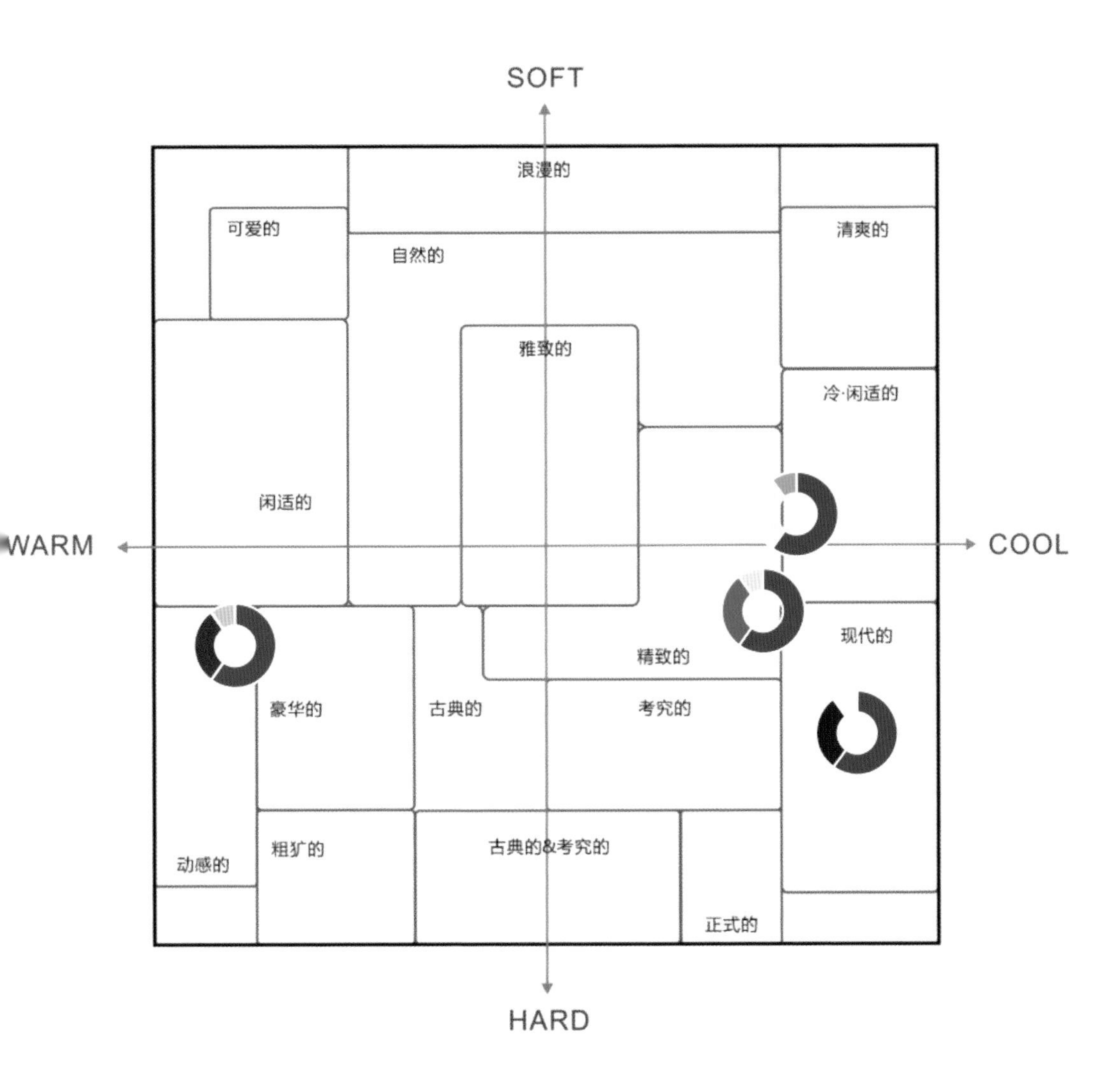
SOFT
浪漫的
可爱的
清爽的
自然的
雅致的
冷·闲适的
闲适的
WARM
COOL
现代的
精致的
豪华的
古典的
考究的
粗犷的
古典的&考究的
动感的
正式的
HARD

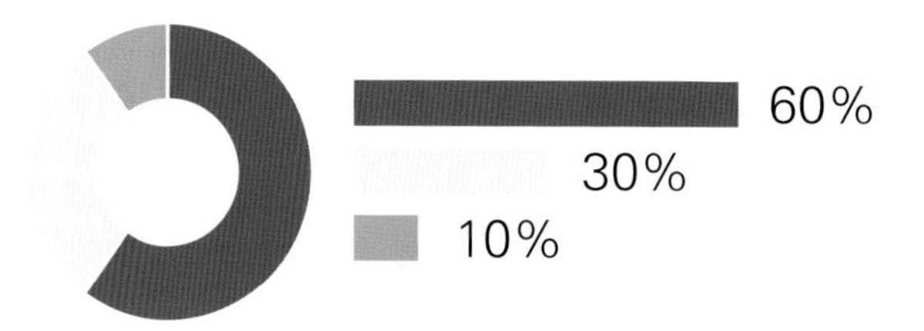

景泰蓝色、白色、橙黄色的搭配，色调洋溢着青春、时尚、明快的印象，犹如跳跃的音符，轻快、鲜明，给人以极强的运动感，属于快节奏的生活方式，具有冒险精神。

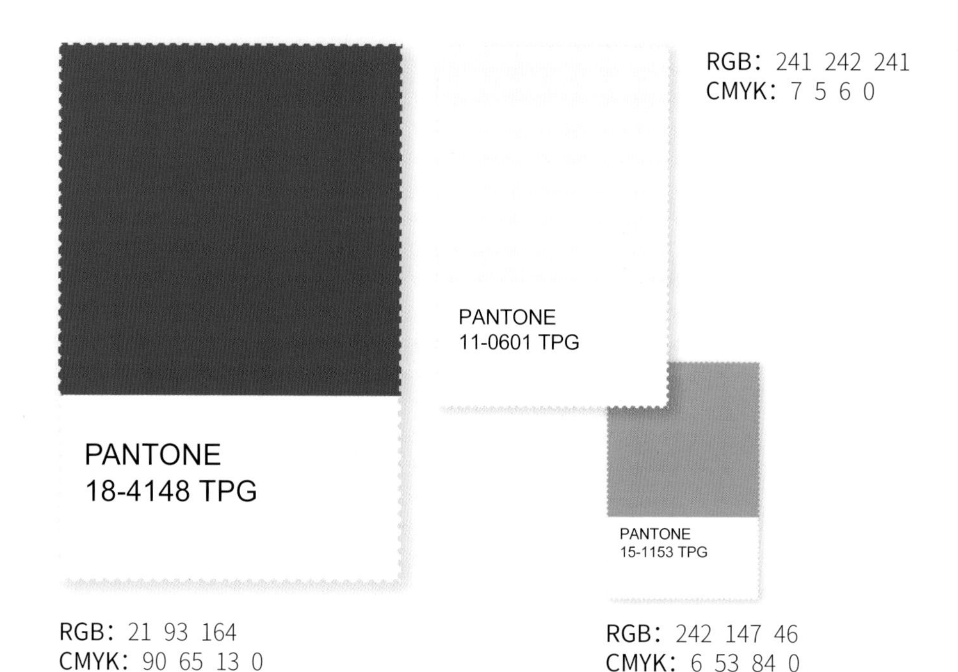

GIVENCHY
PA

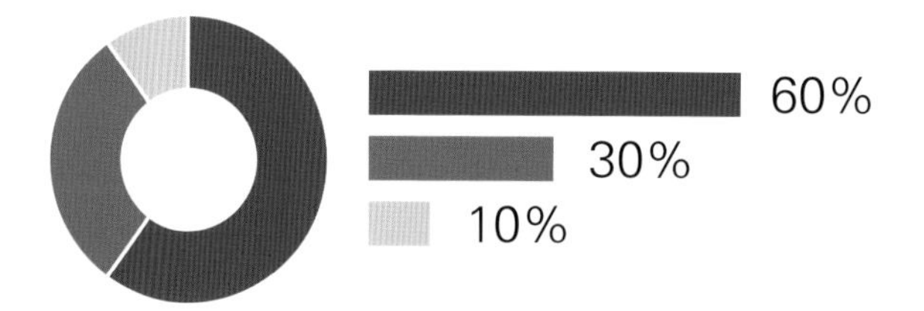

景泰蓝色、翠绿色、浅黄色的搭配，色调明快，恰似加勒比海的音符，具有强烈的节奏，令人产生跃动感。同类色的对比洋溢着青春的魅力，积极、奔放、运动，年轻永远没有终点。

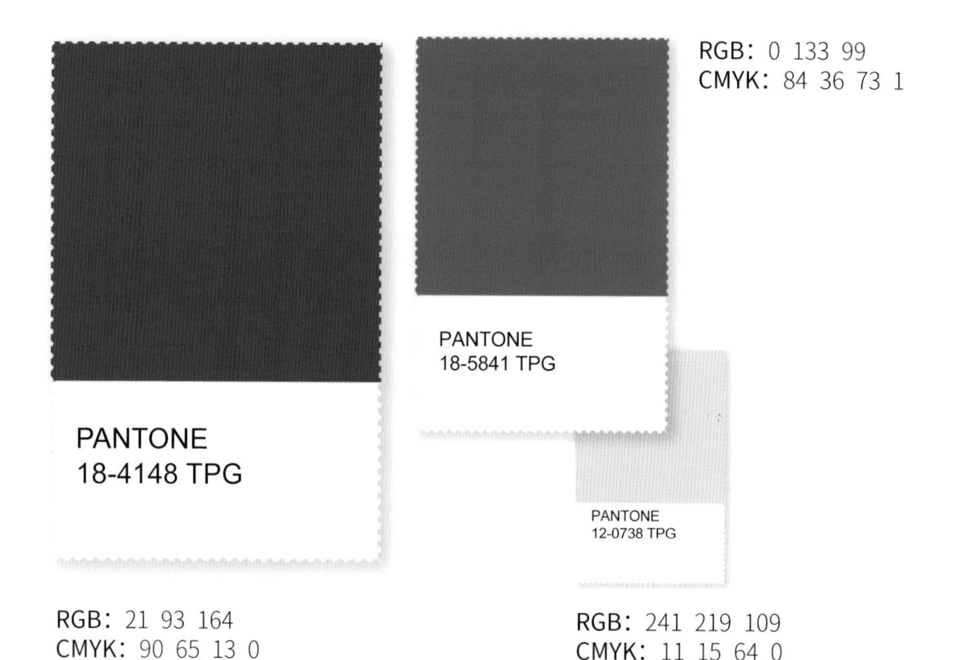

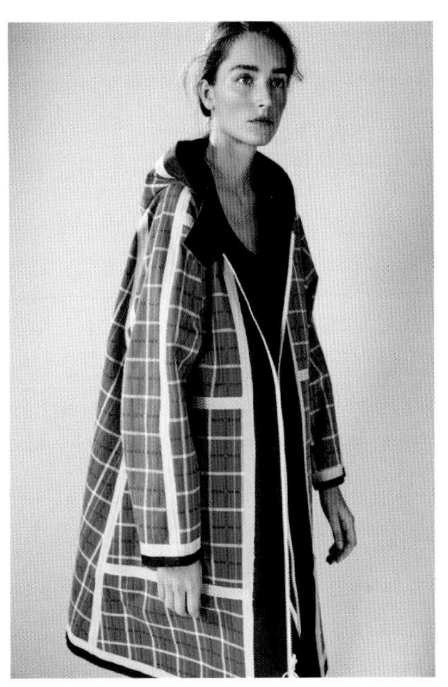

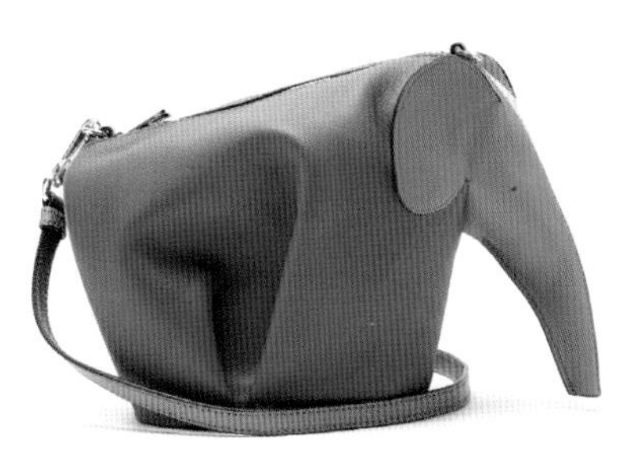

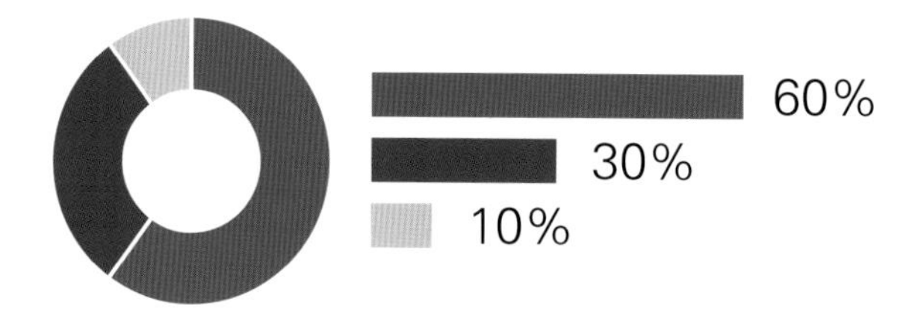

景泰蓝色、红色和黄色的搭配，正巧是色彩的三原色，让人联想到儿时玩过的电玩，顷刻带你回到孩童时光。加上诙谐的音乐，仿佛置身于马戏团，小丑叔叔的表演滑稽而幽默，充满欢快和热烈的气氛。

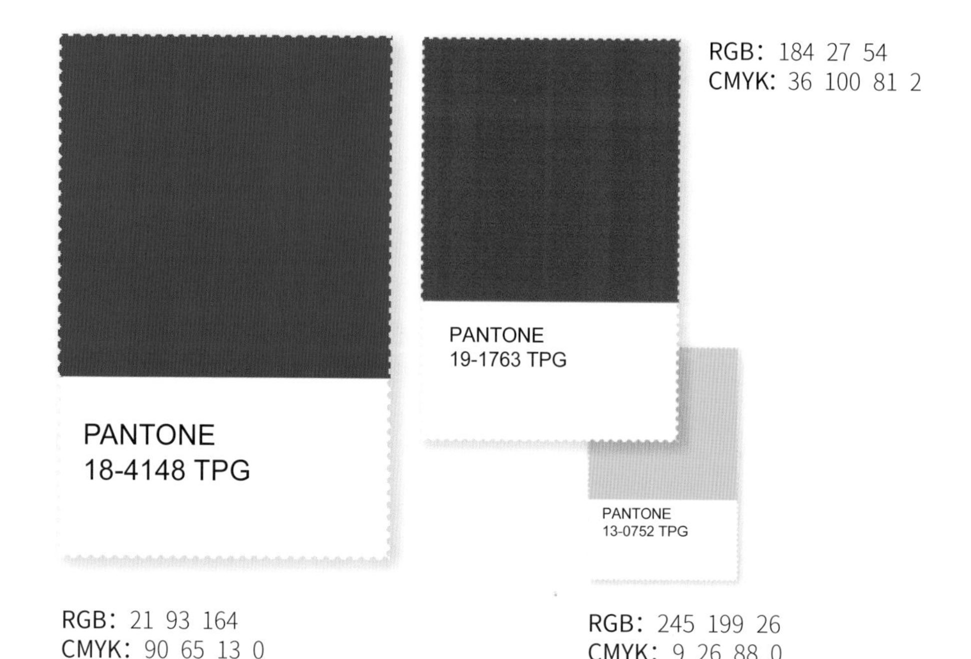

TORY SPORT
TORY SPORT

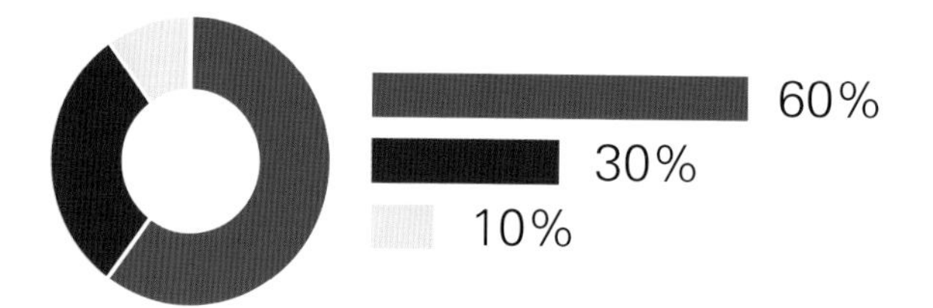

景泰蓝色与无彩色黑白的搭配组合。蓝色与黑色的搭配给人以强劲有力的迅捷感，蓝色与白色的搭配又给人以轻快的运动感。这组配色属于经典的配色，具有城市休闲的印象。

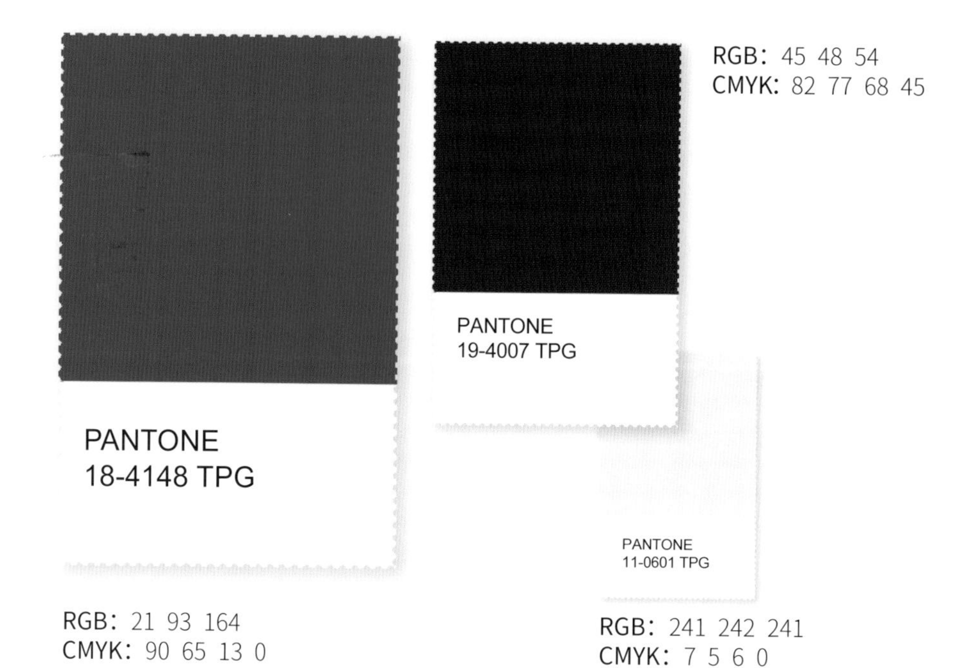

RGB：45 48 54
CMYK：82 77 68 45

RGB：21 93 164
CMYK：90 65 13 0

RGB：241 242 241
CMYK：7 5 6 0

*爱慕运动品牌提供

·清爽的
·雅致的
·自由的
·清纯的

RGB：195 203 217

CMYK：28 18 11 0

PANTONE：13-4110 TPG

实验性淡灰蓝色在这个系列配色中占为主角，淡灰蓝色的形象是清爽而雅致的。案例中的四组颜色搭配组合，分别是淡灰蓝色与印象灰色、淡灰蓝色与罂粟红色、淡灰蓝色与赭石色、淡灰蓝色与景泰蓝色。由于处于次要面积的颜色在色相上均有差异，在与主色淡灰蓝色组合后，单色淡灰蓝色所处坐标轴的最初位置被改变了。

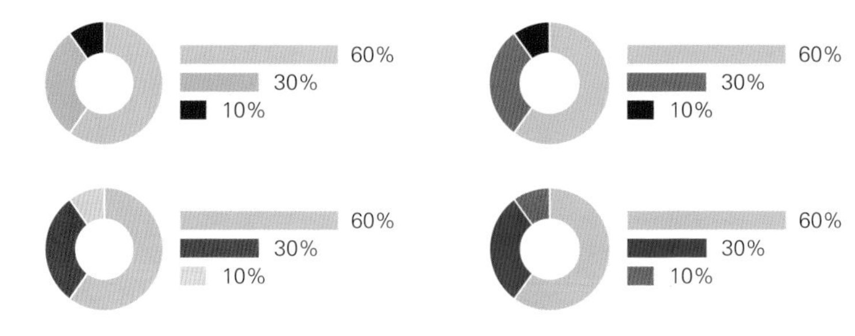

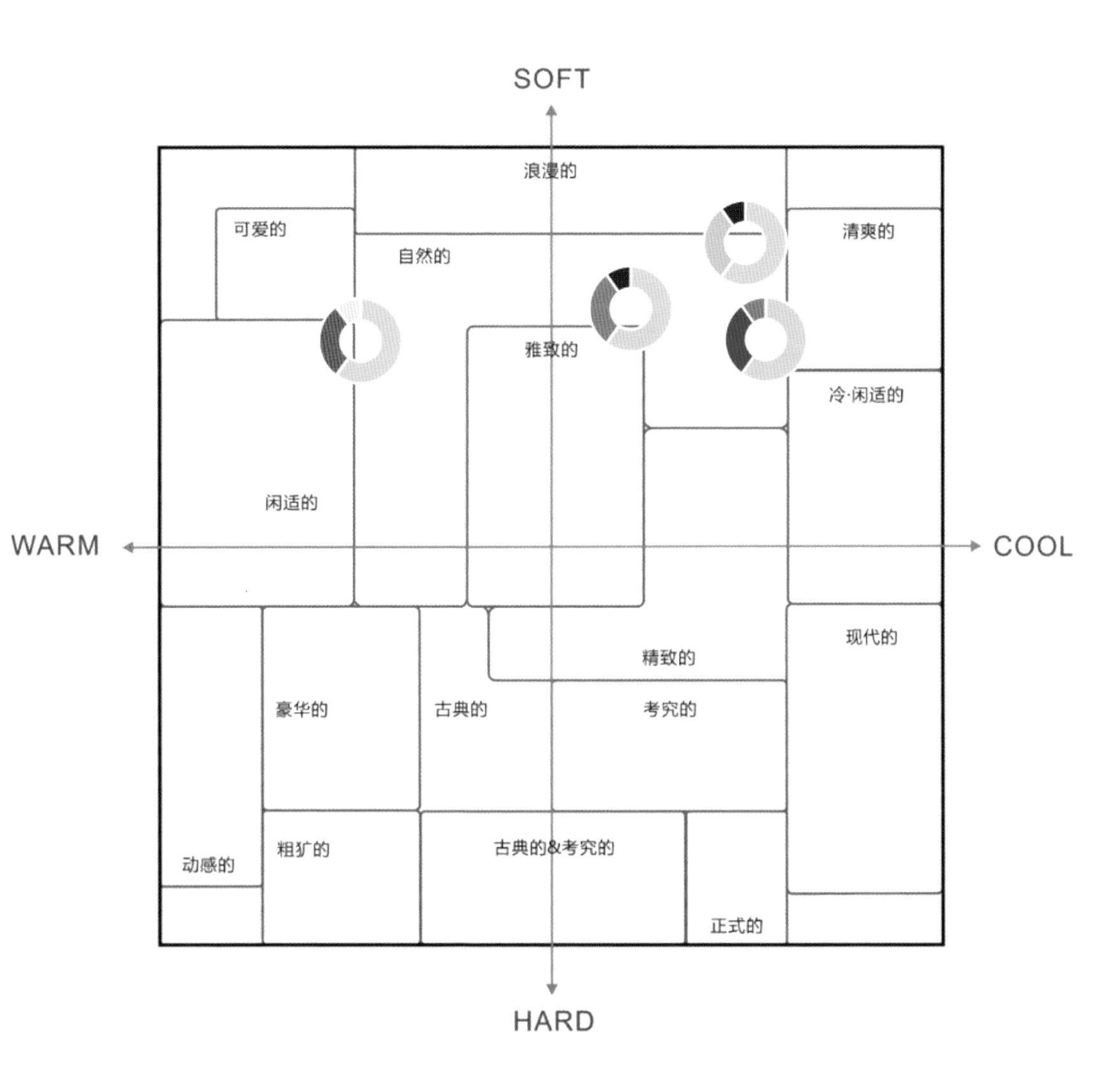
SOFT
浪漫的
可爱的
清爽的
自然的
雅致的
冷·闲适的
闲适的
WARM
COOL
现代的
精致的
豪华的
古典的
考究的
粗犷的
古典的&考究的
动感的
正式的
HARD

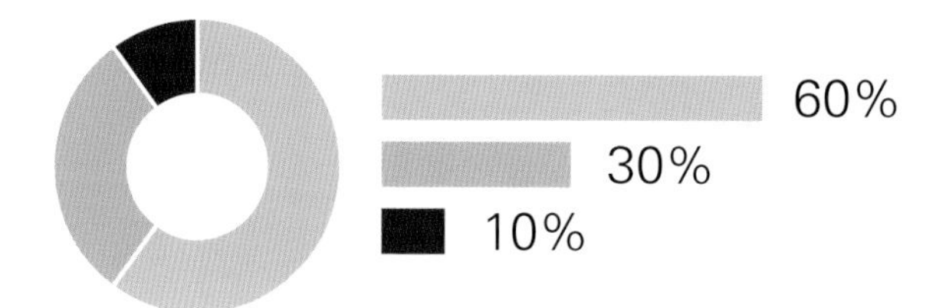

淡灰蓝色与印象灰色的搭配具有高级感，两个颜色都处于色彩坐标轴冷色区域的上方，朴实而简洁、静谧而平和，犹如优雅的钢琴曲回荡在空中，体现出淡淡的文艺气息。

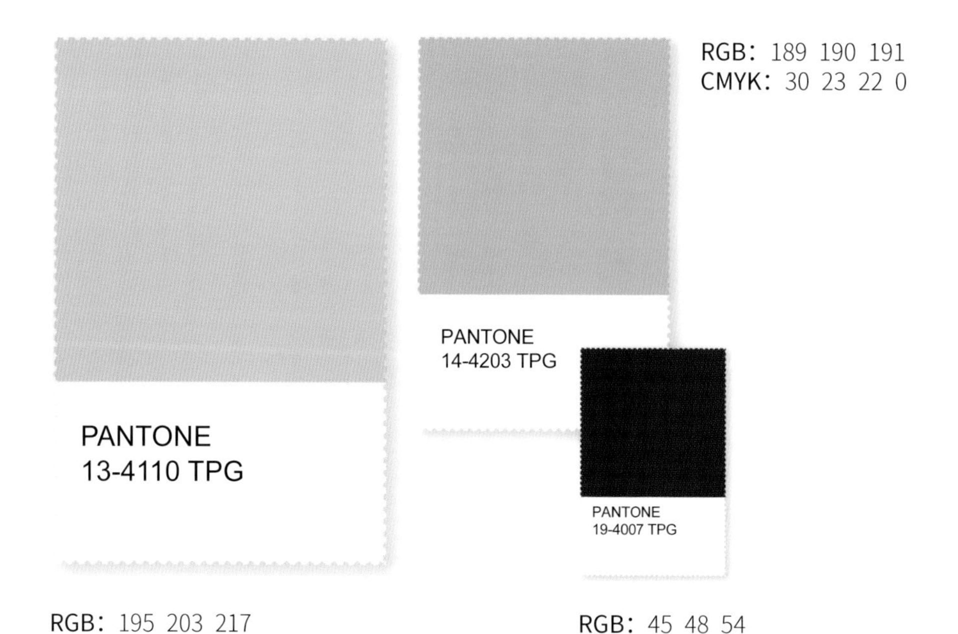

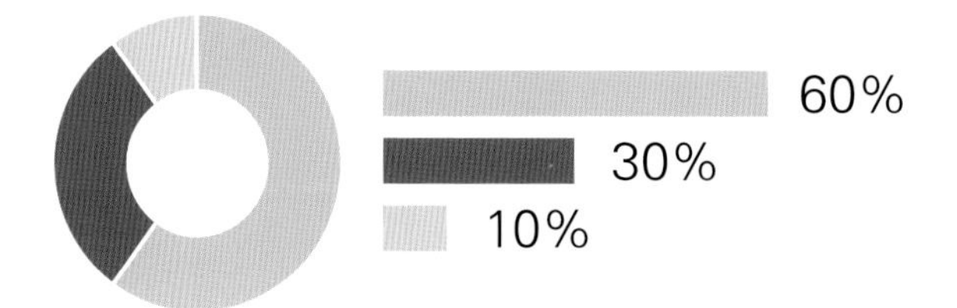

淡灰蓝色、罂粟红色和浅黄色的搭配，充满关爱，愿意慈悲地帮助他人，这是一组热爱生活的色彩，可以无拘无束地挥洒着青春，尽情抒发情感。生活就像拼图一样，多姿多彩，拥抱纯真与健康。

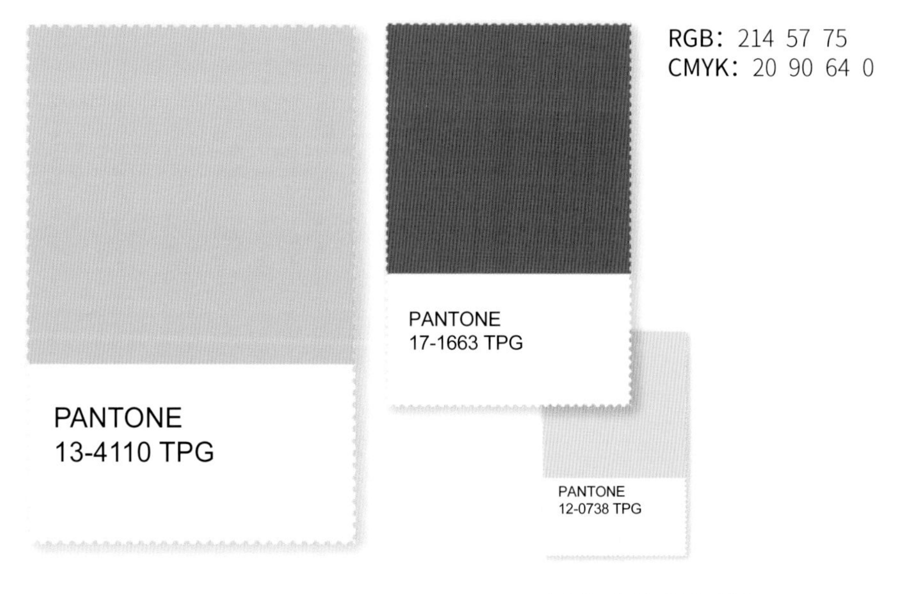

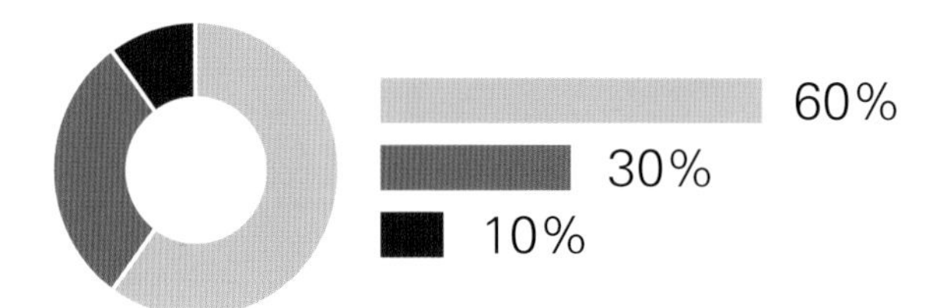

假如说实验性的淡灰蓝色显得沉静且具有科技感，那么，与浓浓的赭石色的搭配却又带给我们朴实厚重的印象。在产品的互动过程中，赭石色更容易与人亲近，散发出淡淡的植物芳香，一种清爽油然而生，带给人们超凡体验。

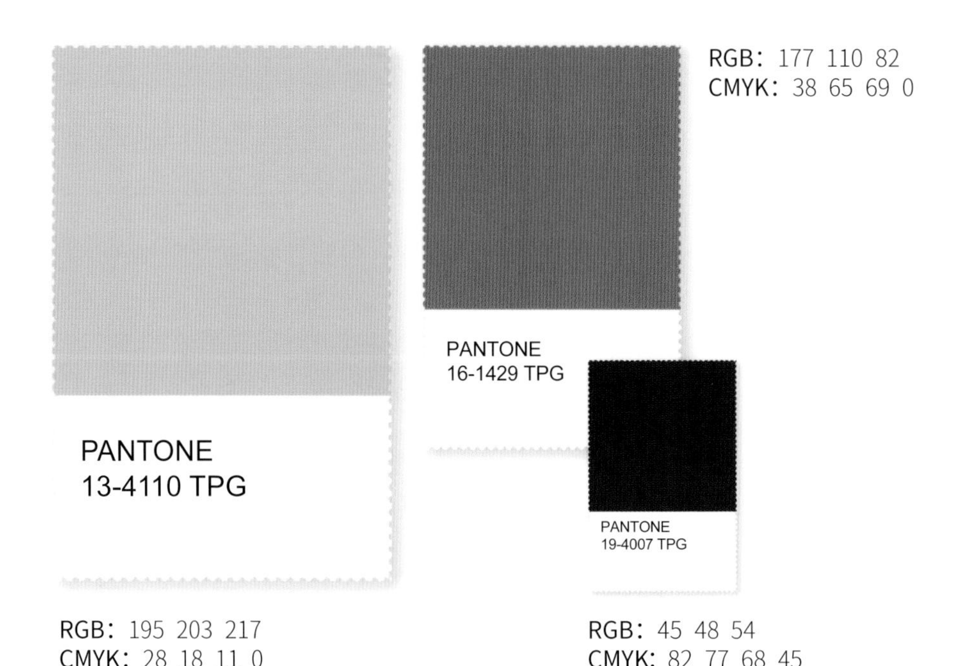

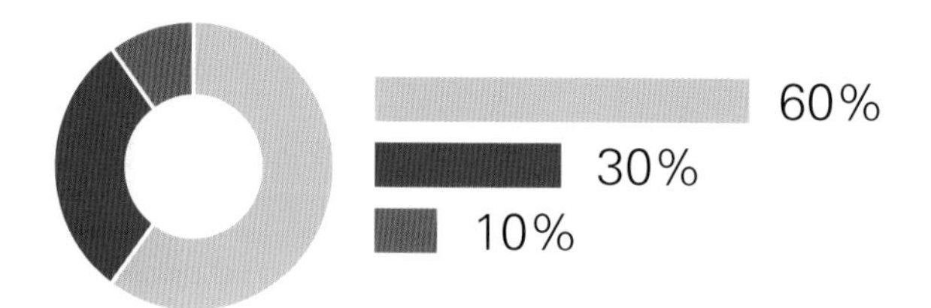

淡灰蓝色与景泰蓝色的搭配，这是一种比较单一的配色方法，色彩的变化只在同一个色相中完成，给人以简洁、条理感。一个赭石色的加入，打破了原有的单调印象。

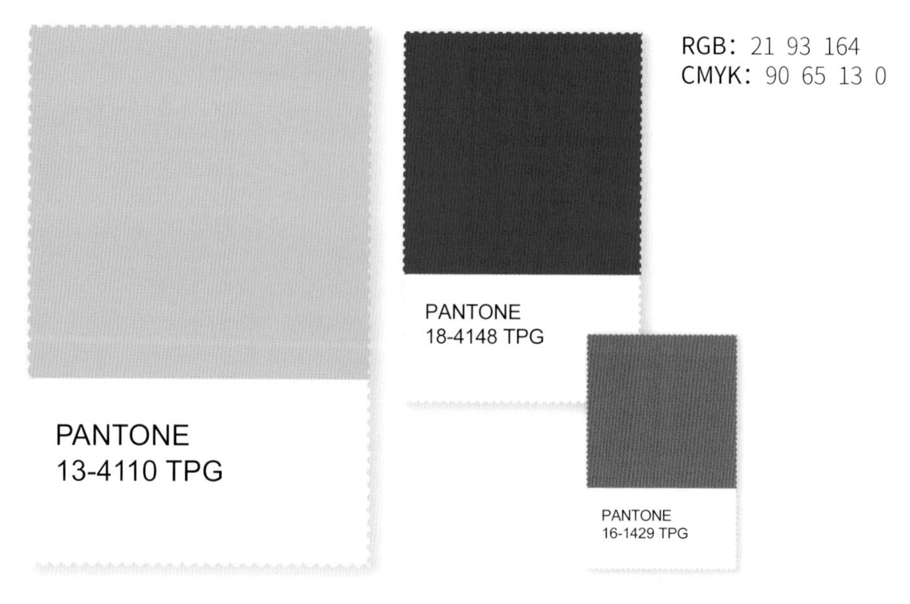

·考究的
·动感的
·理性的
·现代的

RGB：37 54 89

CMYK：93 86 50 18

PANTONE：19-4027 TPG

藏蓝色色泽深沉、肃穆，色味寒冷，青中泛紫，属植物性染料，常用于传统服饰。该色在这个系列中处于主要用色，处在坐标轴下方的区域，给人以信赖感，有很强的包容力和慈爱之心。案例中藏蓝色与驼金色、藏蓝色与红色、藏蓝色与白色、藏蓝色与黛绿色的配色关系，由于色相的差异，分布于坐标轴硬轴区域的不同冷暖位置。

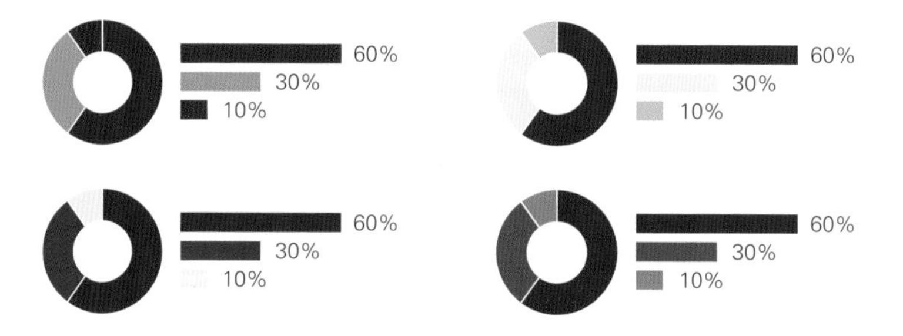

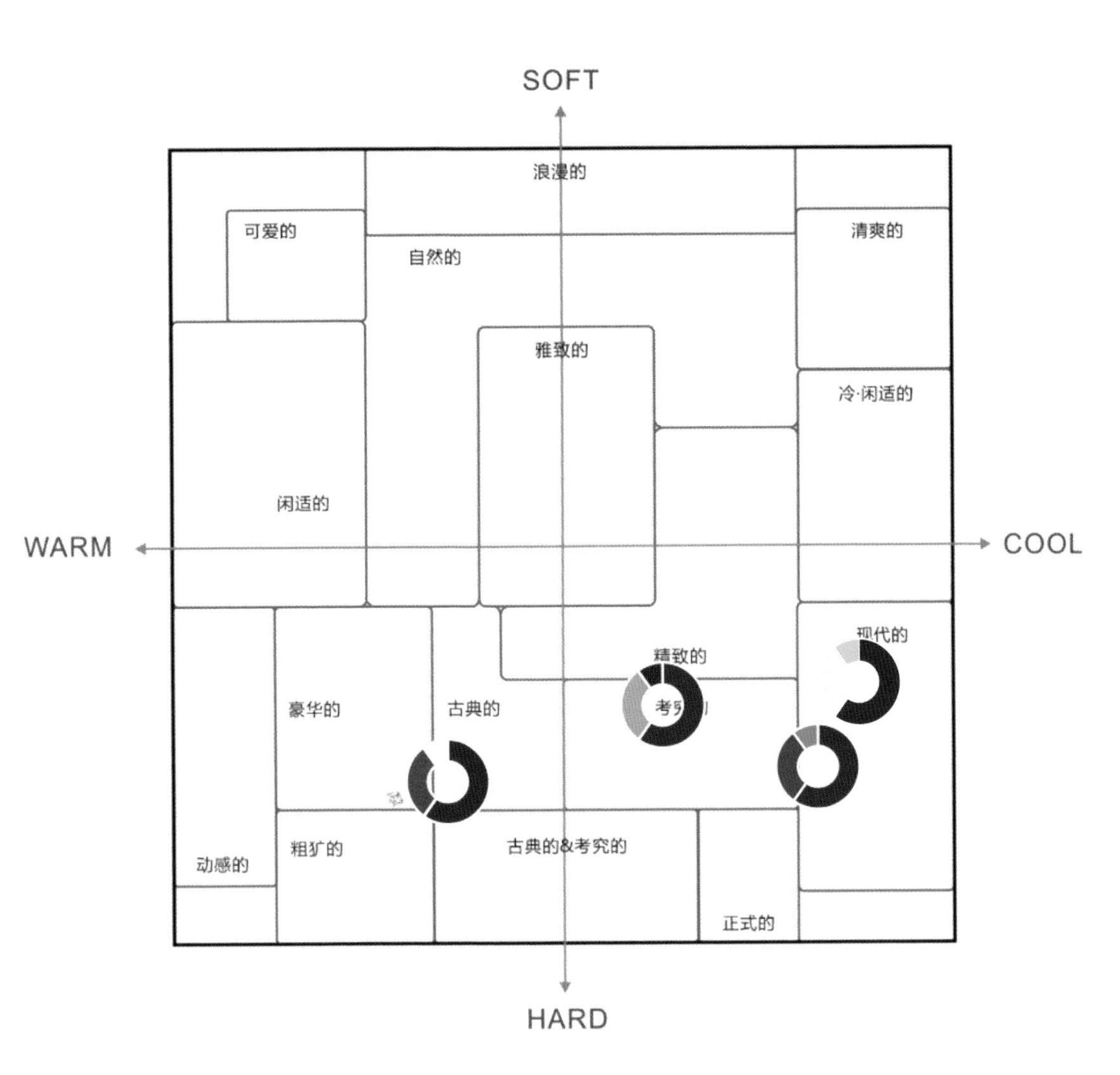
SOFT
浪漫的
可爱的
清爽的
自然的
雅致的
冷·闲适的
闲适的
WARM
COOL
现代的
精致的
考
豪华的
古典的
粗犷的
古典的&考究的
动感的
正式的
HARD

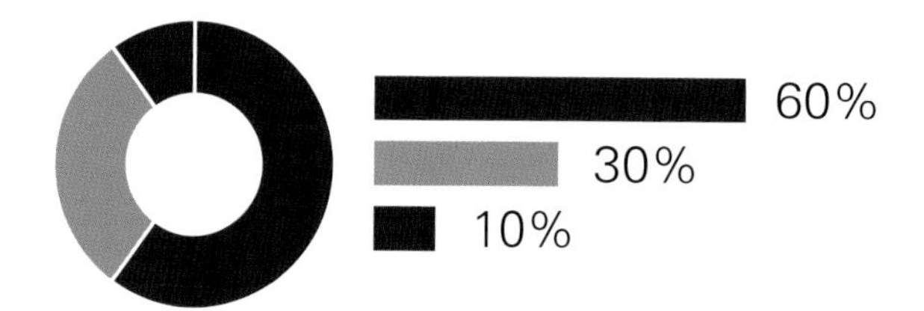

在产品设计中，采用藏蓝色与驼金色的搭配，呈现出高端、奢华、金碧辉煌的感觉，就如太空来客和星际舰队，给人以科技感。智能化的生活方式具有睿智、时代之感，是对未来高品质的追求，敢于创新与突破。

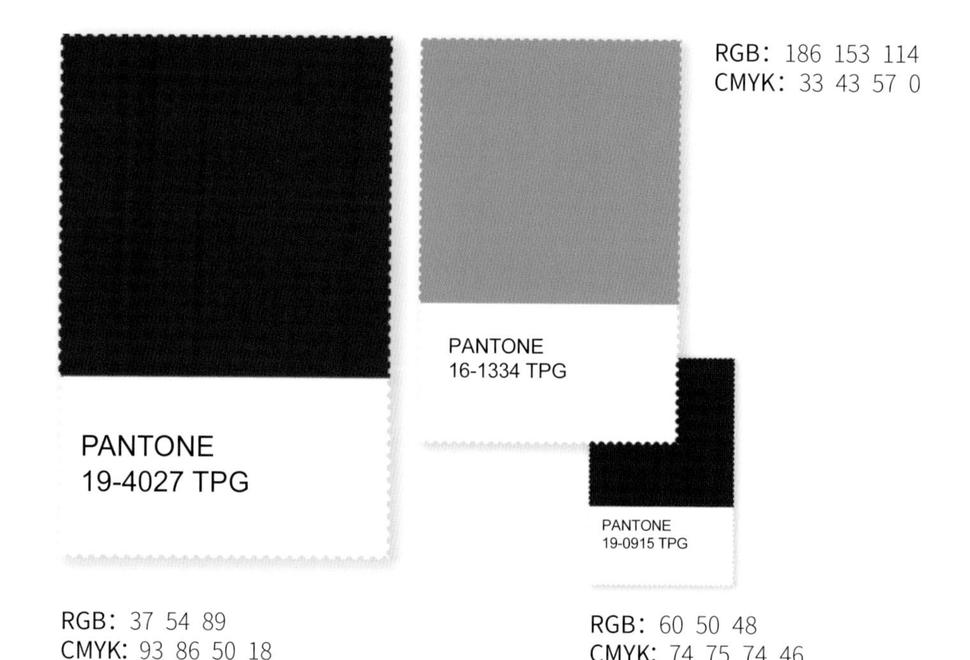

*海尔品牌提供

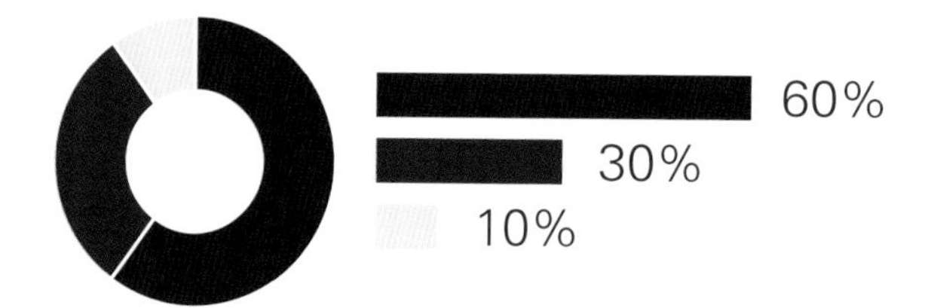

藏蓝色与红色的搭配，呈现出英伦风格，体现绅士风度与贵族气质，带有欧洲学院风的味道，保守且端庄，复古而又不失优雅。

藏蓝色与红色互为补色，给人以富于变化和鲜明的感觉，白色的增加起到过渡作用。

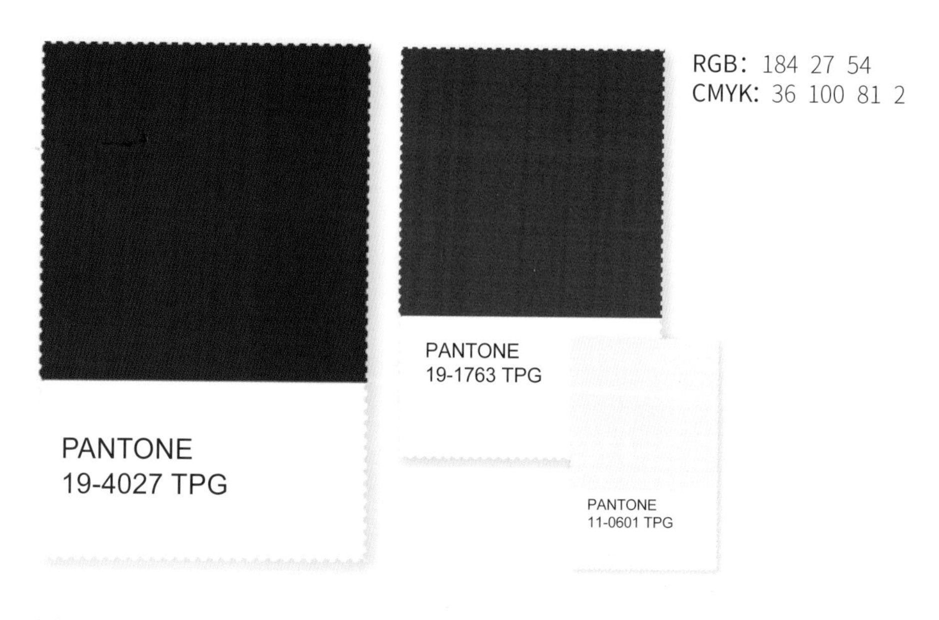

RGB：37 54 89
CMYK：93 86 50 18

RGB：241 242 241
CMYK：7 5 6 0

V8 VANTAGE

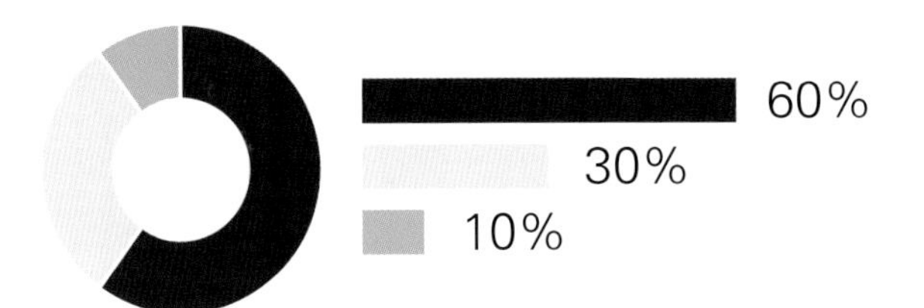

藏蓝色、白色、天河石蓝色的搭配，让人联想到大数据，云空间的共享科技时代、严谨的态度、缜密的思维、创新的理念，追求科技感与人性化的完美统一，如同穿越时空隧道，感受未来气息。

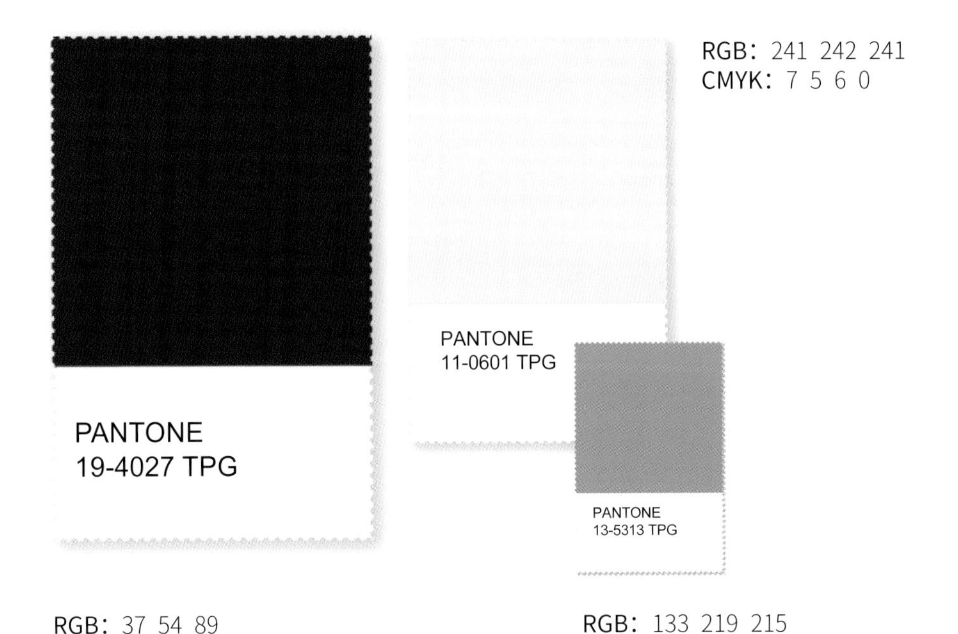

MARTENERO

Jingtong Cloud
宇景文控云 File Knox 助力企业以文件为核心的数据安全落地
领先的企业级容器云计算服务商
DevOps 平台

*景通科信公司提供

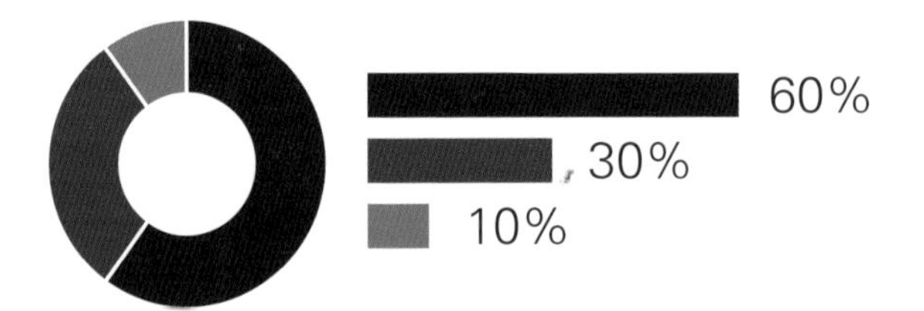

藏蓝色与黛绿色的搭配，体现出成功男人的豁达及成熟的魅力。湖蓝色的加入，让人联想到扬帆出海，在海天间挑战人生，不畏风浪、积极进取，这也是一种运动精神。

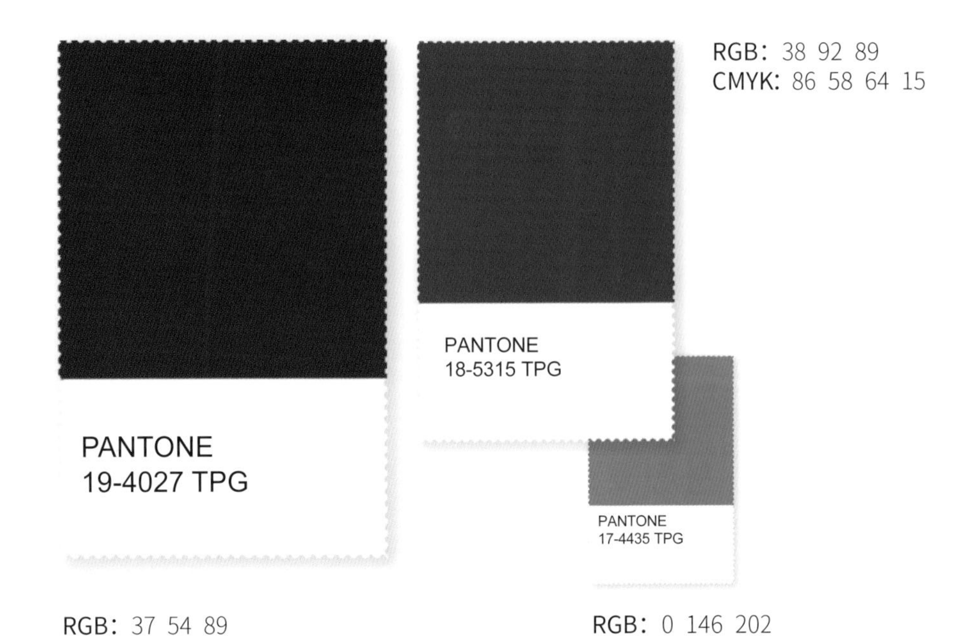

紫

PURPLE

紫色 5 个主色的选择。紫色，根据明度及纯度的梯度变化，另外选择两个不同梯度的浅紫色、两个不同梯度的深紫色。

紫色是间色。在形象坐标轴上不冷也不暖。

紫色。处于形象坐标轴中间的区域，其印象为优雅的、华美的。

淡紫色与浅紫色。纯度低，浅淡的紫色偏冷；明度高，处于软轴。其印象有平和的、微妙的感觉。

深紫色与暗紫色。纯度低，明度低，处于硬轴。其印象为成熟、独到的。

紫色。一半蓝一半红，一面是理性，一面是感性，紫色代表了与天之间的对话，善于发挥直觉。喜欢紫色的人与众不同，具有灵性，喜欢探寻神秘，对自我要求完美。紫色让人们联想到紫晶洞，有净化的作用。

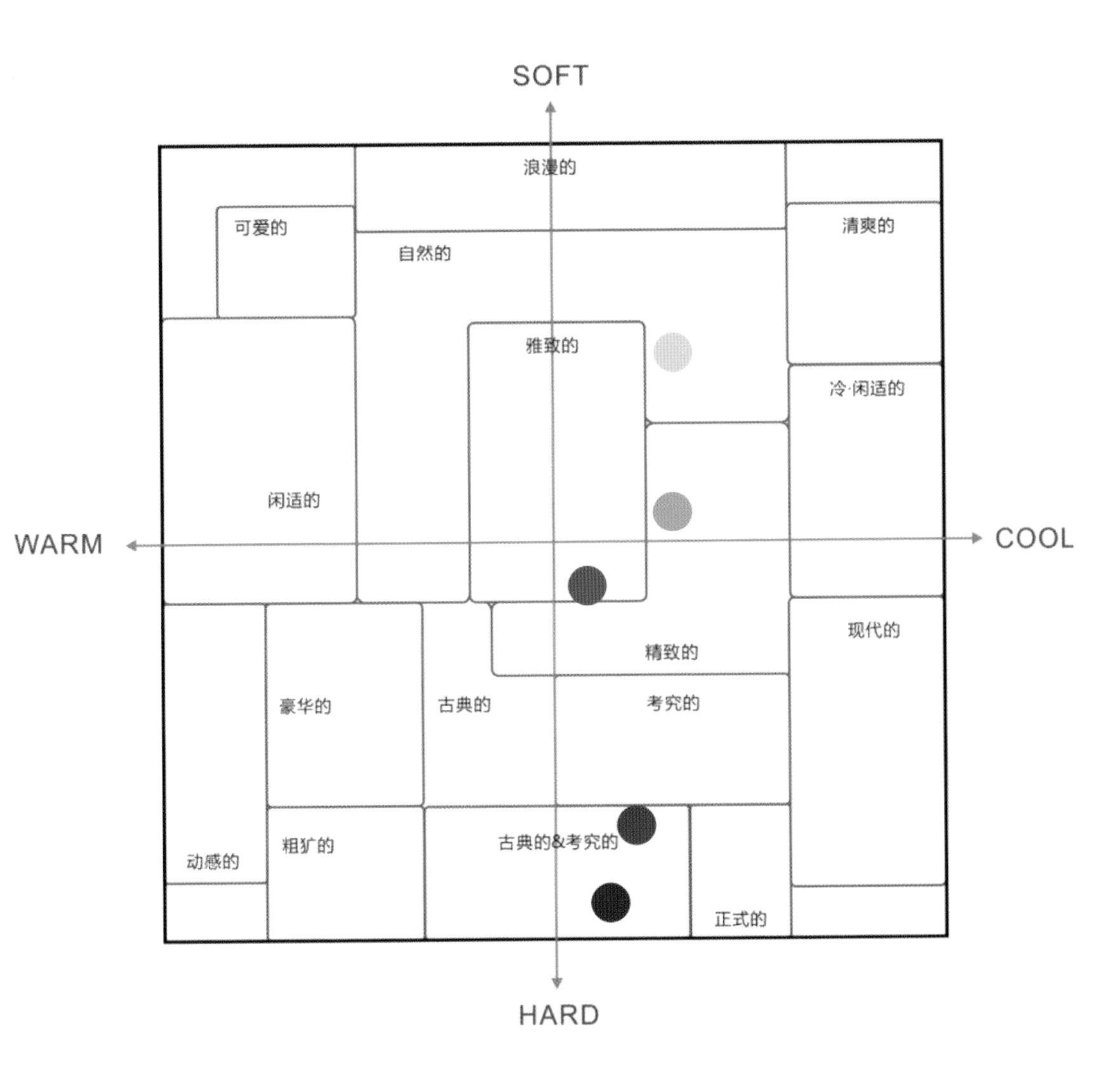
SOFT
浪漫的
可爱的
清爽的
自然的
雅致的
冷·闲适的
闲适的
WARM
COOL
现代的
精致的
豪华的
古典的
考究的
动感的
粗犷的
古典的&考究的
正式的
HARD

·都市的
·运动的
·秀丽的
·豪华的

RGB：100 89 162

CMYK：72 71 10 0

PANTONE：18-3840 TPG

紫色在配色中占到主要面积，处于坐标轴的中轴区域，是中性的色彩。案例中选择了紫色与白色、紫色与黛绿色、紫色与柿子橙色、紫色与肉桂色的配色关系，现代而秀丽。由于处于次要面积的搭配颜色不同，当这些颜色与紫色组合后，单色紫色带来的最初形象已经发生了变化。比如紫色与柿子橙色的组合，由于红色是暖色，组合后的形象处于暖轴区域，给人以华美之感。

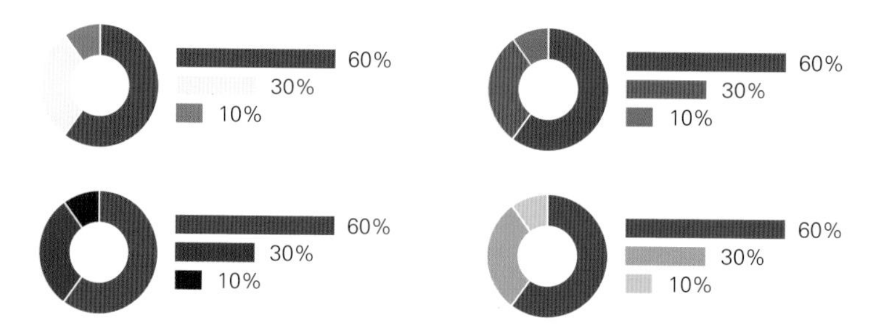

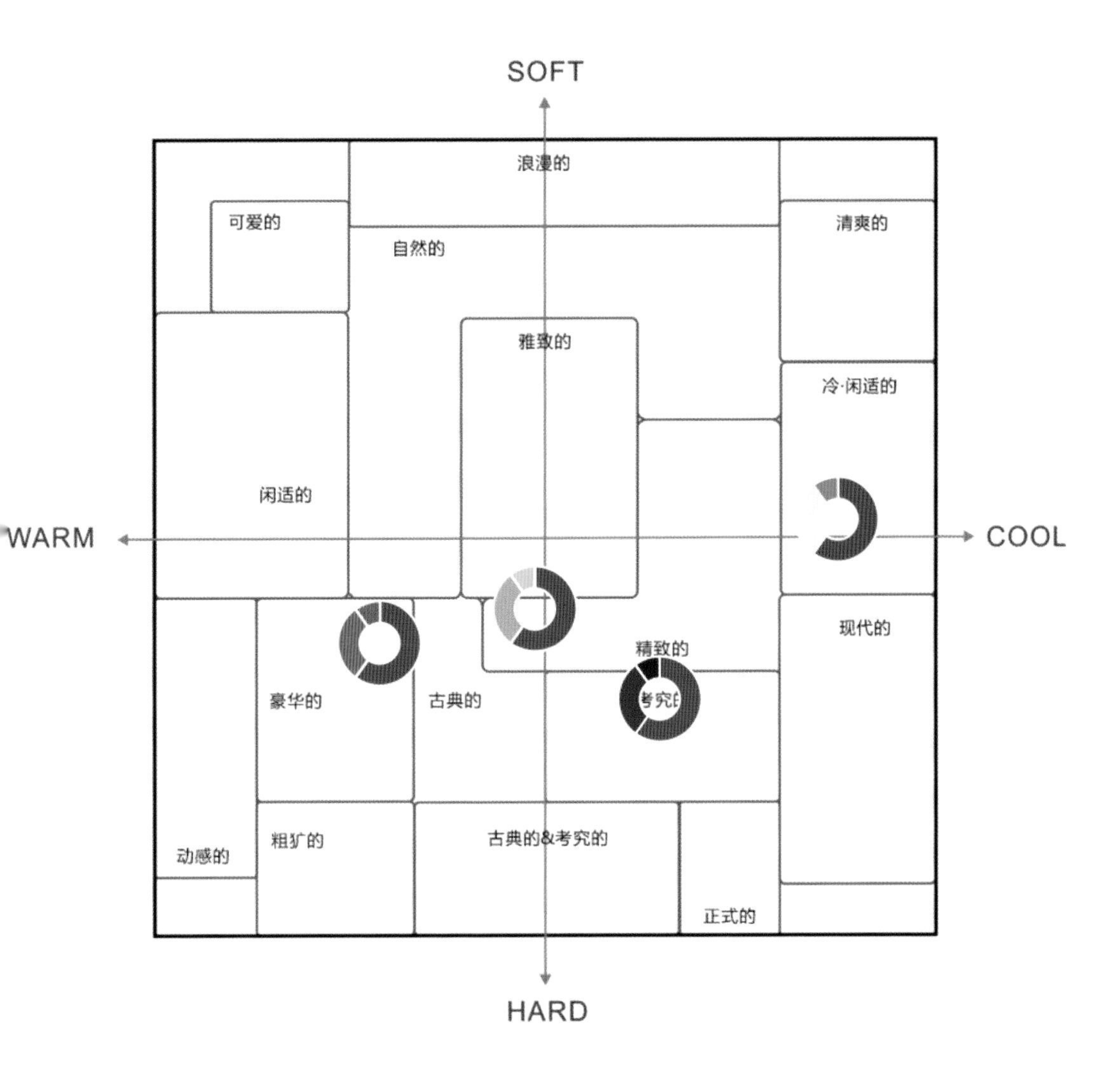
SOFT
HARD
WARM
COOL
浪漫的
可爱的
清爽的
自然的
雅致的
冷·闲适的
闲适的
现代的
精致的
豪华的
古典的
动感的
粗犷的
古典的&考究的
正式的

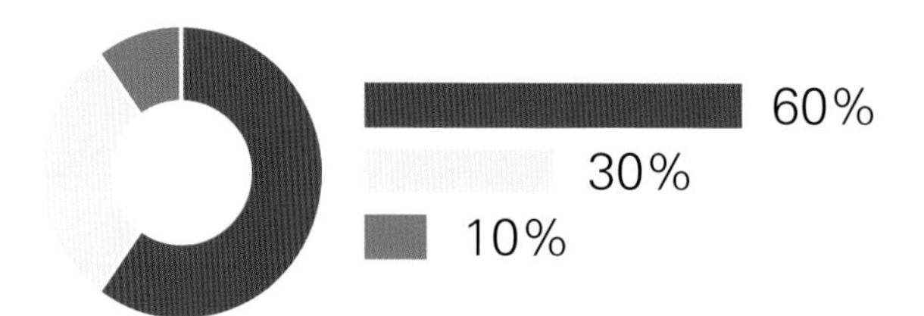

紫色与白色的搭配，紫色是优雅而华美的，白色简洁而明快，两个颜色的明度差给予了一种现代的革新力量，同时具有浪漫的气息。少量湖蓝色的增加，体现出一种都市的节奏感。

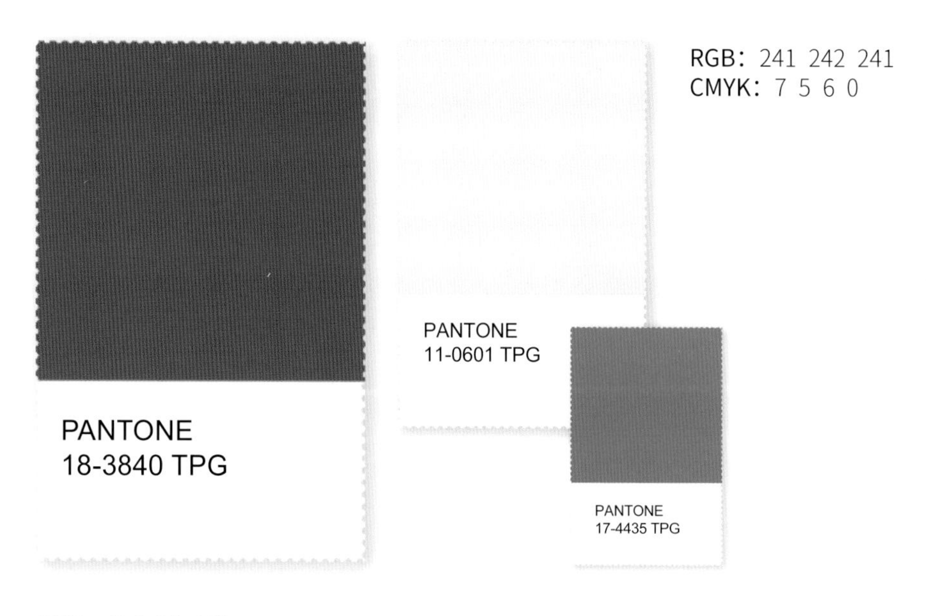

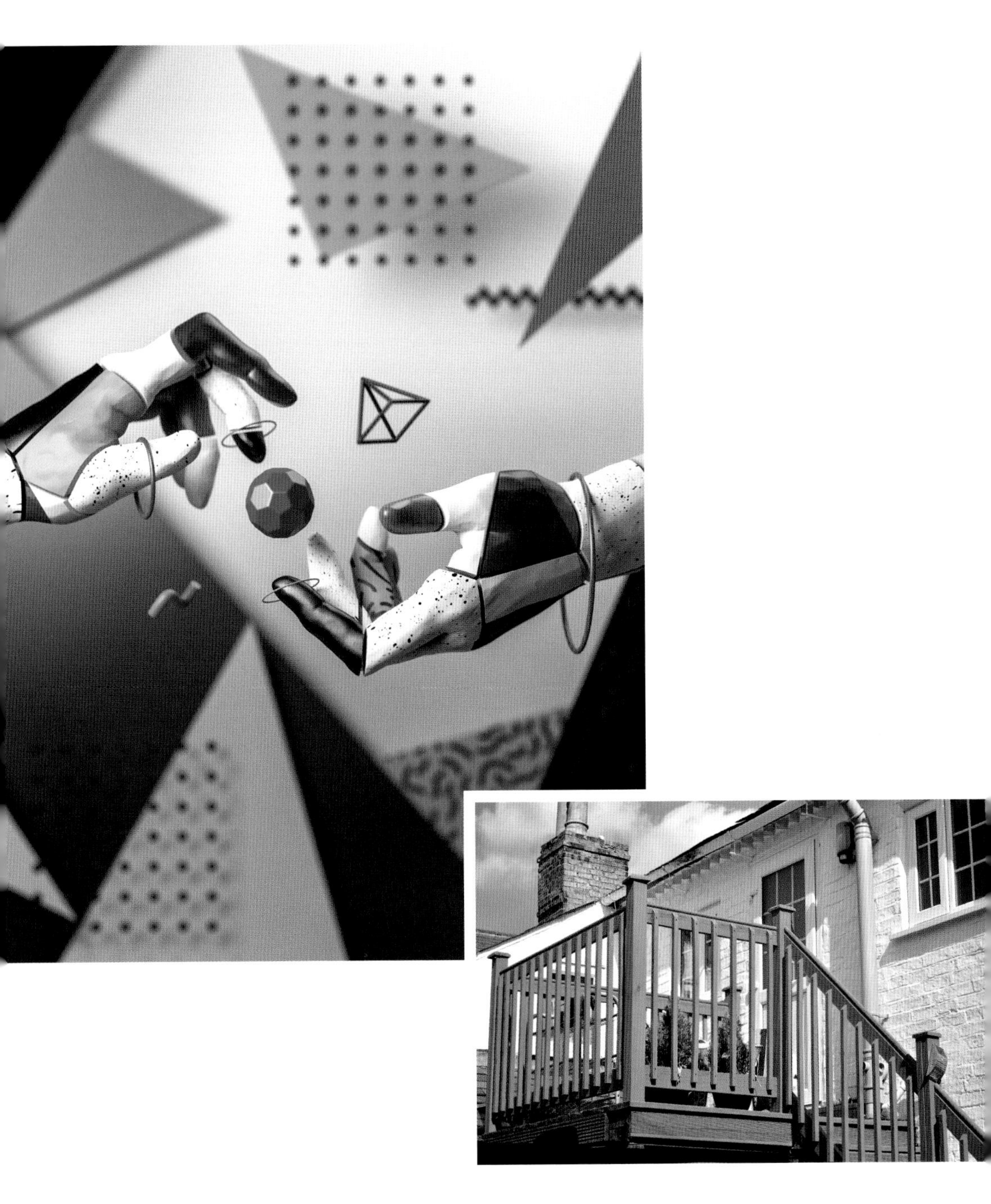

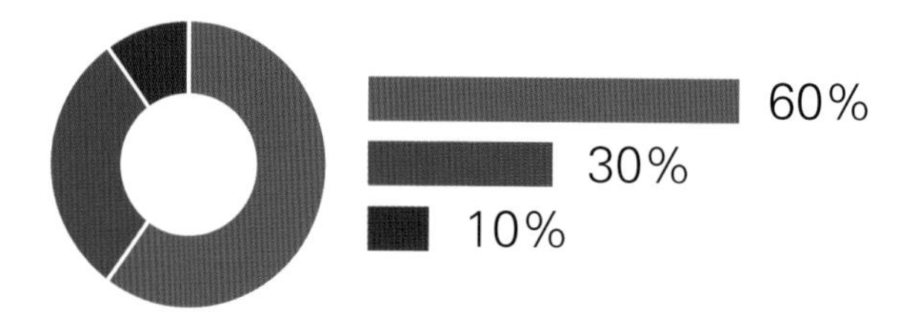

紫色与黛绿色的搭配，这是一个与众不同的搭配方式，代表城市中小部分有思想、有内涵的年轻人，标榜自我。由于这两个颜色色相差别较大，组合后具有运动感和个性化。枣红色的加入，呈现时尚复古风。

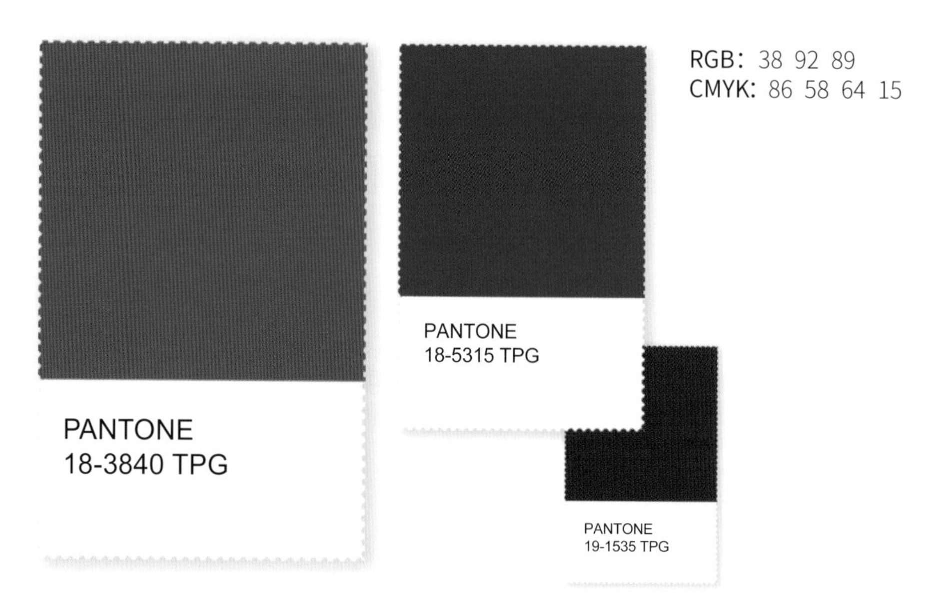

BALENCIAGA

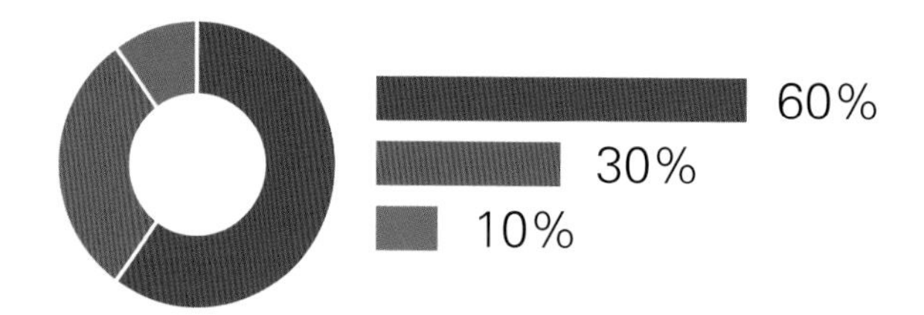

紫色与柿子橙色的搭配，紫色面积占绝对优势，色相对比强烈，令人产生敏锐的判断力。由于两个颜色的饱和度都很高，给人以娇艳感，富于装饰性，龙井绿色可以在紫色和柿子橙色之间起到平衡状态。

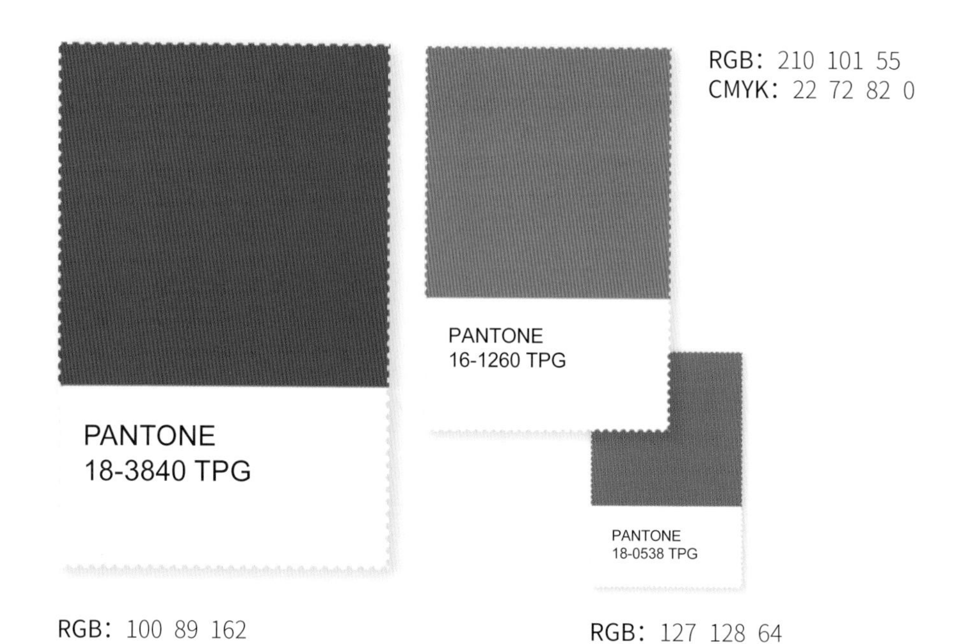

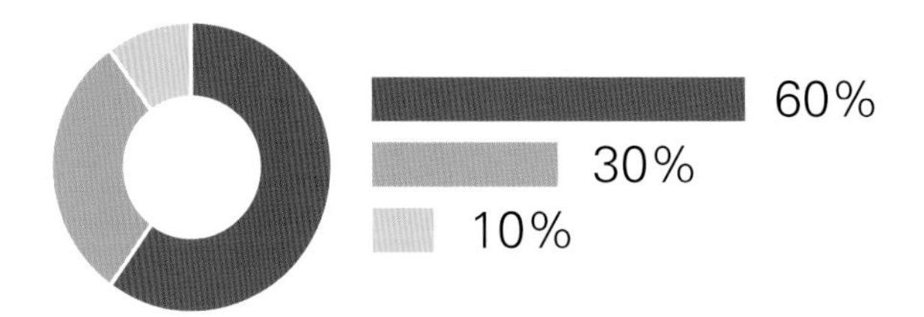

紫色与肉桂色的搭配，肉桂色素雅而内敛，紫色靓丽而精美，两个颜色搭配在一起，兼具自然与都市、朴素与现代的对比之美，整体印象是潇洒而复古。粉红色带来少许少女的甜美感。

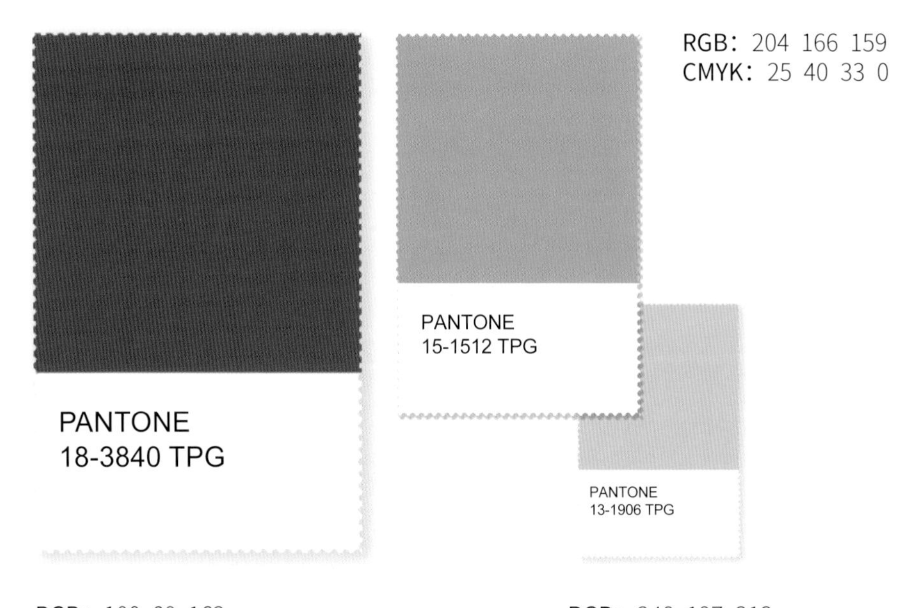

*印象草原品牌提供

·水灵的
·清纯的
·娇美的
·甜美的

RGB：206 196 215

CMYK：23 24 8 0

PANTONE：13-3805 TPG

浅香芋紫色在这个系列配色中占为主角，浅香芋紫色的形象是清纯而娇美的。案例中的四组颜色搭配组合，分别是浅香芋紫色与米白色、浅香芋紫色与玉绿色、浅香芋紫色与浅香橙色、浅香芋紫色与龙胆紫色。由于处于次要面积的颜色在色相、纯度上均有差异，在与主色浅香芋紫色组合后，单色浅香芋紫色所处坐标轴的最初位置被改变了。

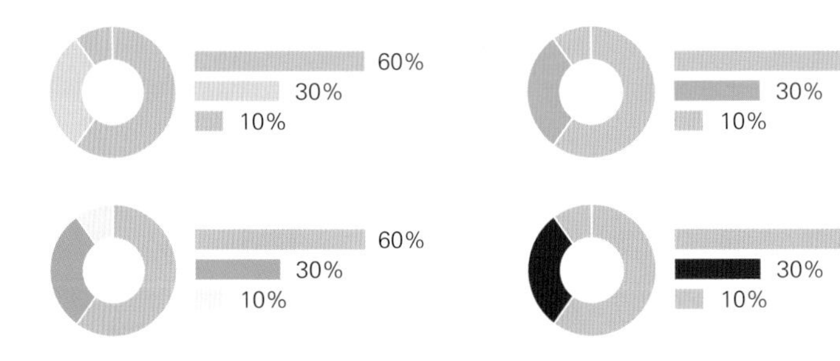

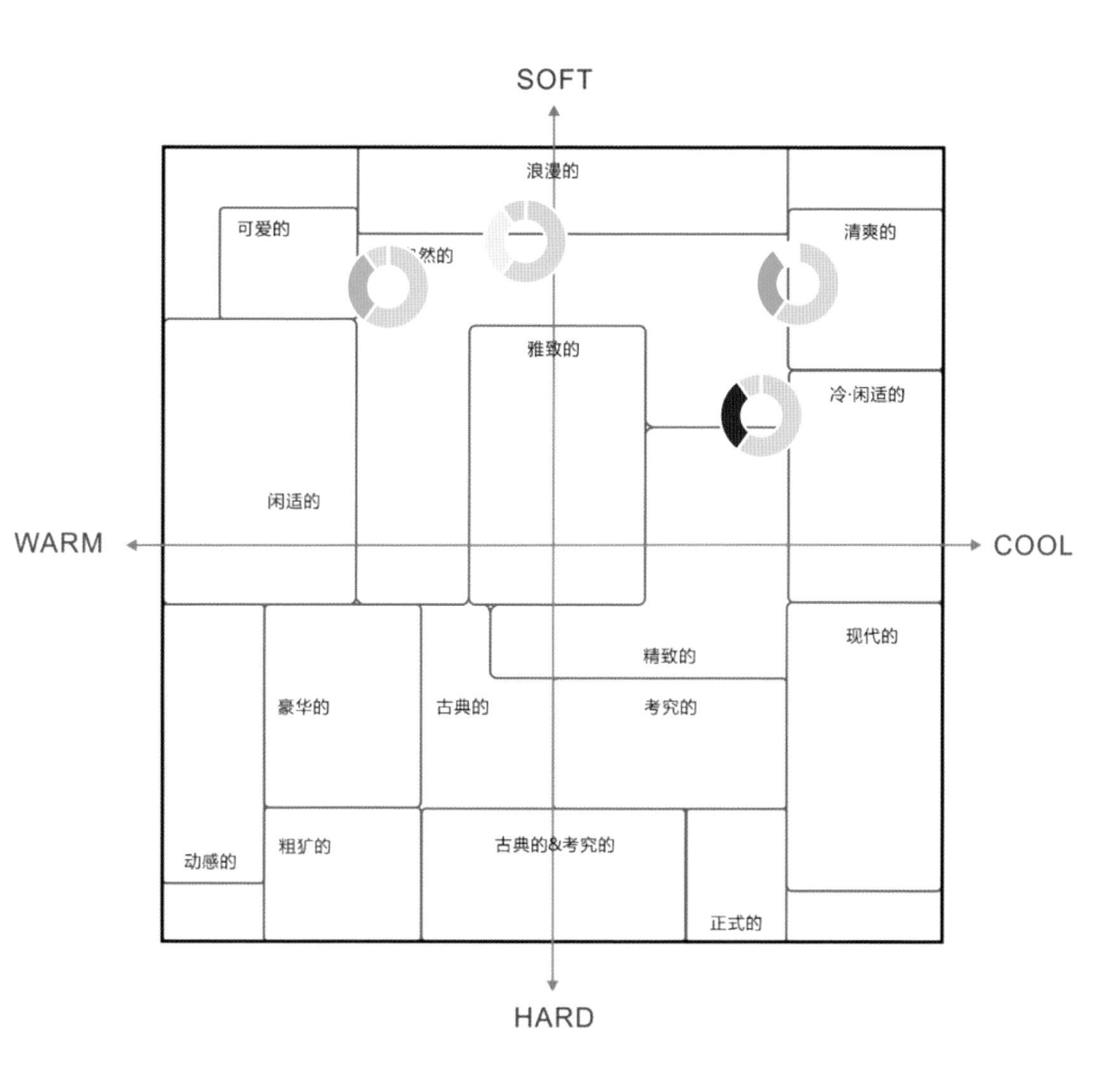
SOFT
浪漫的
可爱的
然的
清爽的
雅致的
冷·闲适的
闲适的
WARM
COOL
现代的
精致的
豪华的
古典的
考究的
动感的
粗犷的
古典的&考究的
正式的
HARD

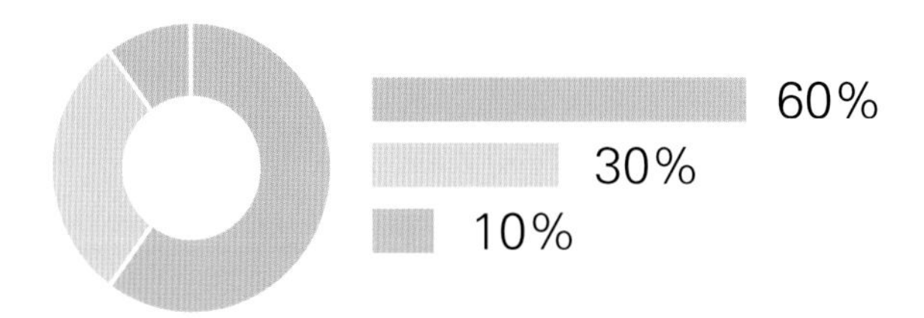

浅香芋紫色、米白色与浅灰蓝色的搭配，三个颜色纯度都很低，柔和且清淡，好似朦胧的小夜曲，在楚楚动人中憧憬未来。这组色调，给人以轻松、优雅感，秀外慧中。

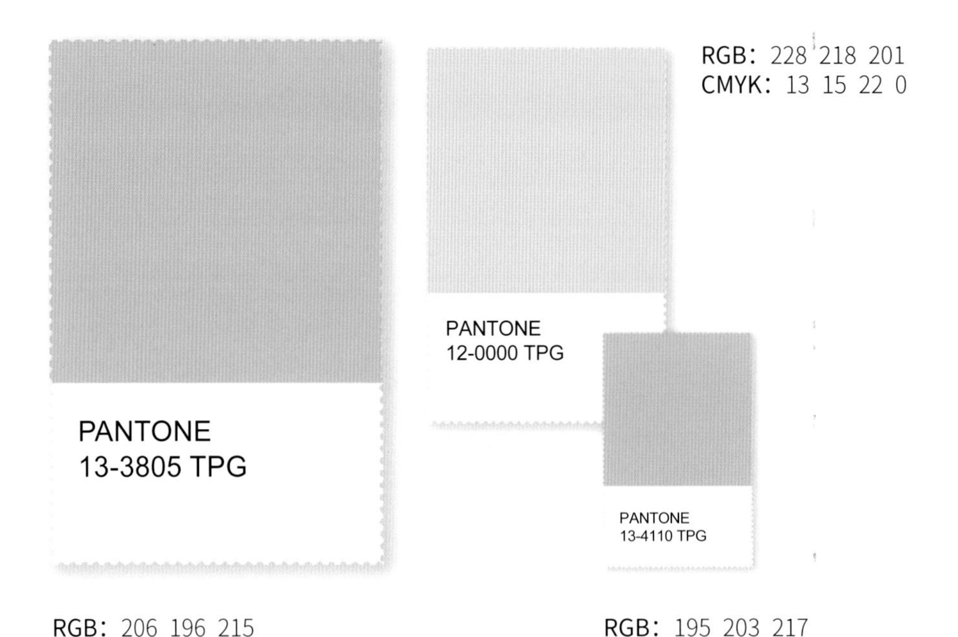

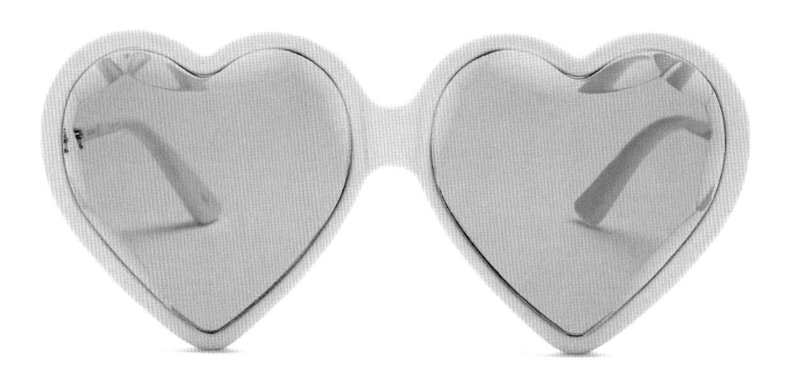

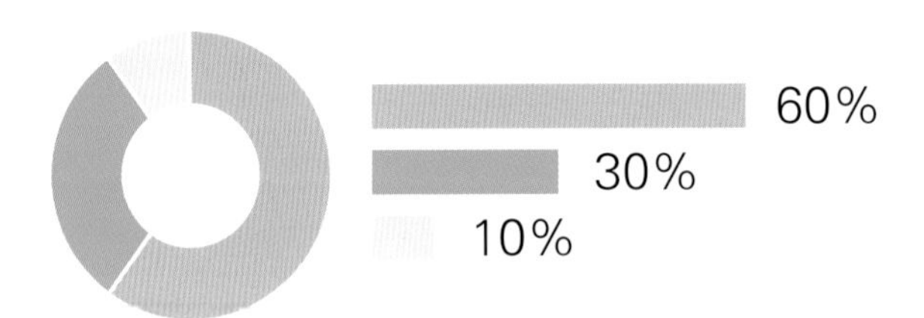

浅香芋紫色与玉绿色的搭配，给人以云淡风轻的印象，淡紫色和玉绿色均为天然之色，有白色的加入，显得轻盈而飘逸，材质是天然而柔软的，适合现代都市简洁的生活方式。

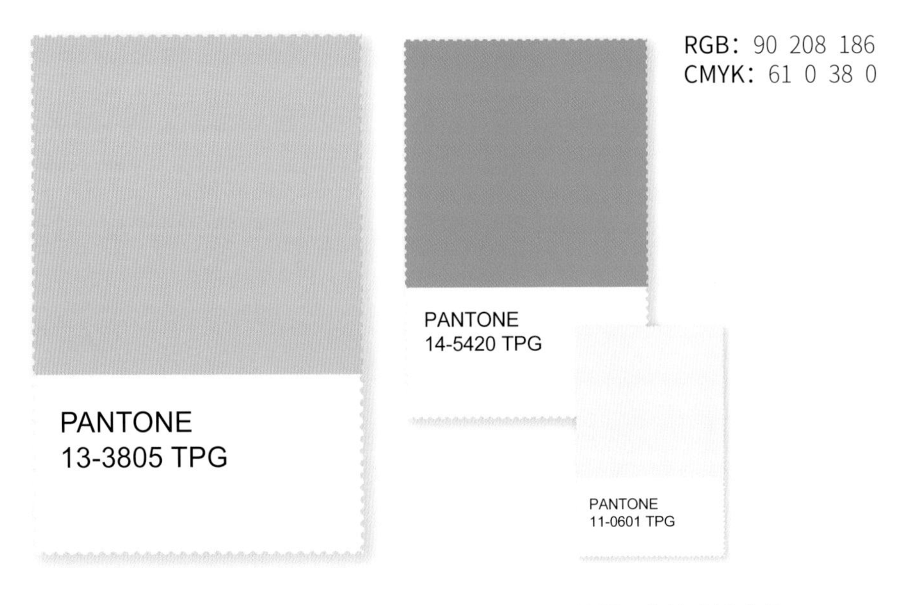

RGB：206 196 215
CMYK：23 24 8 0

RGB：241 242 241
CMYK：7 5 6 0

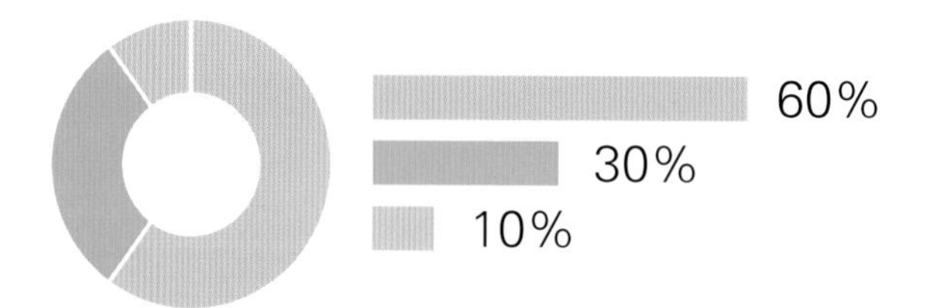

浅香芋紫色与浅香橙色的搭配，给人以温润、淑女的印象，浅紫色质地柔和，浅橙色显得舒适、温馨，适合用于家居用品，创造和睦气氛。芥末黄色增加了天然悠闲之感。

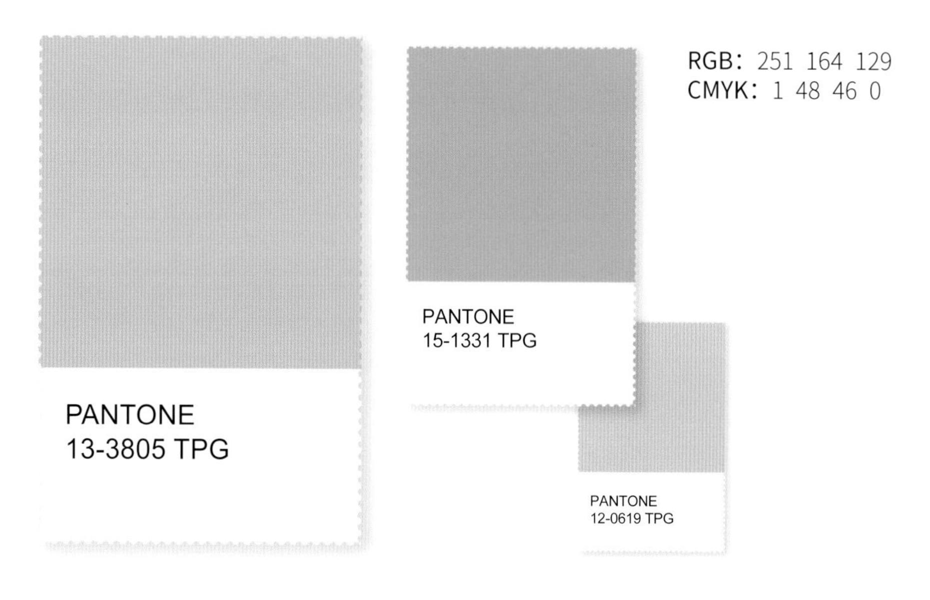

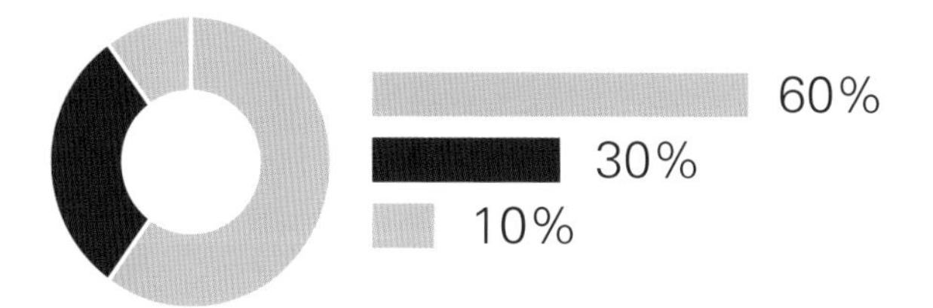

浅香芋紫色与龙胆紫色的搭配，属于同色相之间的明度差变化，给人带来协调感。紫色能呈现出优雅的气质、浪漫的气息、高贵的格调、个性的释放，是一个要求尽善尽美的颜色。紫色能量加强，可增加判断力。

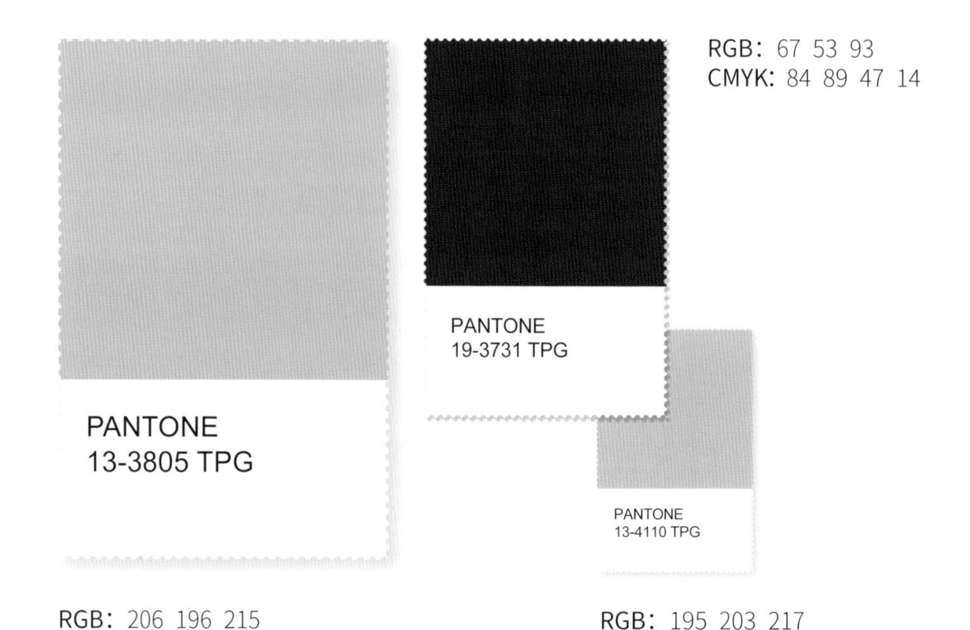

·浓郁的
·理性的
·知性的
·坚实的

RGB：73 69 117

CMYK：83 82 38 2

PANTONE：19-3842 TPG

深紫色，色味深青，色泽深沉。在配色中深紫色占到主要比例，处于坐标轴的偏中轴区域。案例中深紫色与湖蓝色、深紫色与孔雀绿色、深紫色与梅紫色、深紫色与青橄榄色的配色关系，是古典且考究的。深紫色与梅紫色的组合，古典而充盈。

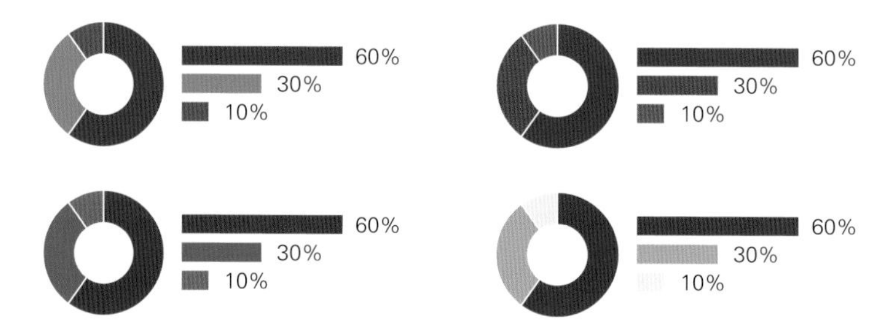

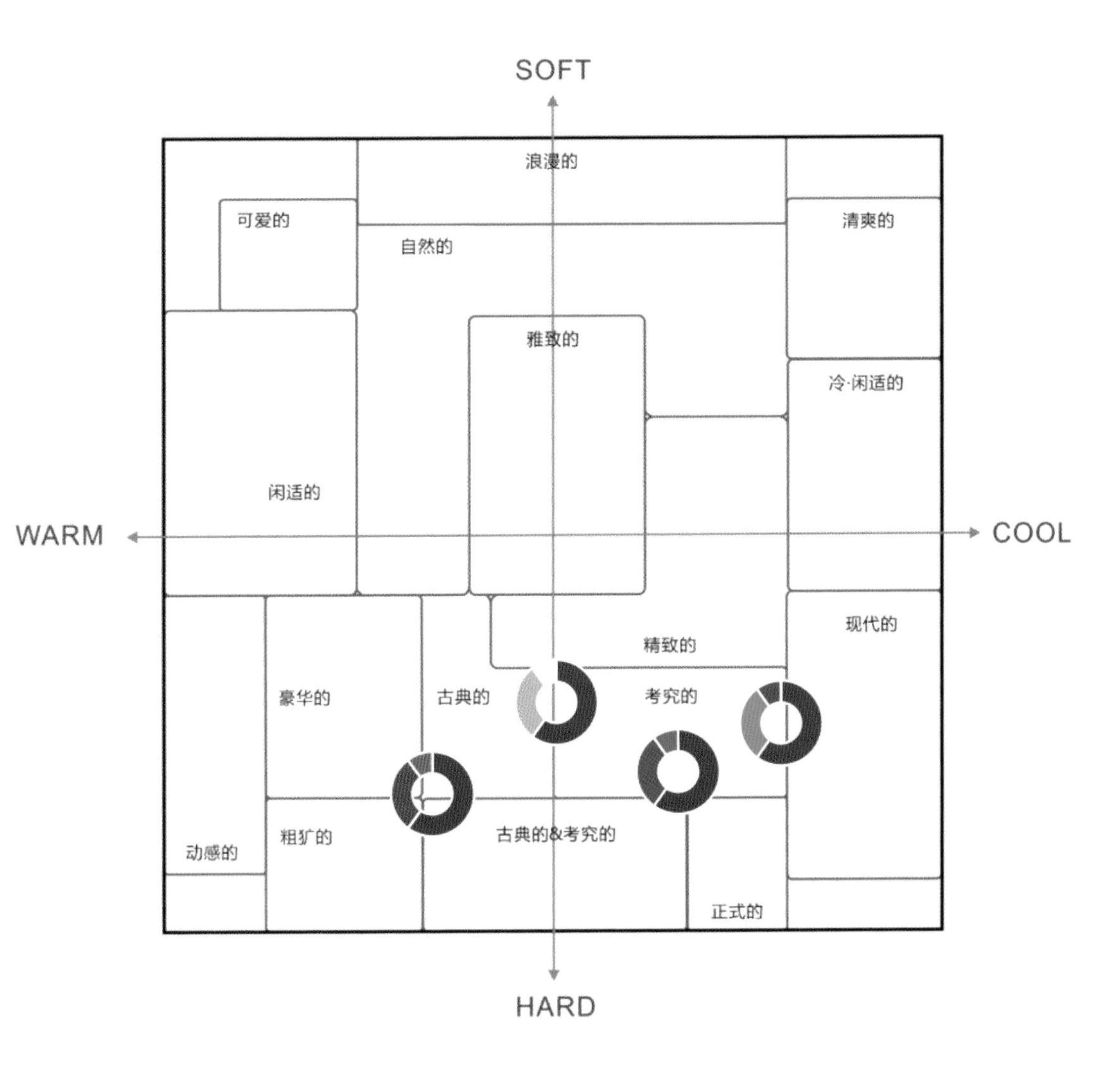
SOFT
浪漫的
可爱的
清爽的
自然的
雅致的
冷·闲适的
闲适的
WARM
COOL
现代的
精致的
豪华的
古典的
考究的
粗犷的
古典的&考究的
动感的
正式的
HARD

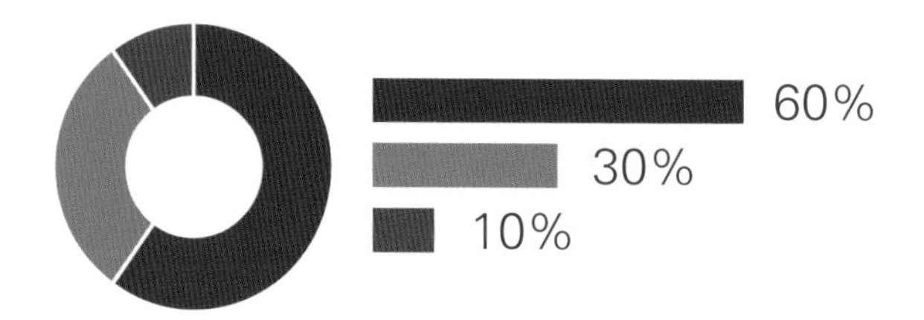

深紫色与湖蓝色的搭配，湖蓝色作为次要面积占 30% 的比例，这是一组经典的配色方式，令人联想到海洋之风迎面吹来，宽广而包容，温暖的阳光泻下，年轻美丽。

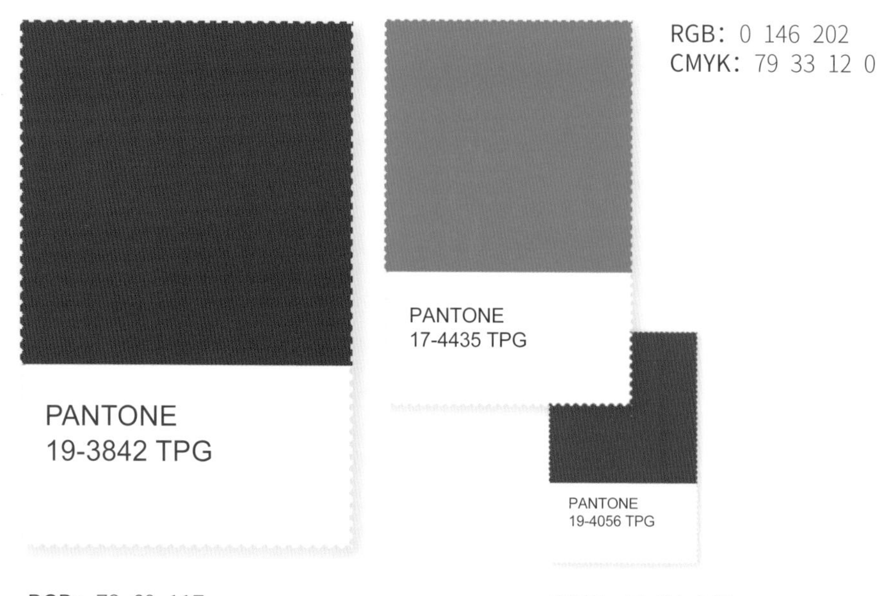

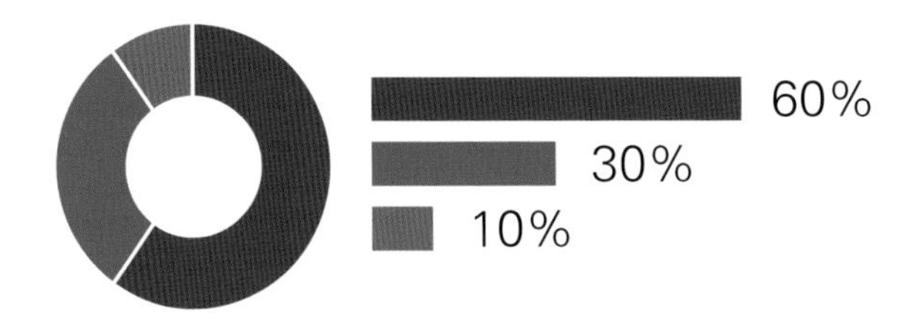

深紫色与孔雀绿色的搭配，同属深色调，给人以神秘、高贵、深沉而成熟的印象，两个颜色同具个性与华丽，组合在一起，弥漫着蓝调及霓虹的梦幻之韵，令人耳目一新。

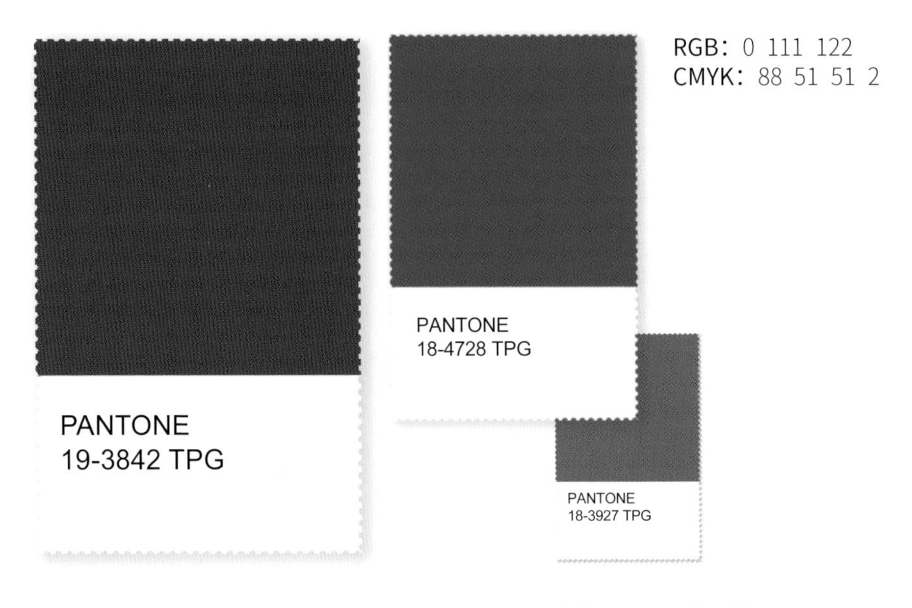

LJ18 AXA
LJ18 AXA

HUAWEI

HUAWEI

HUAWEI

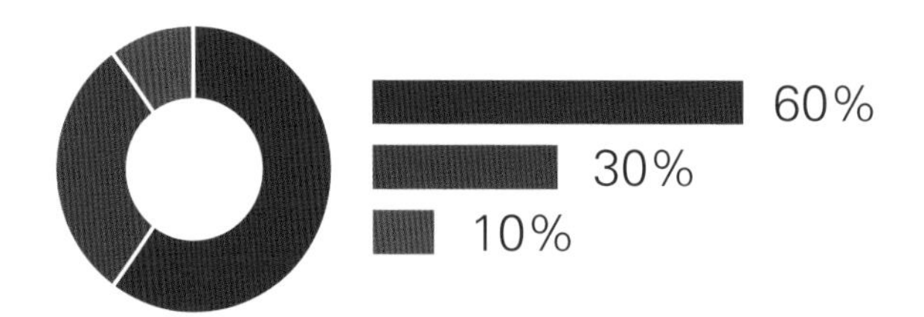

深紫色、梅紫色、紫砂红色的搭配，同属深色调，在明度上没有太强的对比感，内敛而保守，给人以有条不紊、循序渐进的处事风格。这三个颜色的色相组合，带来独特的审美，华丽而低调。

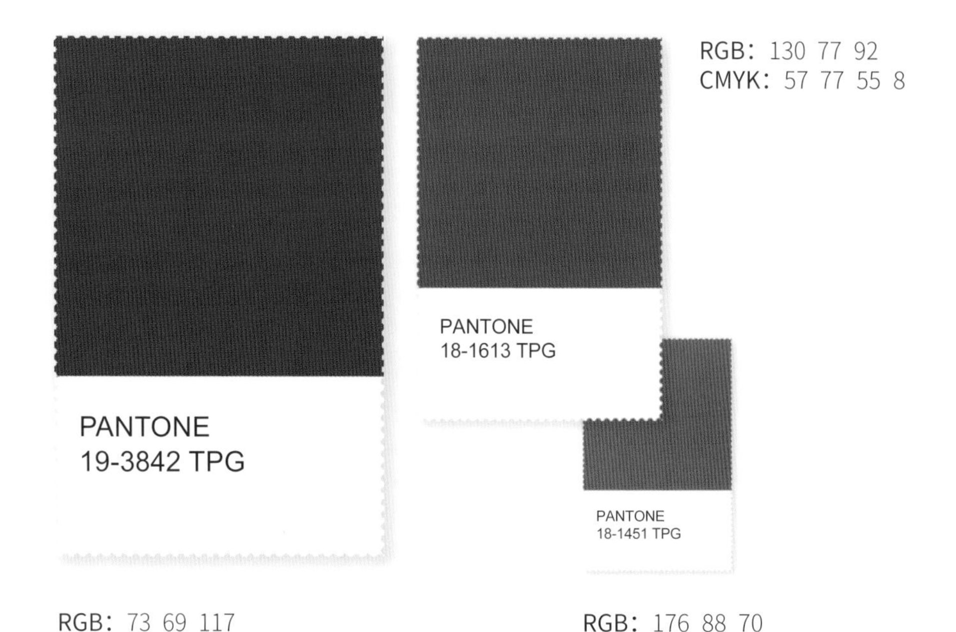

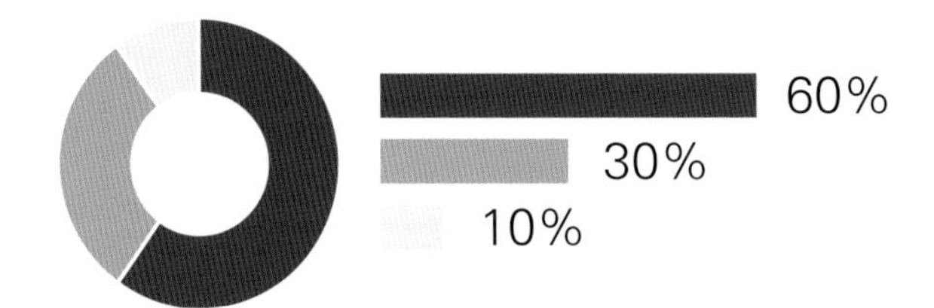

深紫色与青橄榄色的搭配，色相上产生对比感，紫色是高贵、优雅的，青橄榄色是清新、文艺的，白色给人以简洁、淡雅的印象，三个颜色组合在一起，即有高贵的风格又不失文艺气息，适合有思想的年轻人，可激发他们的想象力。

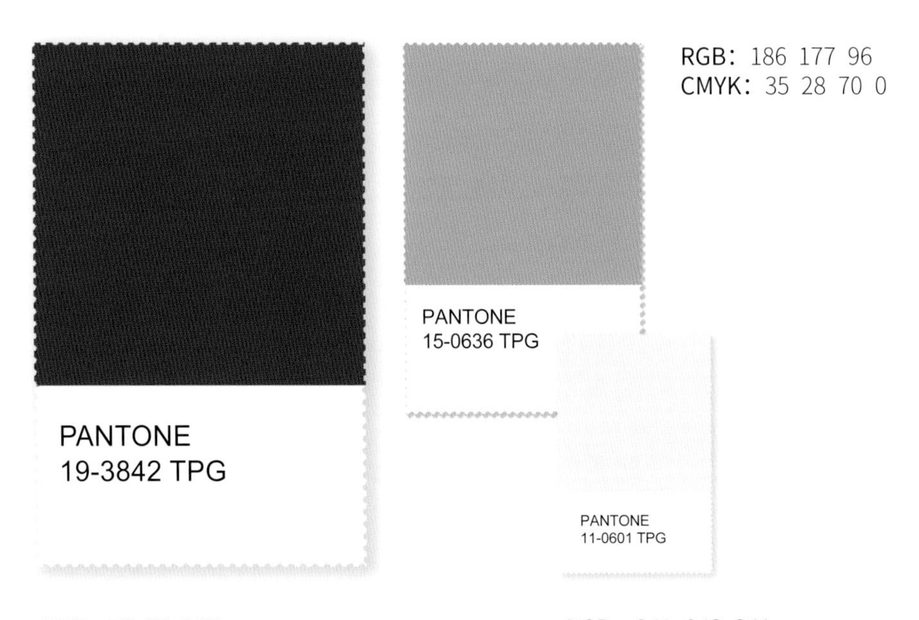

RGB：186 177 96
CMYK：35 28 70 0

RGB：73 69 117
CMYK：83 82 38 2

RGB：241 242 241
CMYK：7 5 6 0

*馨亭品牌提供

紫红

FUCHSIA

紫红

紫红色 5 个主色的选择。紫红色，根据明度及纯度的梯度变化，另外选择两个不同梯度的浅紫红色，两个不同梯度的深紫红色。

紫红色是间色。偏红的紫有暖感。

紫红色。处于形象坐标轴中间的暖色区域，其印象是秀丽的、妩媚的。

浅紫红色。纯度低，浅淡的紫红色偏冷；明度高，处于软轴区域。其印象为优美的、女性化的感觉。

深紫红色与暗紫红色。纯度低，暗紫红色偏冷；明度低，暗的紫红色处于硬轴区域。其印象为古典的、独到的。

紫红色。连接红色与紫色，是一个起统合作用的颜色，具有与生俱来的各种可能性。紫红色是来自上天的爱，人们每时都在接受上天赐予的爱，如空气、水、阳光等，涉及生活中的点点滴滴。

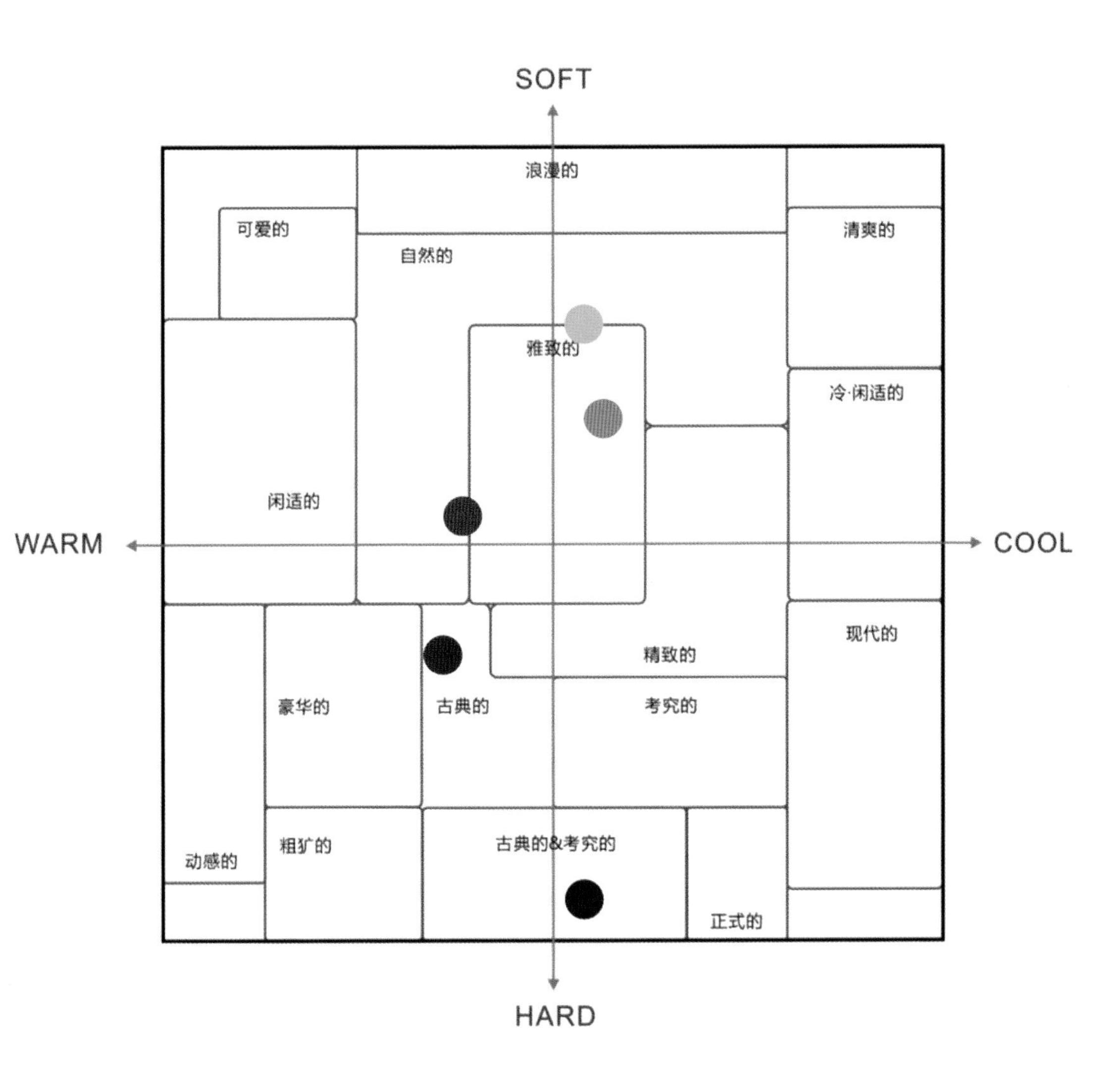
SOFT
HARD
WARM
COOL
浪漫的
可爱的
清爽的
自然的
雅致的
冷·闲适的
闲适的
现代的
精致的
豪华的
古典的
考究的
粗犷的
古典的&考究的
动感的
正式的

· 妩媚的
· 潜心的
· 精美的
· 装饰的

RGB：159 66 132

CMYK：48 85 22 0

PANTONE：18-3339 TPG

紫红色在配色中占到主要面积，处于坐标轴的中轴偏左区域，是中性的色彩。案例中选择了紫红色与砖红色、紫红色与黑色、紫红色与柿子橙色、紫红色与湖蓝色的配色关系，精美而华丽。由于处于次要面积的搭配颜色不同，当这些颜色与紫红色组合后，单色紫红色带来的最初形象已经发生了变化。比如紫红色与黑色的组合，处于冷轴区域，带给人些许阳刚之感。

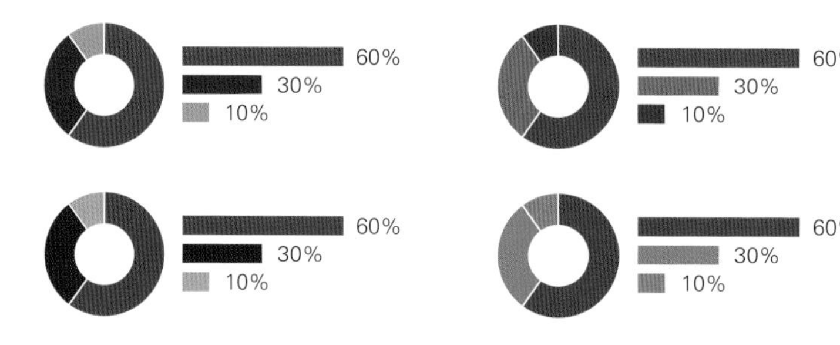

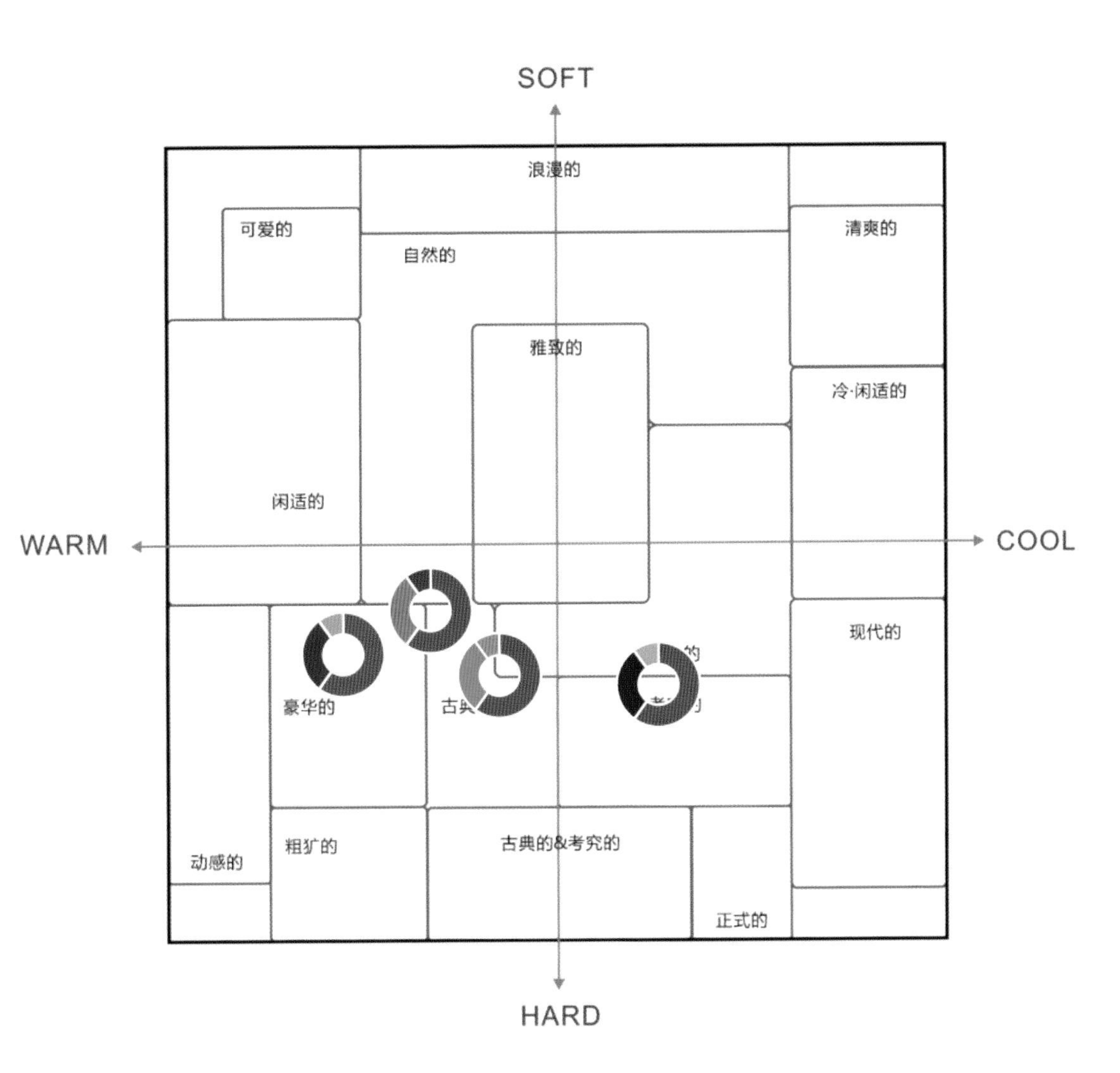
SOFT
浪漫的
可爱的
自然的
清爽的
雅致的
冷·闲适的
闲适的
WARM
COOL
现代的
豪华的
动感的
粗犷的
古典的&考究的
正式的
HARD

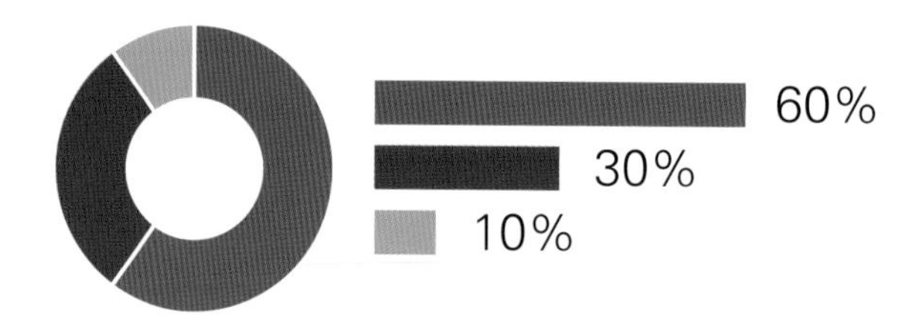

紫红色与砖红色的搭配，紫红色与砖红色中都蕴含红色，紫红色感偏冷，色泽冷艳暧昧，砖红色感偏暖，色泽含蓄而浑厚，因此，两个颜色的碰撞华贵而张扬。少量的浅紫点缀，散发着淡淡芳香。

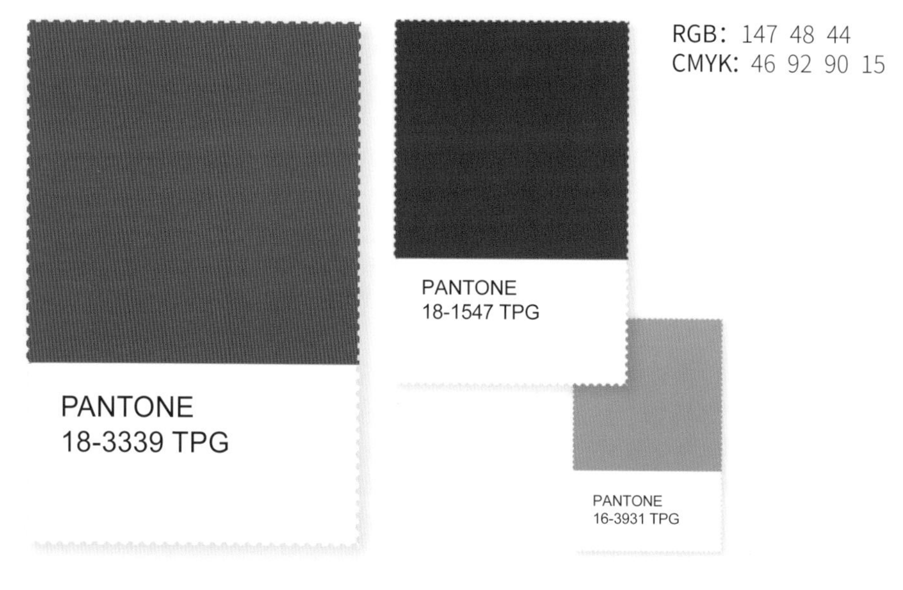

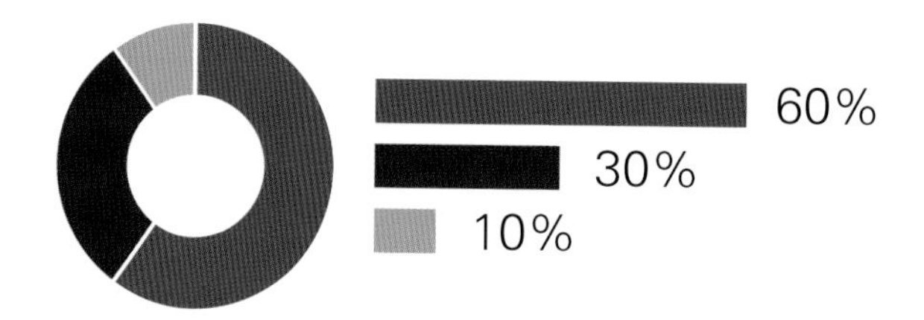

紫红色与黑色的搭配，紫红色是妩媚的，深沉的黑色增加了其刚性的力量，激发了紫红色的另面素雅之美，尤其是加入了黄绿色这个对比色后，更增强了其装饰之美。

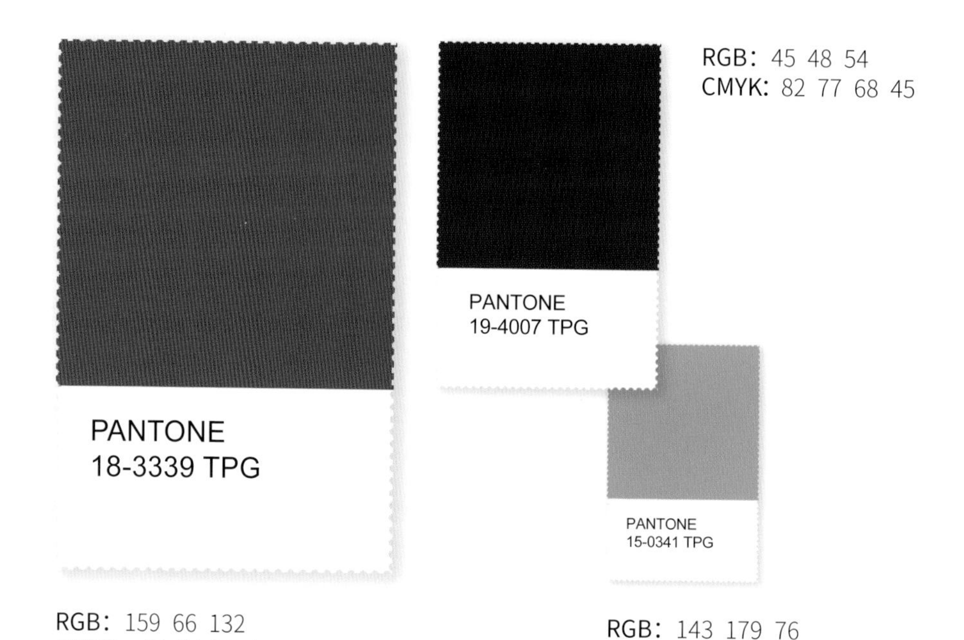

RGB：45 48 54
CMYK：82 77 68 45

RGB：159 66 132
CMYK：48 85 22 0

RGB：143 179 76
CMYK：52 18 84 0

BALENCIAGA

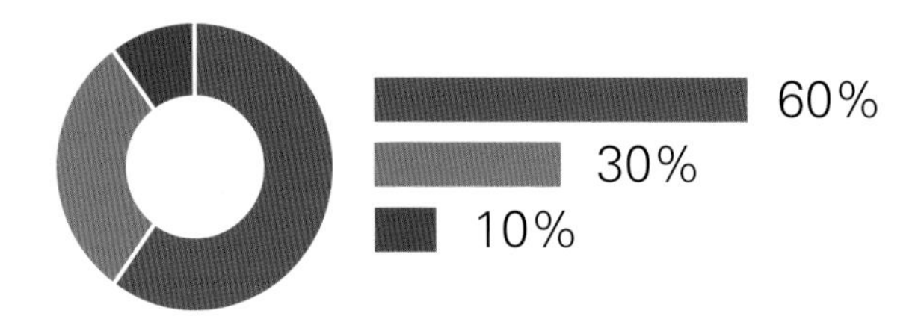

紫红色、柿子橙色与深紫色的搭配，这三个颜色，两两间互含共同的色彩元素，色感火焰、炙热，是大胆的创意性搭配方式，装饰效果极强，只有足够自信的人才敢于尝试，富于冒险精神。

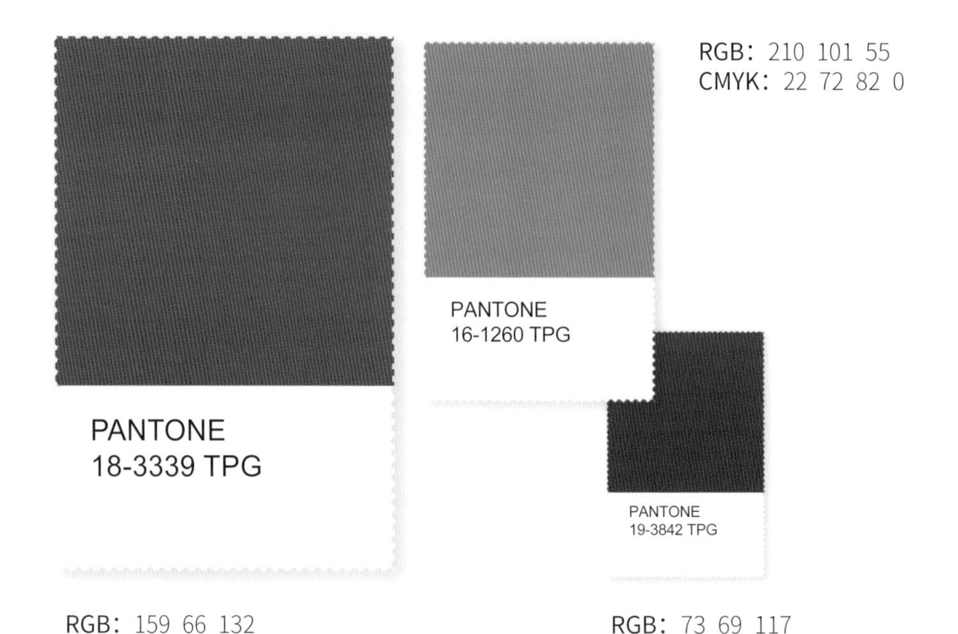

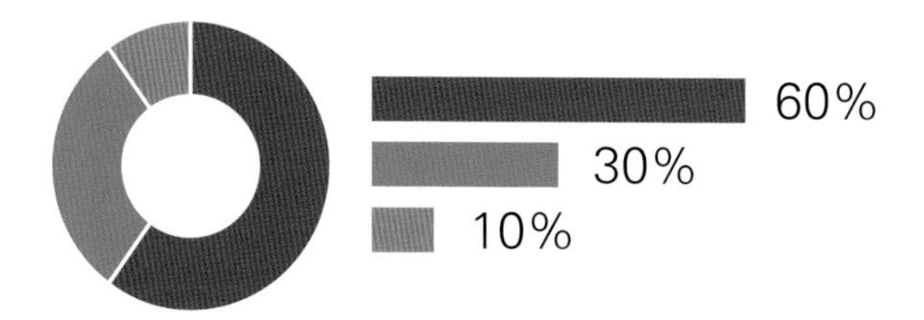

紫红色与湖蓝色的配色，色相对比强烈，呈现出妖娆之感，妩媚之中不乏恬静，精美之中不乏时尚。橙红色的加入带来热情，整体给人以活力、大方、前卫的印象。

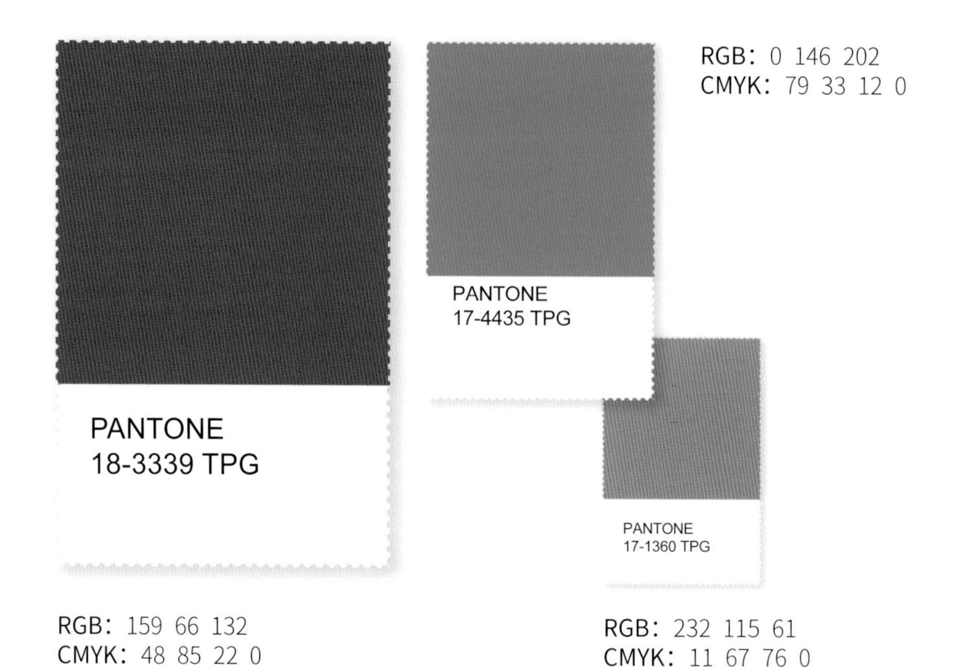

·甜美的
·浪漫的
·柔美的
·惬意的

RGB：219 178 209

CMYK：17 37 4 0

PANTONE：14-3207 TPG

浅紫红色在这个系列配色中占为主角，浅紫红色的形象是甜美而浪漫的。案例中的四组颜色搭配组合，分别是浅紫红色与贝壳白色、浅紫红色与景泰蓝色、浅紫红与海螺粉色、浅紫红色与淡黄色。由于处于次要面积的颜色在色相、纯度上均有差异，在与主色浅紫红色组合后，单色浅色所处坐标轴的最初位置被改变了。

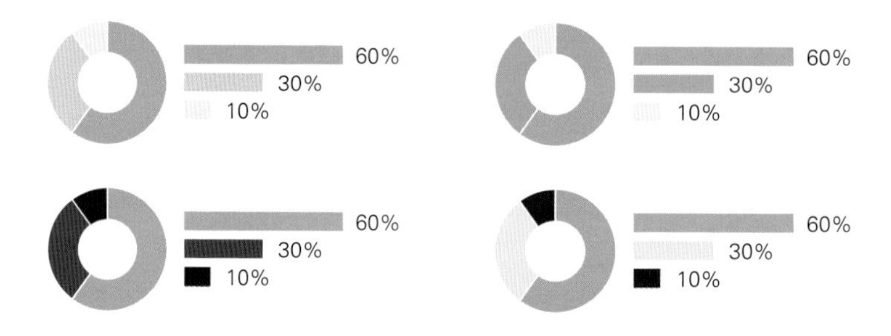

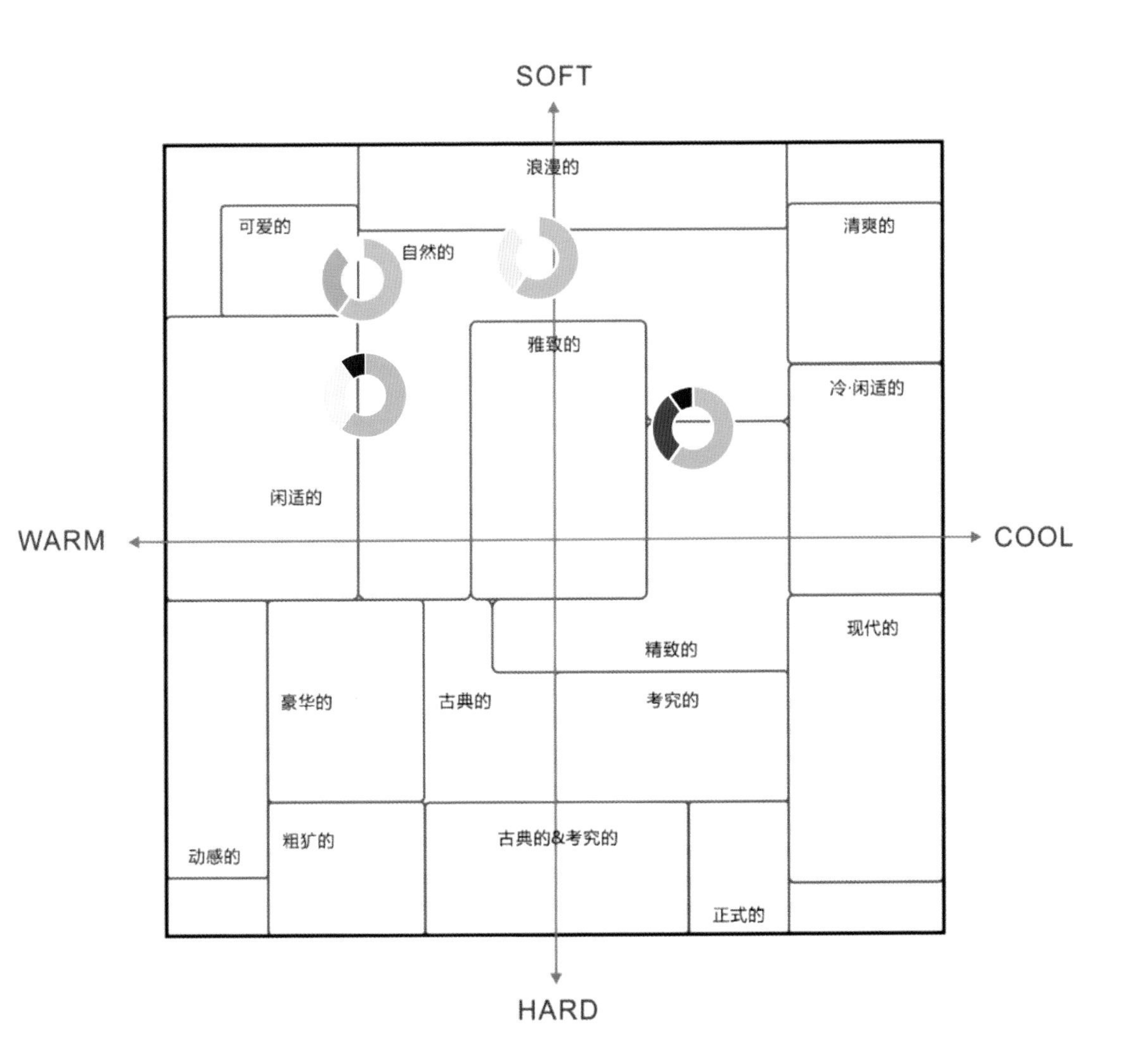
SOFT
浪漫的
可爱的
自然的
清爽的
雅致的
冷·闲适的
闲适的
WARM
COOL
现代的
精致的
豪华的
古典的
考究的
动感的
粗犷的
古典的&考究的
正式的
HARD

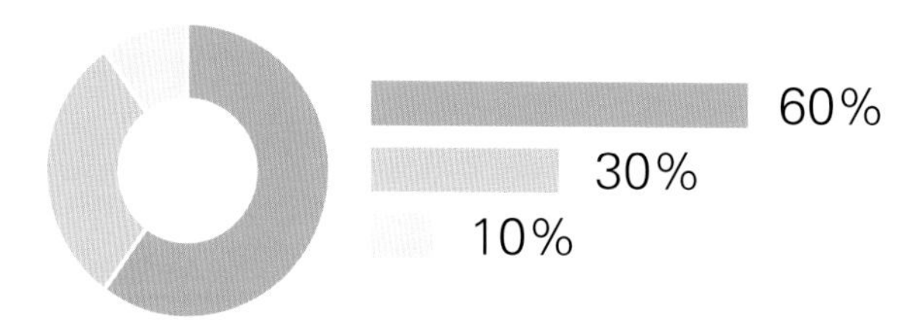

浅紫红色与贝壳白色的搭配，浅紫红色是温馨的，是人见人爱的颜色，贝壳白给人以知性青年的冷静感，两个颜色在气质上是对比的，给人以安宁、温柔之印象，如诗人般内含文艺气息。

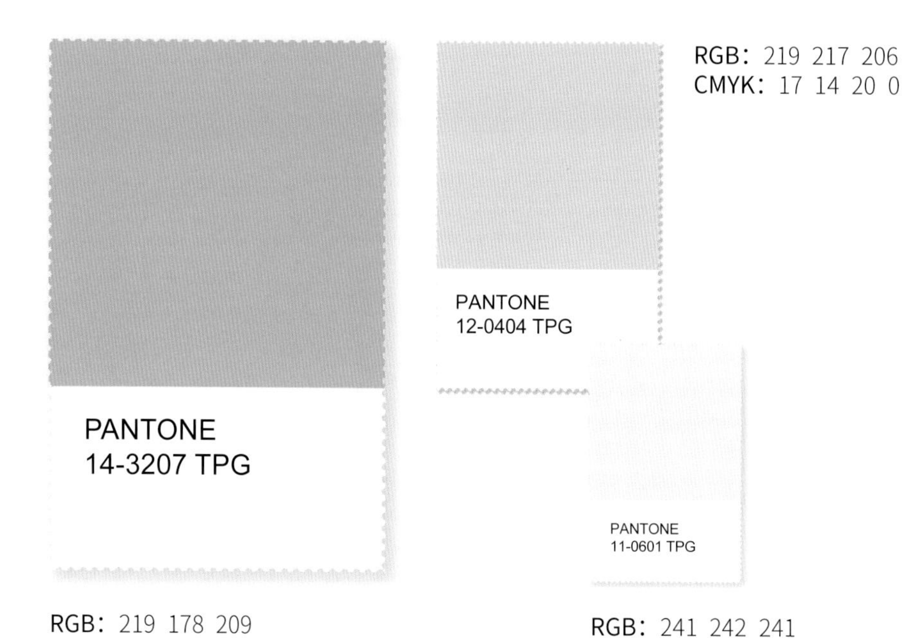

*TATA 木门品牌提供

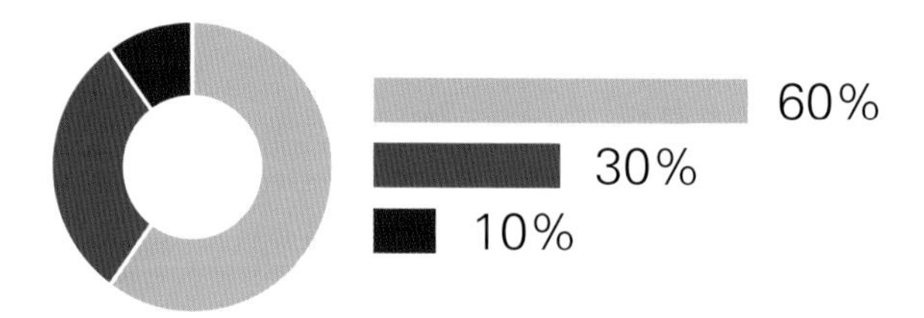

浅紫红色、景泰蓝色、黑色的搭配，其拼色方式为波西米亚风，浪漫、民俗、灵动，追求自由，如丛林中的精灵，神秘而不羁、叛逆且前卫，深受文艺青年的喜爱。

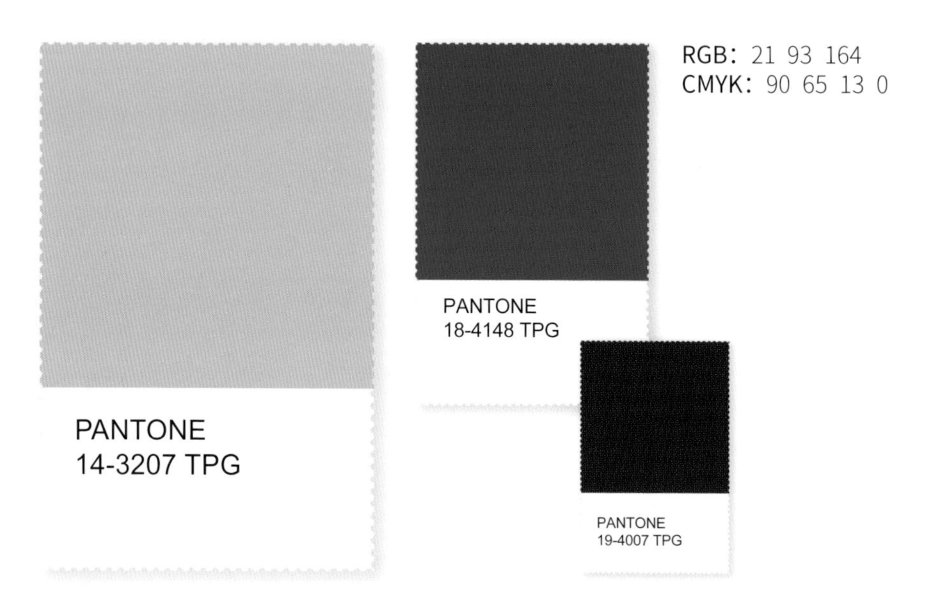

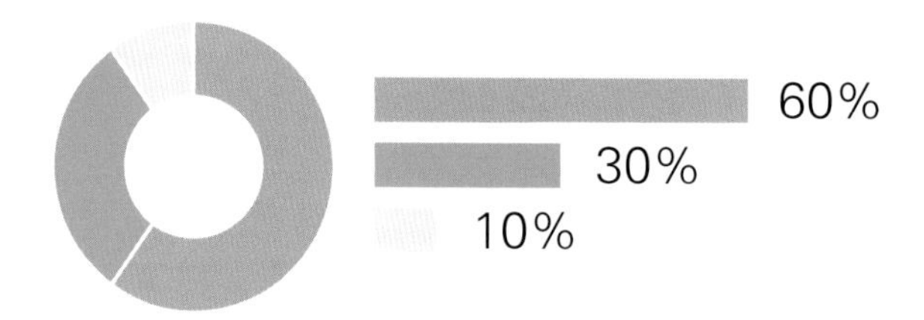

浅紫红、海螺粉色与白色的搭配，如同与闺蜜相约，在街边拐角处的咖啡厅，泡一壶英式花果茶，透着清新与芳香，在不知不觉中，天边的晚霞已映红了对方的面颊。白色代表了纯洁的友谊。

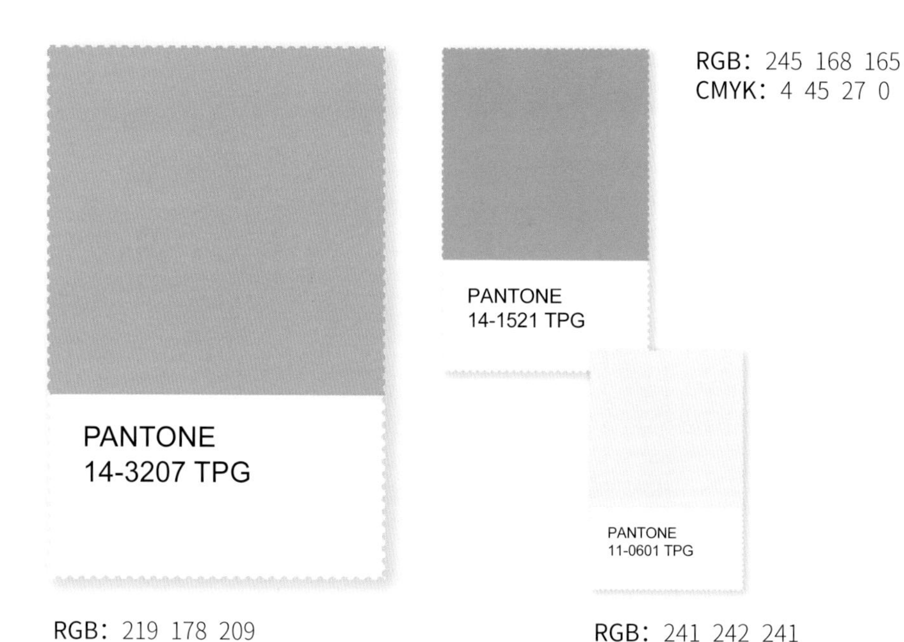

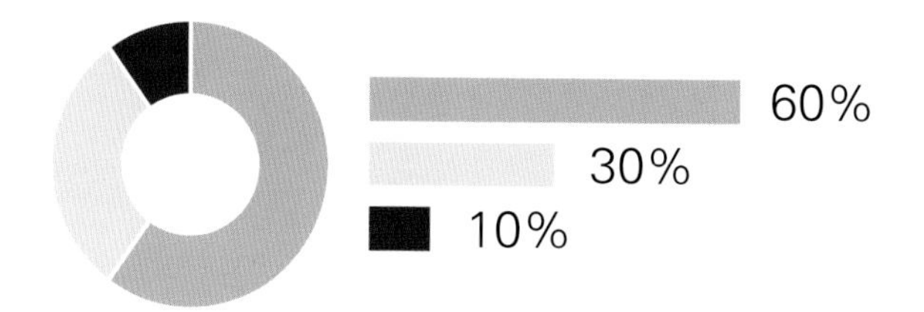

浅紫红与淡黄色的搭配，浅紫红代表了永恒的美与爱，体现了盛夏的清凉之感，淡淡的黄色散发着轻松、浪漫的气息。一抹紫甘蓝色加强了色彩的层次感。

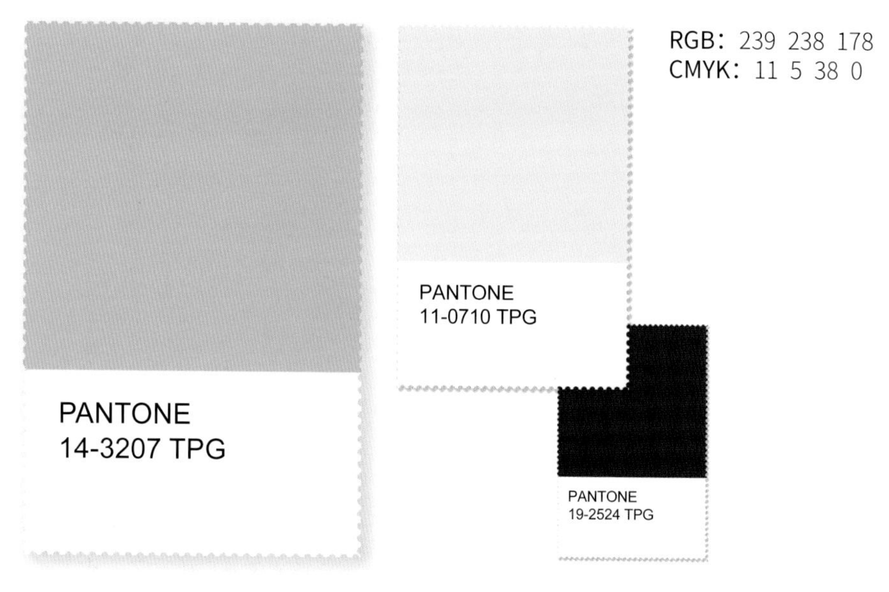

*凯喜雅丝绸品牌提供

·庄严的
·成熟的
·豪华的
·有格调的

RGB：77 53 74

CMYK：75 83 58 27

PANTONE：19-2816 TPG

绛紫色，色味偏暖褐，沉闷厚重，隋唐敦煌藻井图案色彩常用。该色在这个系列中为主要用色，处于坐标轴下方的区域，给人以成熟的厚重感。案例中绛紫色与蓝绿色、绛紫色与朱红色、绛紫色与紫罗兰色、绛紫色与淡水绿色的配色关系，由于色相的差异，分布于坐标轴硬轴区域的不同冷暖位置。

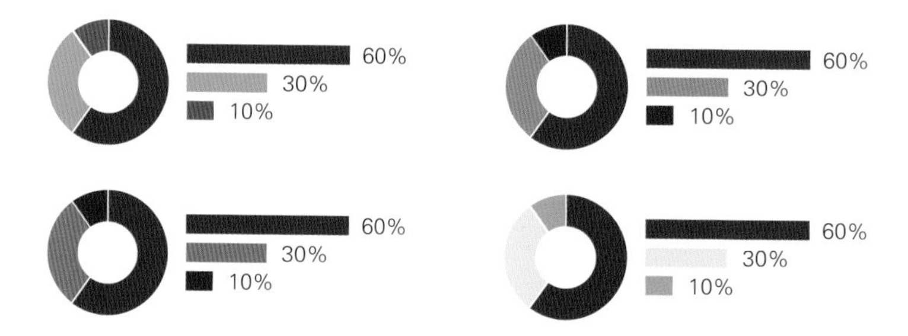

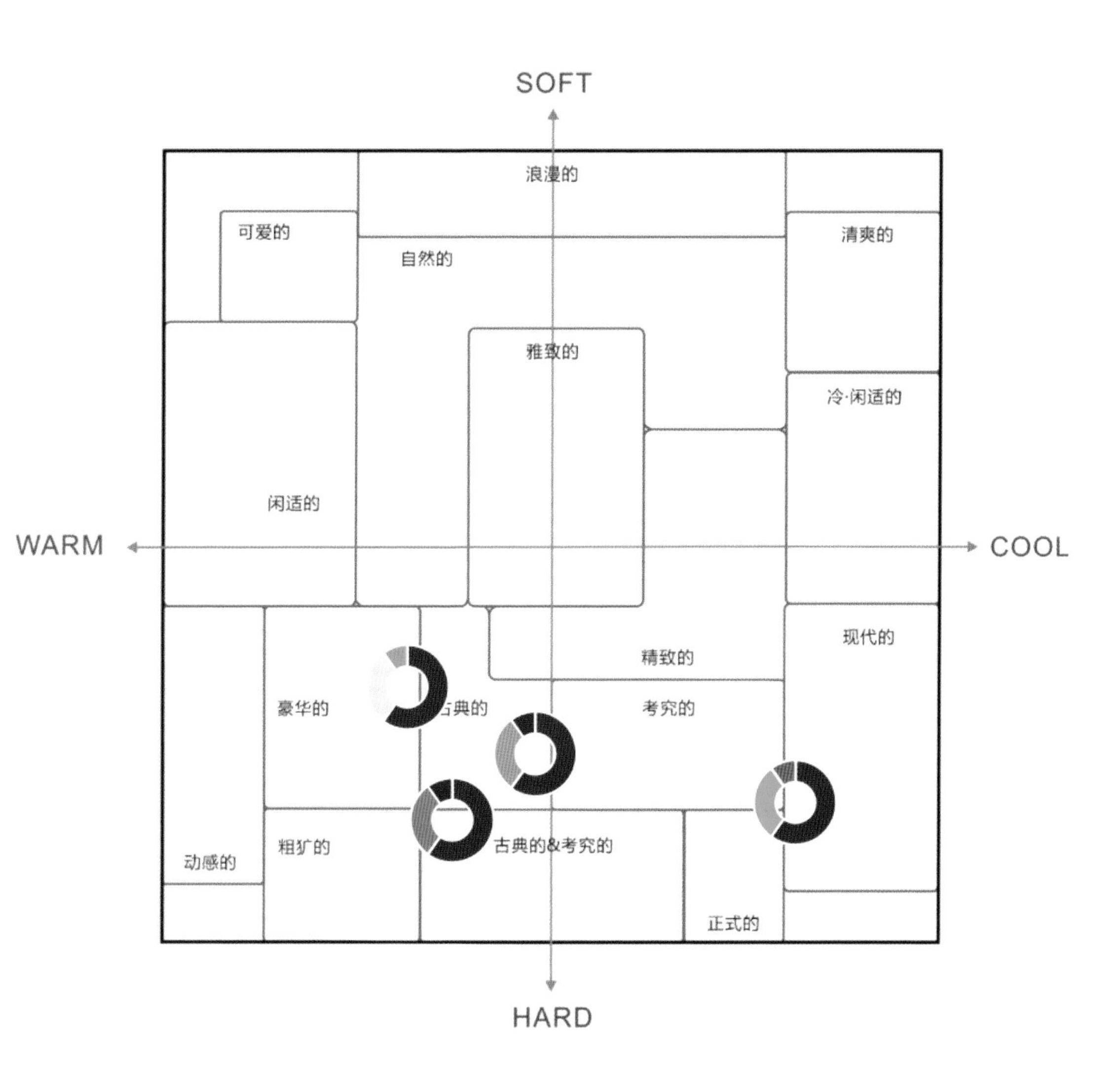
SOFT
浪漫的
可爱的
自然的
清爽的
雅致的
冷·闲适的
闲适的
WARM
COOL
现代的
精致的
豪华的
古典的
考究的
动感的
粗犷的
古典的&考究的
正式的
HARD

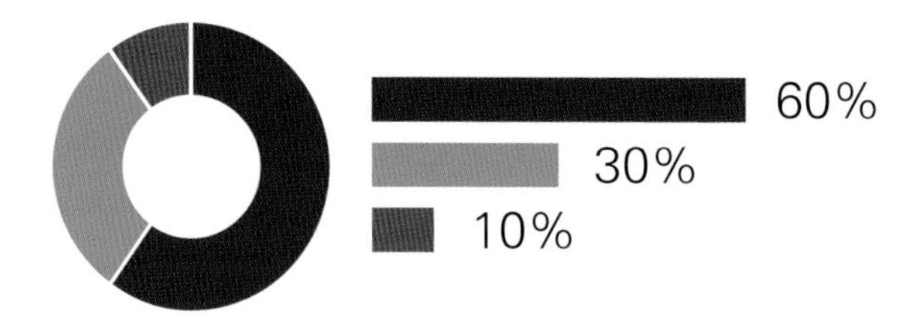

绛紫色与蓝绿色、玫红色的搭配，其纯度的对比给人以活跃感，富有极强的装饰性，仿若在夜晚迷幻的灯光下走着摇曳的步伐，令人目眩神迷，给人以妩媚而妖娆的印象。

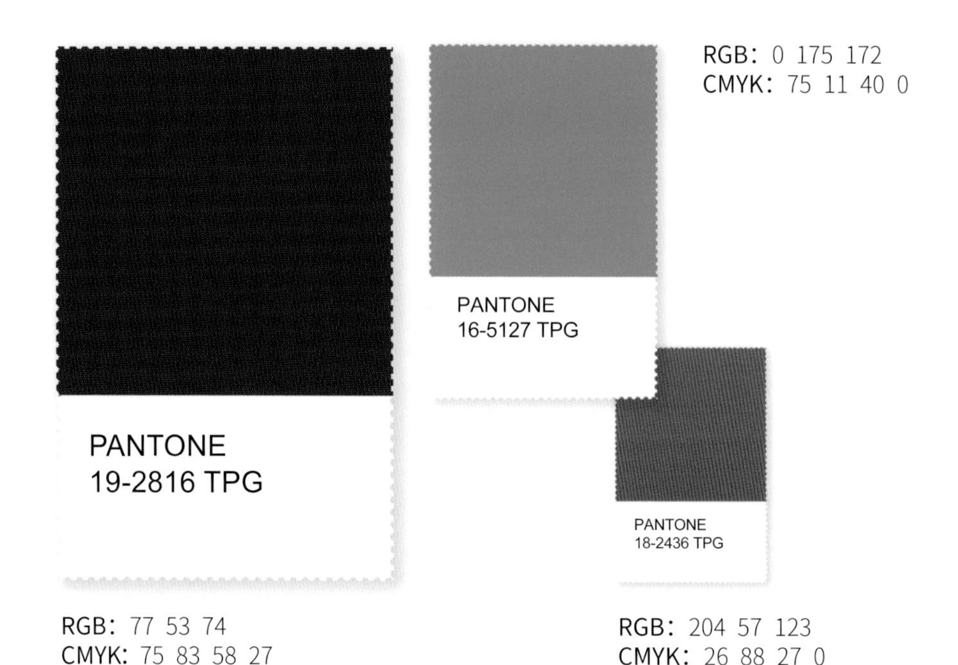

PENHALIGON'S
LONDON

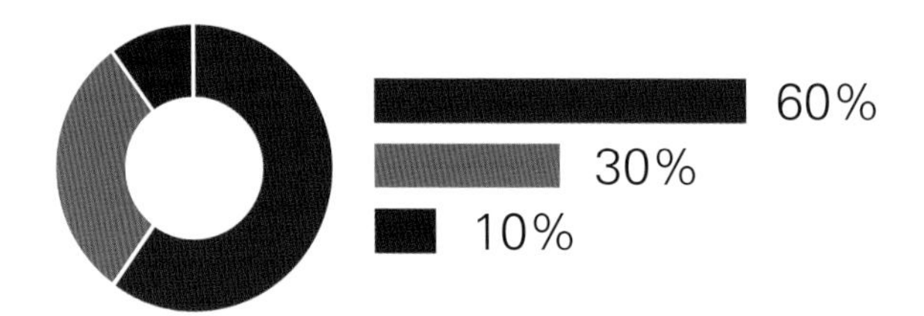

绛紫色与朱红色的搭配，形成色相及纯度之对比，绛紫色优雅而高级、成熟而得体，朱红色热情而富有能量，两个颜色的叠加，给人以运动、健康之美感，代表了都市精英的高品质生活方式。

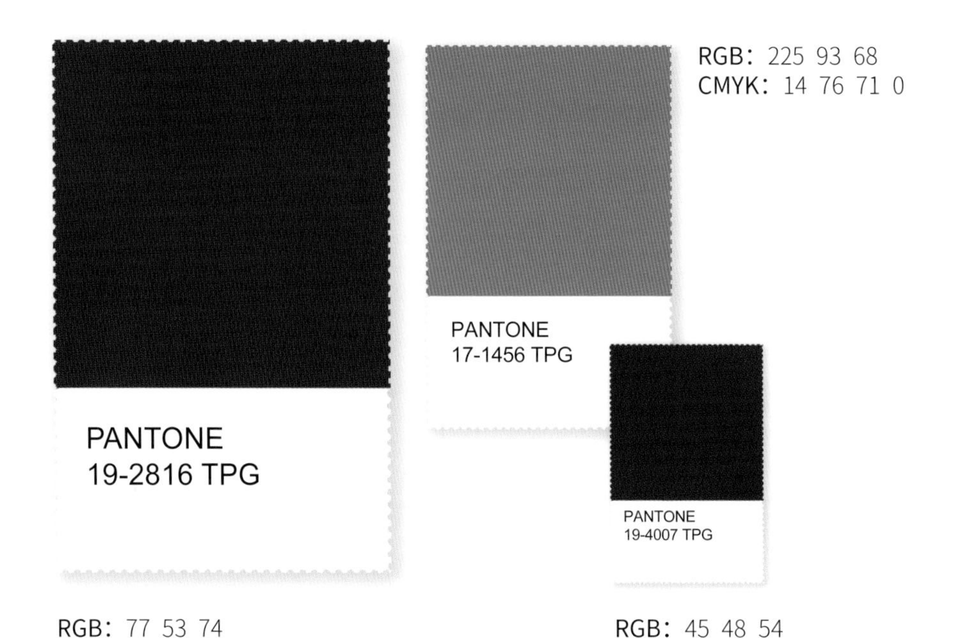

*爱慕运动品牌提供

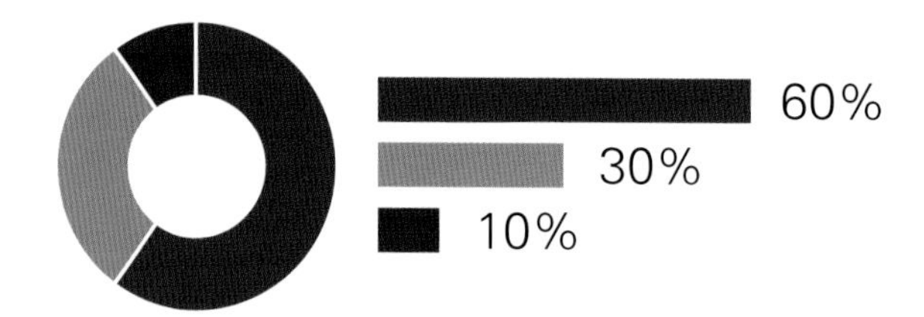

绛紫色与紫罗兰色的搭配，如精灵游荡在都市的夜晚，黑色的加入像是魔术师，神秘而深邃，总也摸不透。这组颜色同时具有复古的风格，有贵族气质。

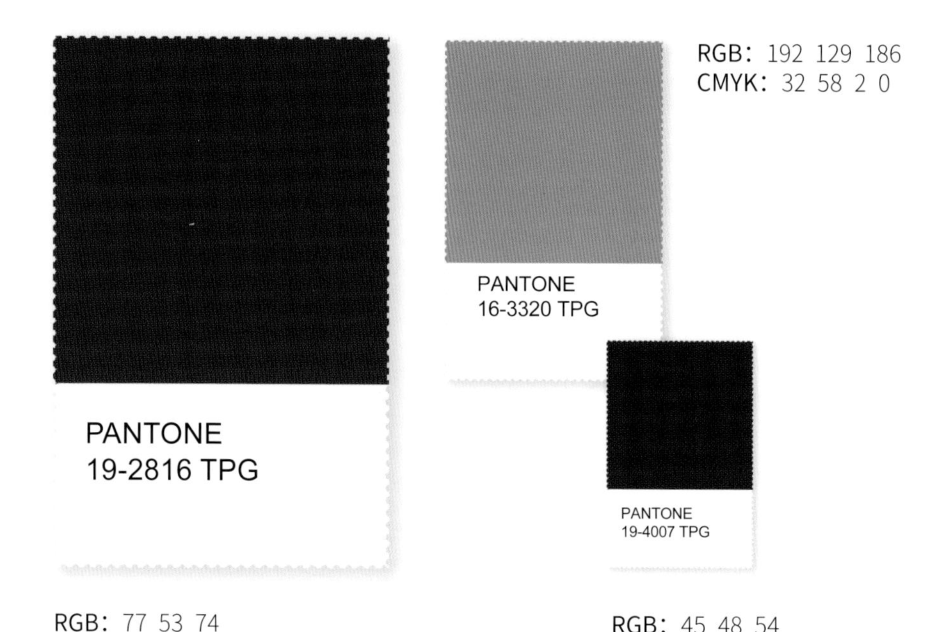

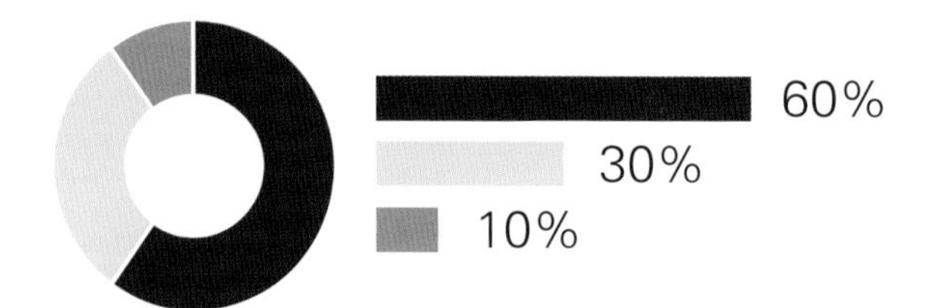

绛紫色与淡水绿色的搭配，形成色相与明度的对比，淡水绿色轻透而内敛，绛紫色浑厚而深沉，犹如“天气晚来秋——惆怅”，“清泉石上流——逸趣”的意境。艳丽的一抹橙色，平衡了两个颜色，起到点缀效果。

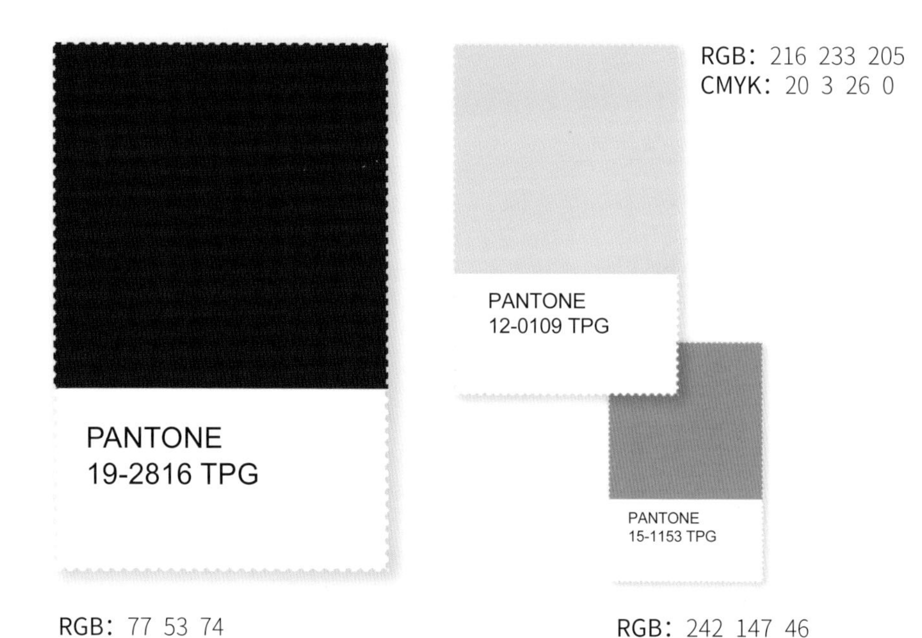

黑白灰

BLACK
/ WHITE / GREY

无彩色。无彩色是指黑色和白色，以及黑和白之间出现的一系列灰色。无彩色没有色相的变化，只有明度的变化。

无彩色的选择。黑色、白色，根据明度的梯度变化，另外选择两个不同梯度的灰色，浅灰与深灰。

软 / 硬轴。其形象在于明与暗、淡与浓、浅与深、弱与强、软与硬、轻与重、细与粗的对比。

白色与浅灰色。处于坐标轴的软轴区域，其印象为平和、清雅。

黑色与深灰色。处于坐标轴的硬轴区域，其印象为冷静、庄严。

无彩色。黑色和白色是对立的两个颜色，黑白两色的循环代表了宇宙的永恒运动。黑色与白色混合后得到灰色，灰色是没有个性的色彩，它在黑白之间创造着平衡。

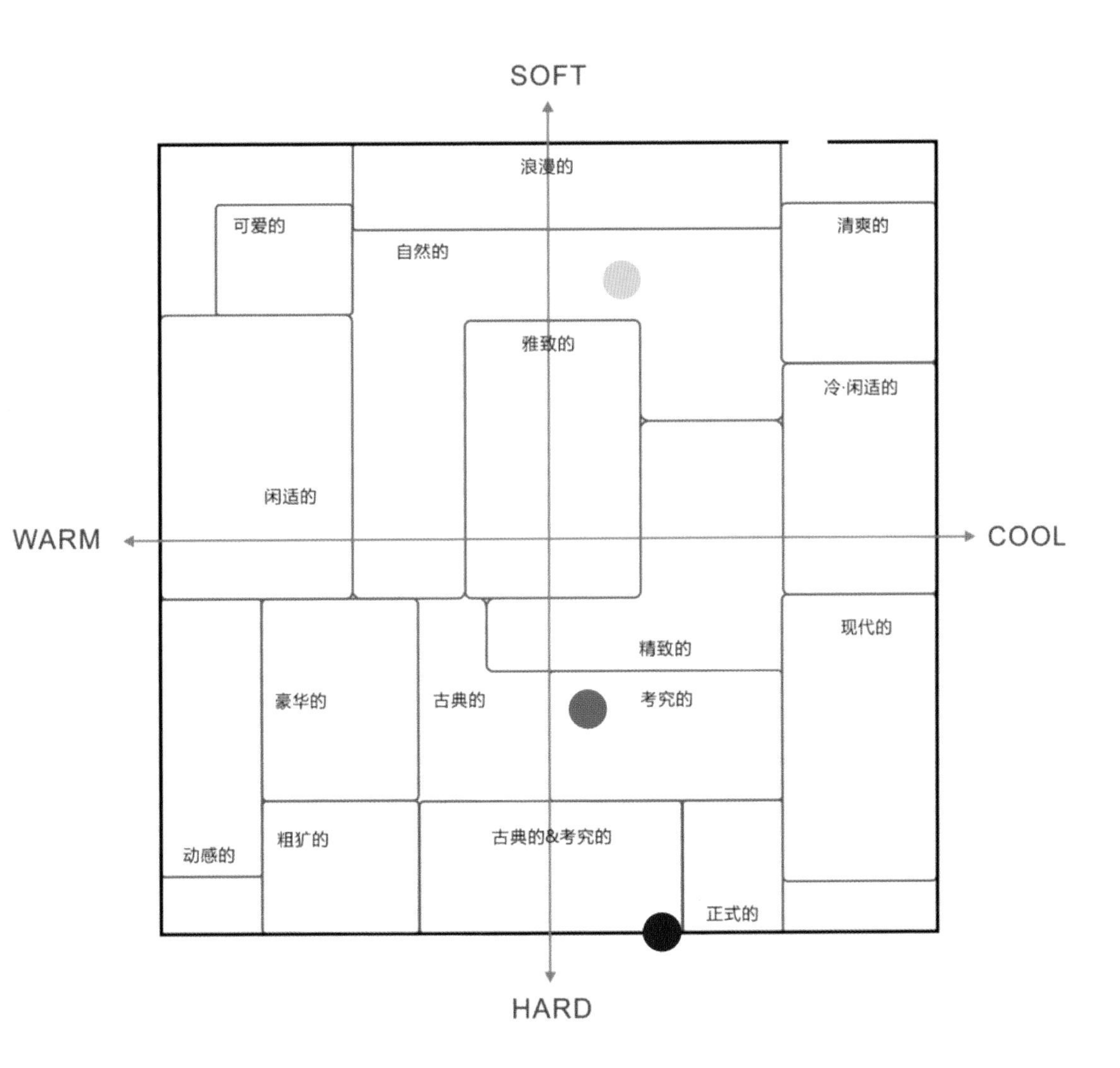
SOFT
浪漫的
可爱的
清爽的
自然的
雅致的
冷·闲适的
闲适的
WARM
COOL
现代的
精致的
豪华的
古典的
考究的
动感的
粗犷的
古典的&考究的
正式的
HARD

·平和的
·安稳的
·融洽的
·开朗的

RGB：241 242 241

CMYK：7 5 6 0

PANTONE：11-0601 TPG

白色在配色中占到主要面积，处于坐标轴的软轴偏右区域，体现中性的色彩之美。案例中选择了白色与月白色、白色与土耳其蓝色、白色与牛油果绿色、白色与金砂色的配色关系，平和而安稳。由于处于次要面积的搭配颜色不同，当这些颜色与白色组合后，改变了白色原来所处的位置。比如白色与金砂色的组合，处于暖轴区域，给人质朴天然的印象。

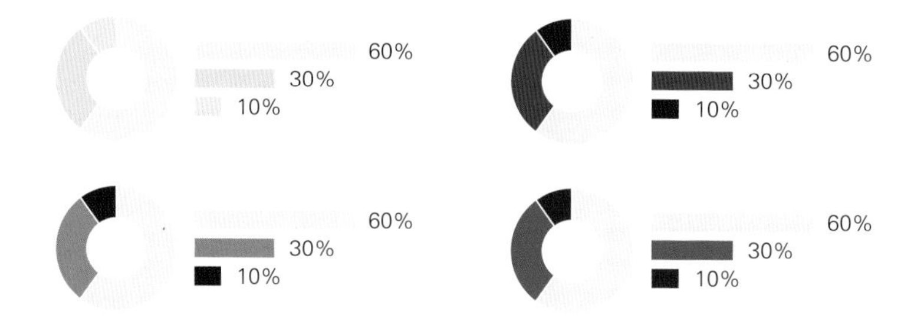

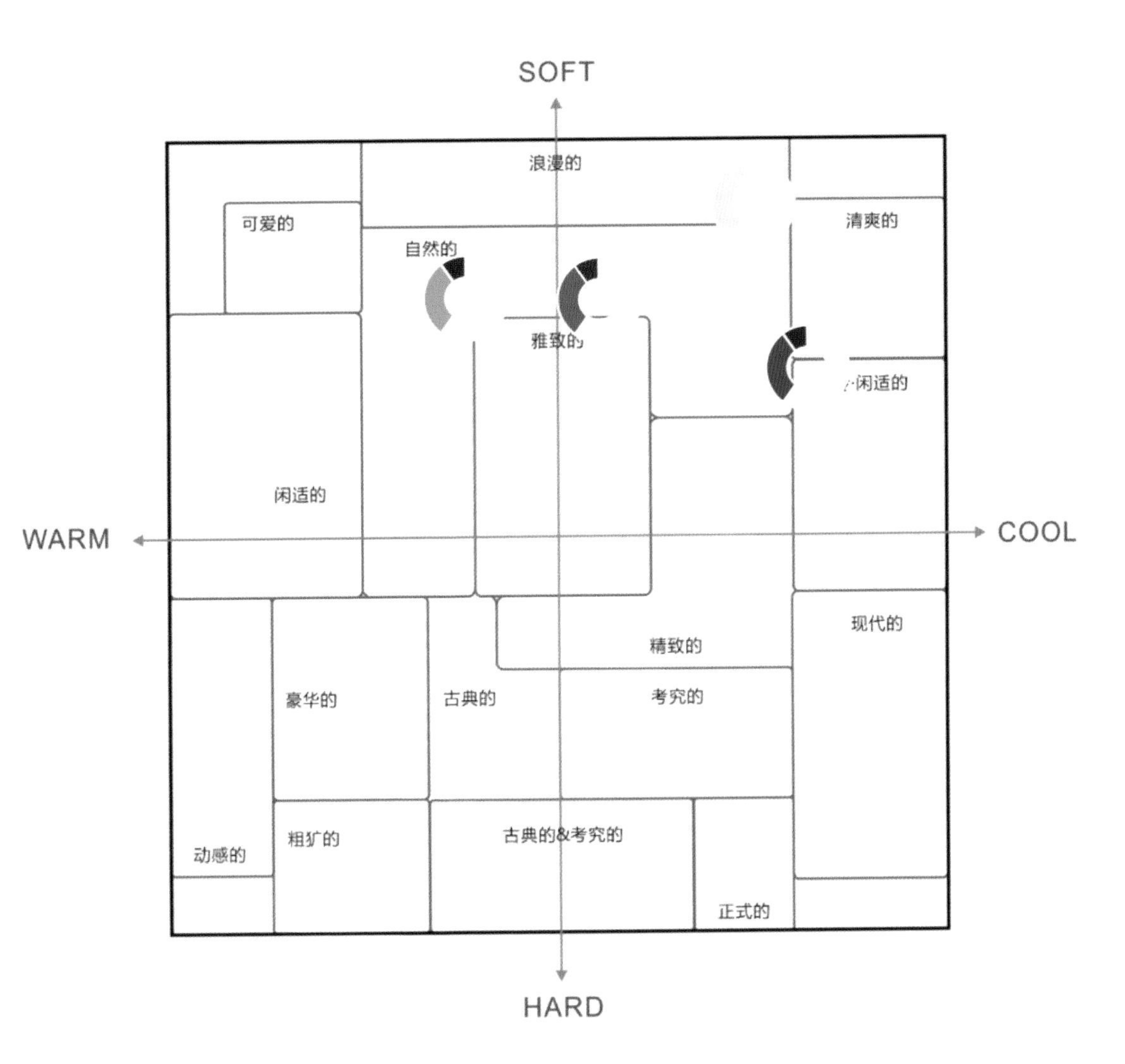

SOFT
浪漫的
可爱的
清爽的
自然的
雅致的
闲适的
闲适的
WARM
COOL
现代的
精致的
豪华的
古典的
考究的
古典的&考究的
动感的
粗犷的
正式的
HARD

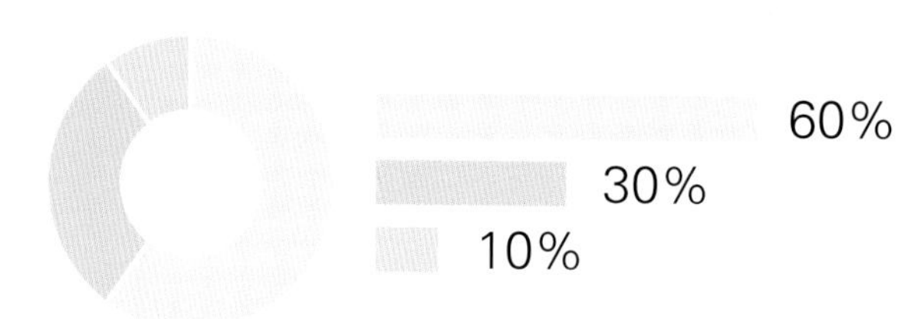

白色、月白色、雾白色的搭配，形成浅淡调，给人一种冰清玉洁的印象，如雪中的仙子，被冰雪覆盖的柔情，伤感而唯美。整个调性是冰冷的、寂静而安宁的，这是诗意的一组配色。

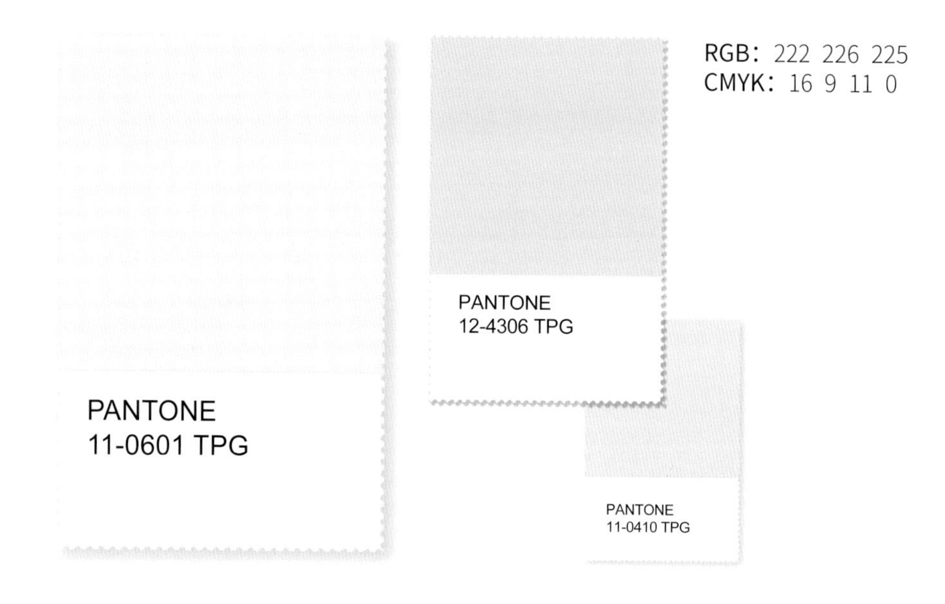

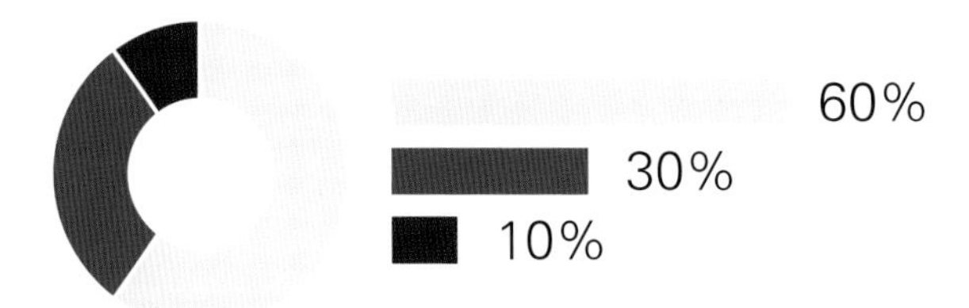

白色与土耳其蓝色的搭配，白色是最浅、最轻的色彩，象征着完美与理想，而蓝色是最远、最冷的色彩，代表探秘与幻想。白色与蓝色的相加，这是一组东方色彩，含有中国元素，犹如青花瓷一般，青翠欲滴、宁静素雅。

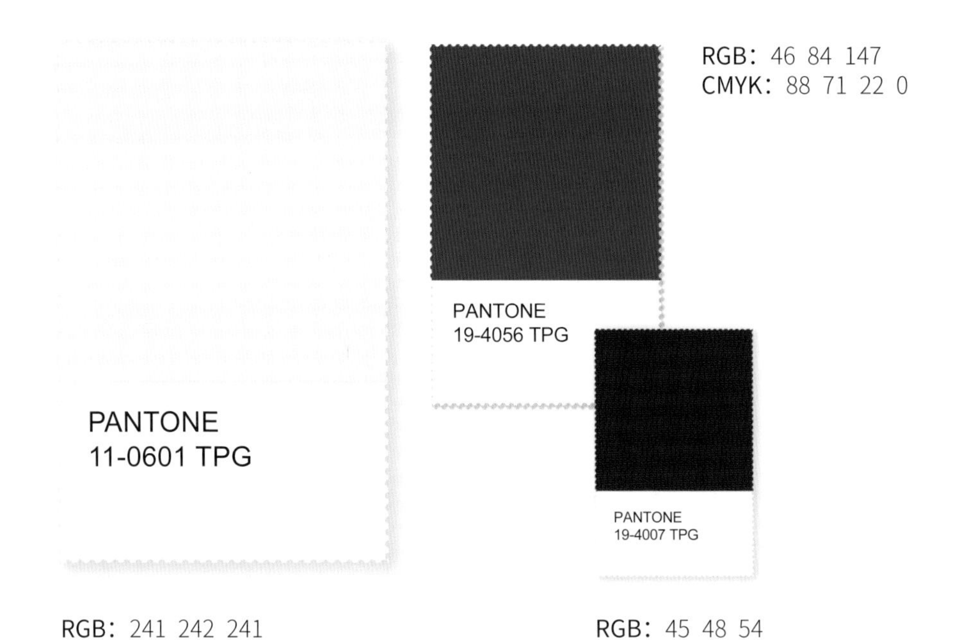

*馨亭品牌提供

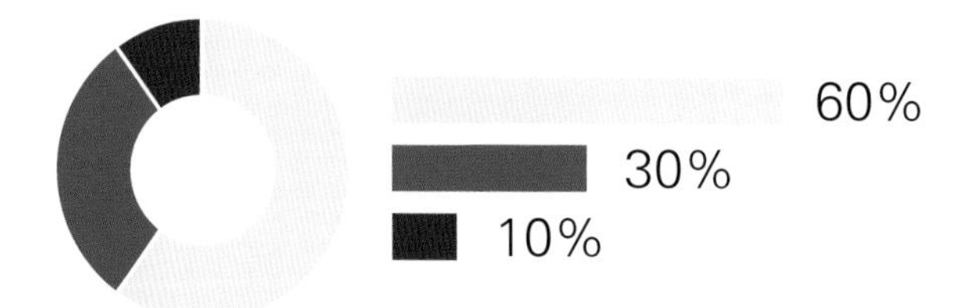

白色与牛油果绿色的搭配蕴含生机，与自然相亲近，寓意热爱生命，简单、简约的生活总是充满希望，健康成为这组色彩的一个维度。深玫瑰红色的点缀，在中性绿色之间找到平衡。

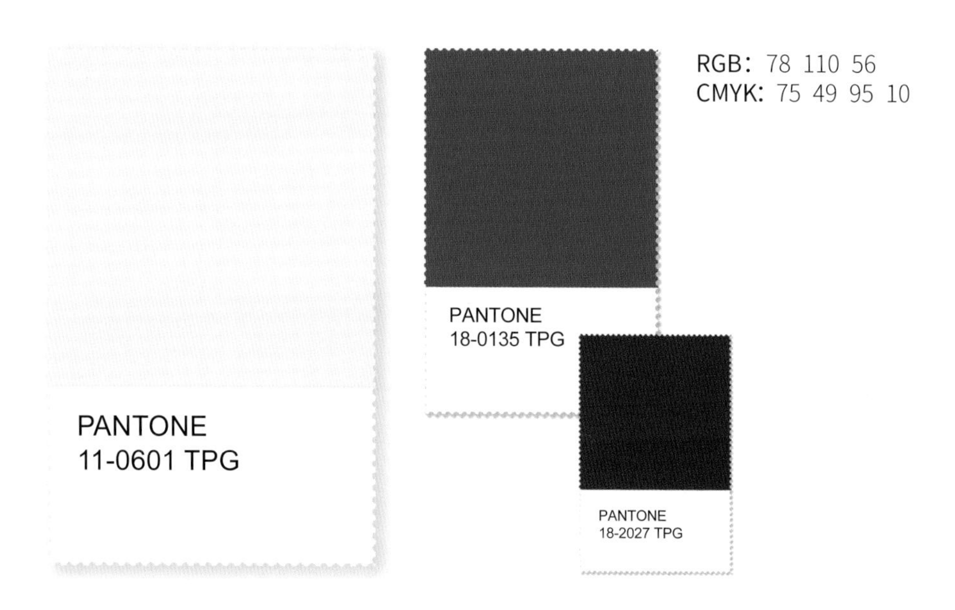

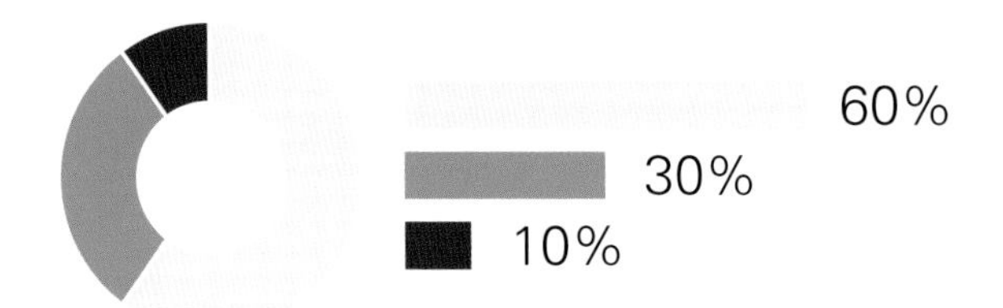

白色与金砂色的搭配，给人以质朴、简约、天然的印象，崇尚工匠之美，远离都市与嘈杂，寻找平淡与静泊，慢慢享受属于自己的时光。黑色的加入，彰显了一种成熟与智慧，为整体的组合增添稳重感。

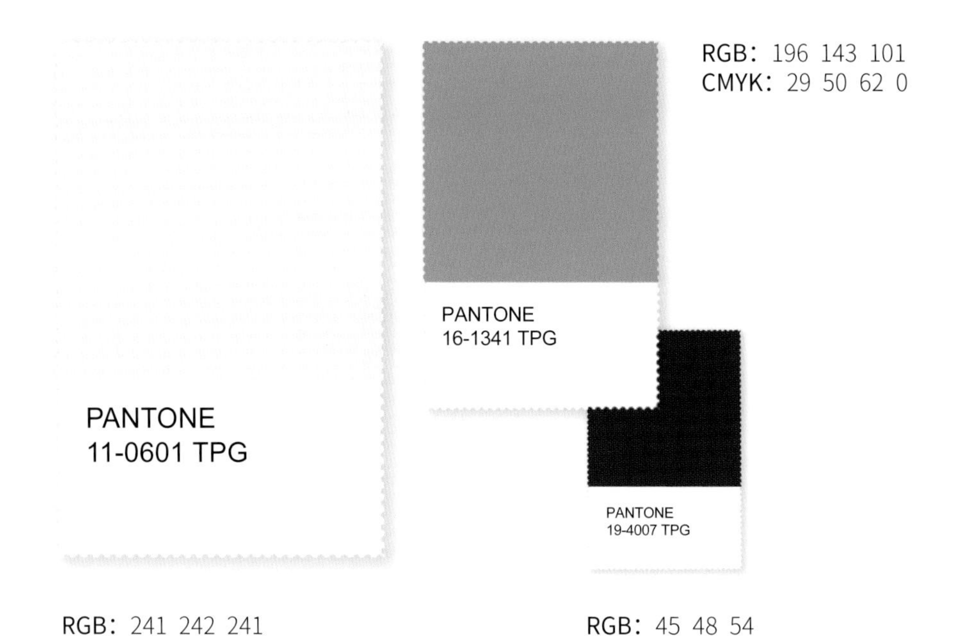

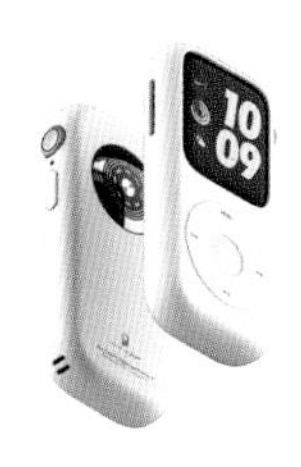
10
09

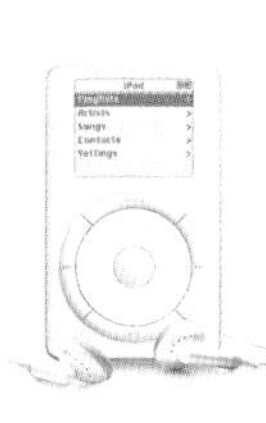
iPod
Artists
Contacts
Settings

Cool Kids

· 革新的
· 现代的
· 锤炼的
· 古典的

RGB：45 48 54

CMYK：82 77 68 45

PANTONE：19-4007 TPG

黑色在配色中占到主要面积，处于坐标轴的硬轴区域，给人以庄严、稳重之感。案例中选择了黑色与青花蓝色、黑色与浅砂金色、黑色与白色、黑色与暗红色的配色关系。由于处于次要面积的搭配颜色不同，当这些颜色与黑色组合后，改变了黑色原来所处的位置。比如黑色与白色的组合，直接将其明度提升，产生了强烈对比感。

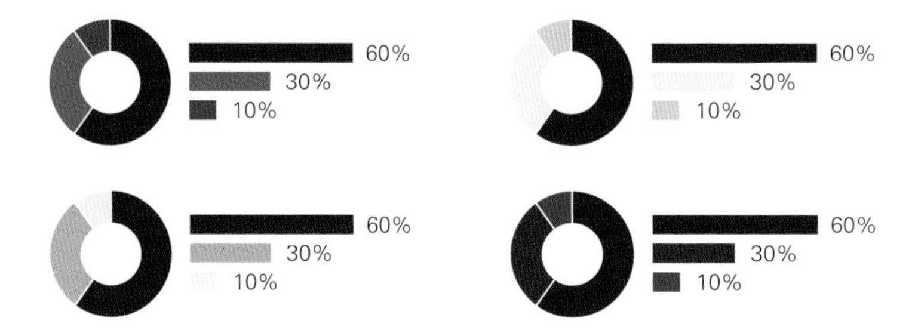

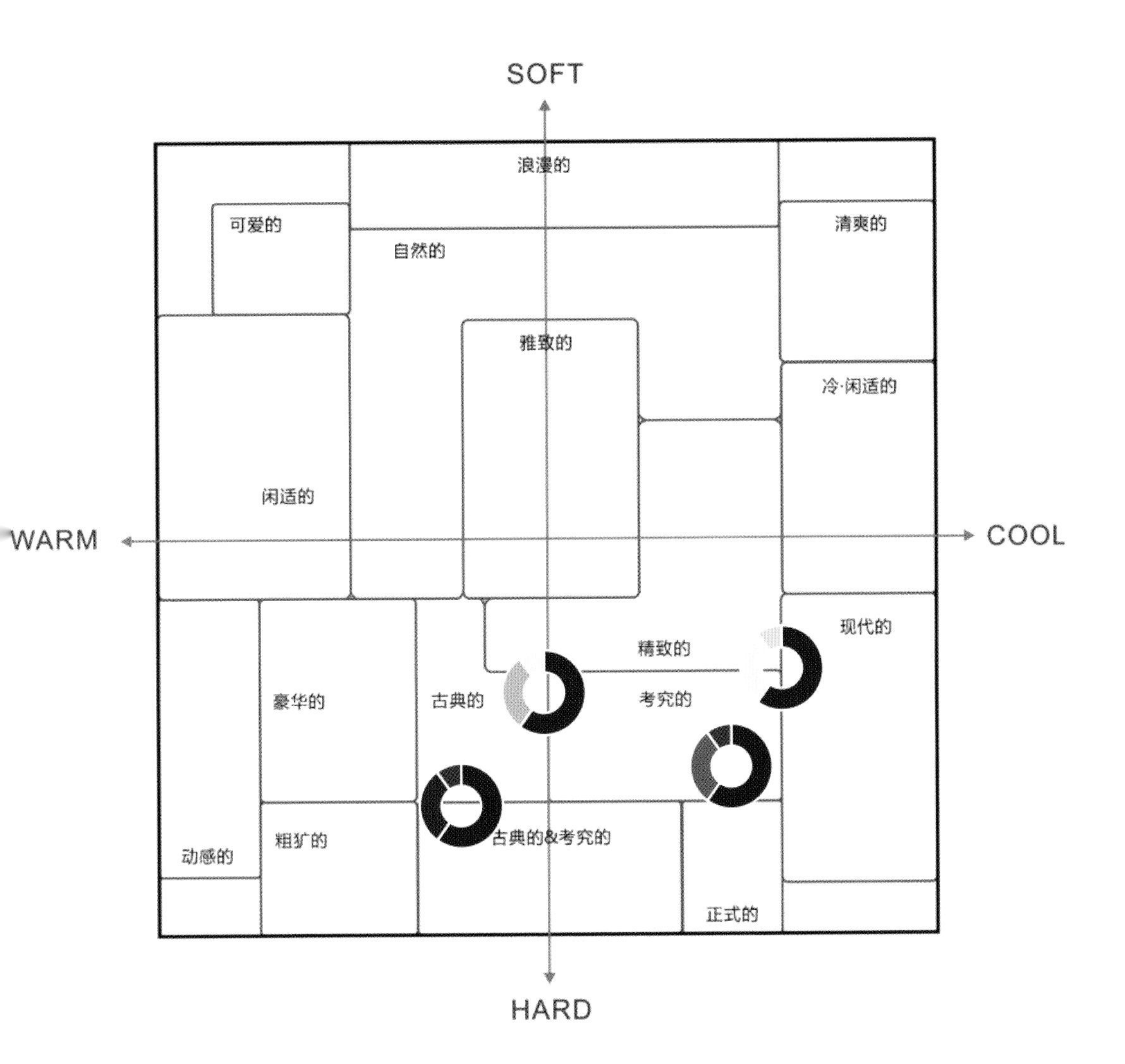
SOFT
浪漫的
可爱的
清爽的
自然的
雅致的
冷·闲适的
闲适的
WARM
COOL
现代的
精致的
豪华的
古典的
考究的
动感的
粗犷的
古典的&考究的
正式的
HARD

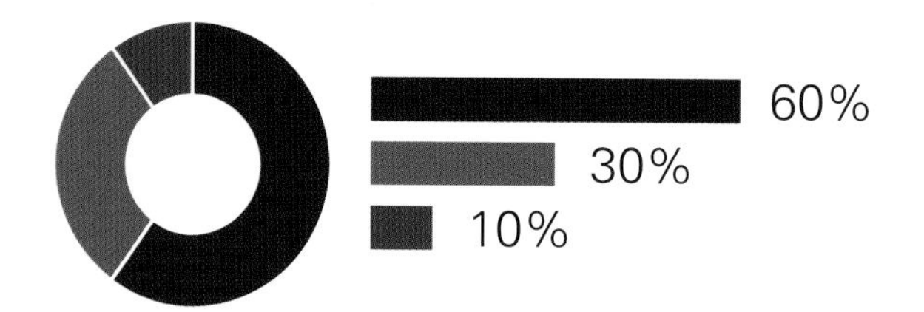

黑色、青花蓝色、黛绿色的搭配，给人以沉稳、低调、深邃之感。浓厚的、深沉的、黑暗的颜色暗藏力量，带给我们不可思议的神秘感，含蓄而耐人寻味，这组配色坚韧而刚强，冷峻而具有男性化，给人持之以恒的印象。

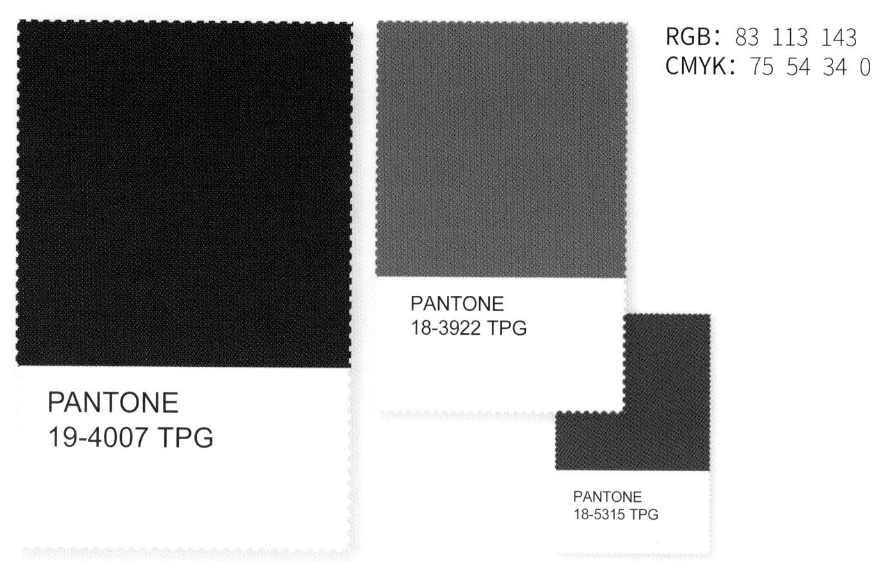

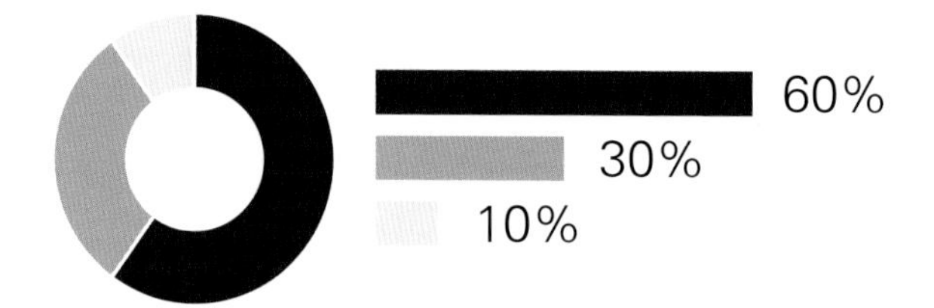

黑灰色与浅砂色的搭配，给人以高端、典雅、精致的印象，营造了一种精雕细作的氛围。材料的金属质感闪耀光泽，体现一种低调的奢华，华丽而不失优雅。

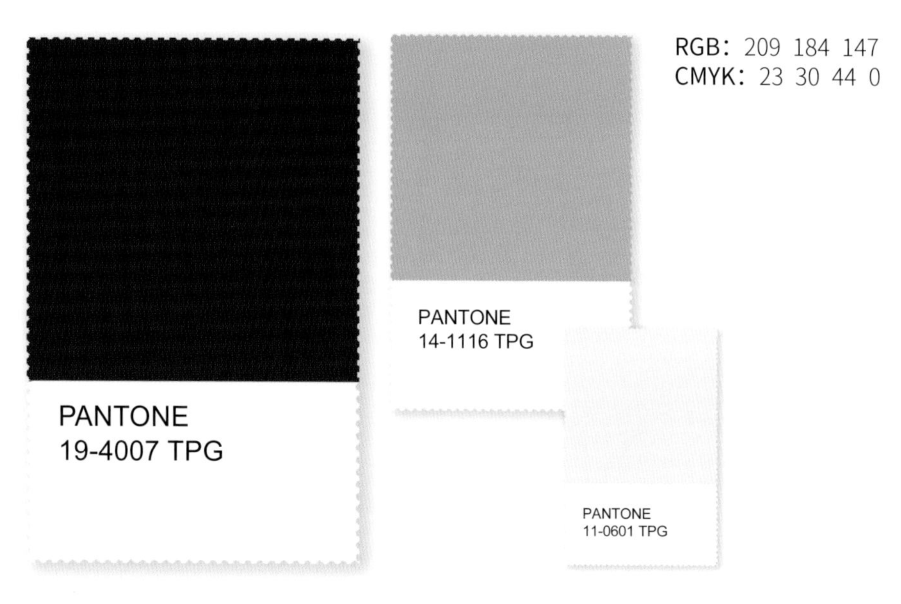

RGB：45 48 54
CMYK：82 77 68 45

RGB：241 242 241
CMYK：7 5 6 0

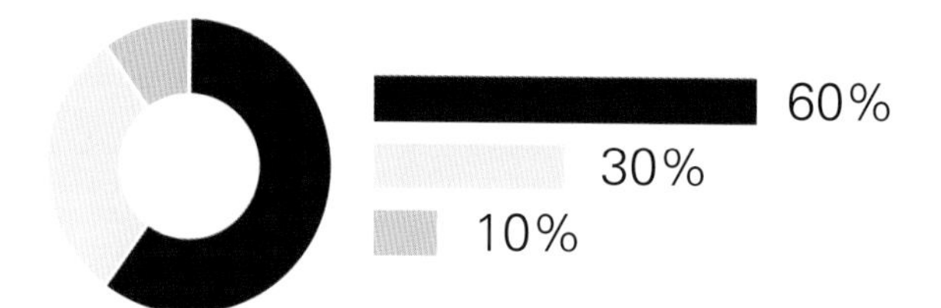

黑色与白色的搭配，黑色和白色是极端对立的两个颜色，然而它们之间又有着惊人的相似性，白色与黑色都属无彩色，都以对方的存在显示其自身的力量。浅黄色的增加，带来时尚感。

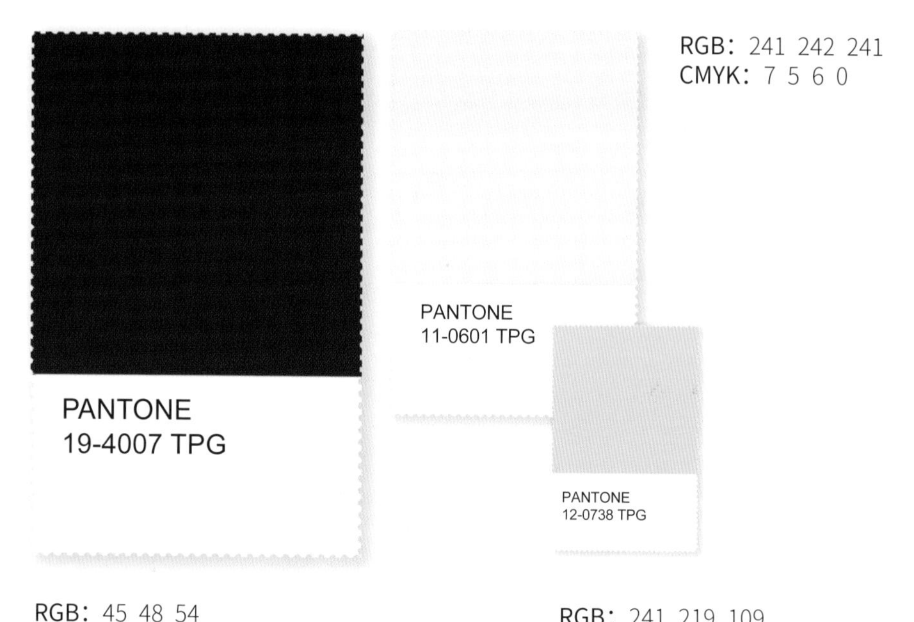

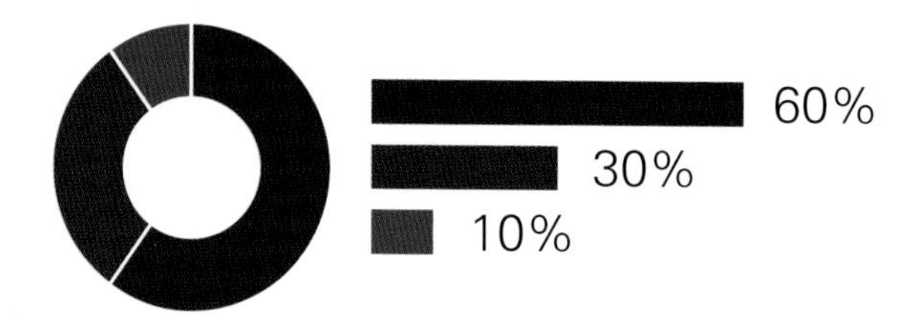

黑色、暗红色、黛绿色的搭配，这组全新的深色配色引人遐想，犹如一首灵魂爵士乐，摇摆、宿醉、深沉、回荡。也像一杯鸡尾酒，只有在入口之后，才可盘旋酝酿，舒坦回味。天鹅绒般的材质密度给人以复古而神秘的奢靡感。

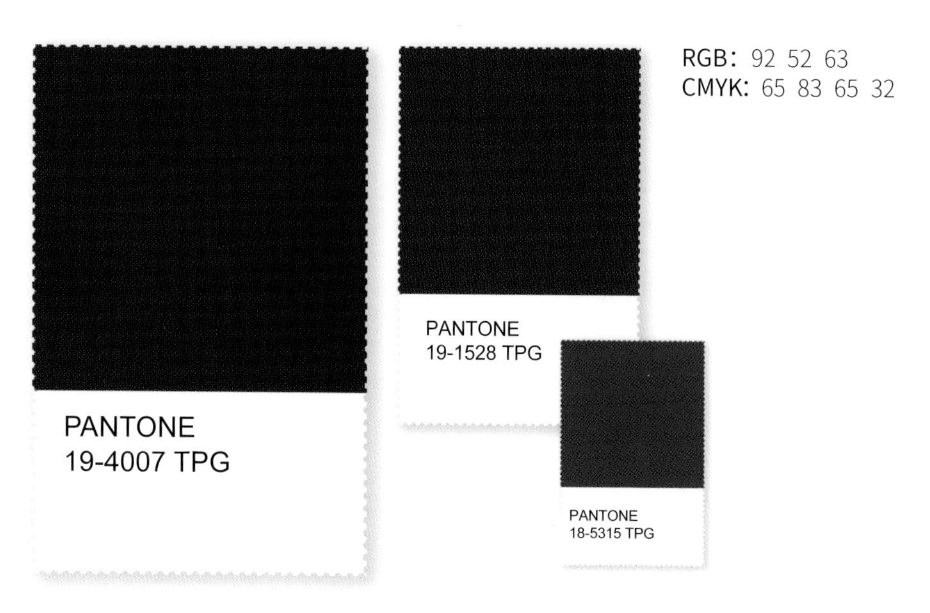

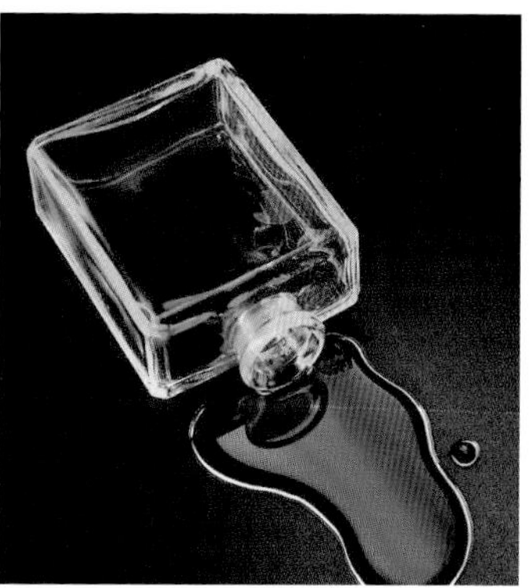

aude tahon, col 'Foupières'/ crédit photo hortense vinet/septembre 2011

· 清雅的
· 惬意的
· 细腻的
· 亲和的

RGB：198 203 204

CMYK：26 17 18 0

PANTONE：14-4102 TPG

浅灰色在配色中占到主要面积，处于坐标轴的软轴区域，清雅而宁静。案例中选择了浅灰色与中灰色、浅灰色与熟粉色的配色关系。由于处于次要面积的颜色不同，与浅灰色组合后，分别处于暖轴区域及硬轴区域。比如浅灰色与熟粉色的组合处于暖轴区域，若浅灰色与白色搭配则处于冷轴区域。

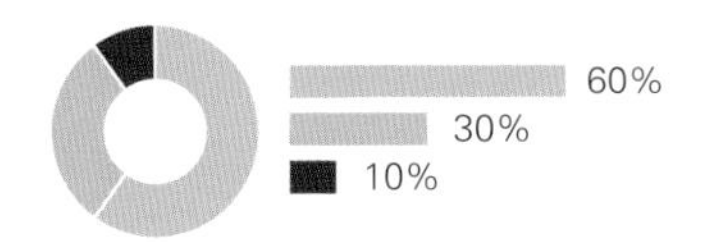

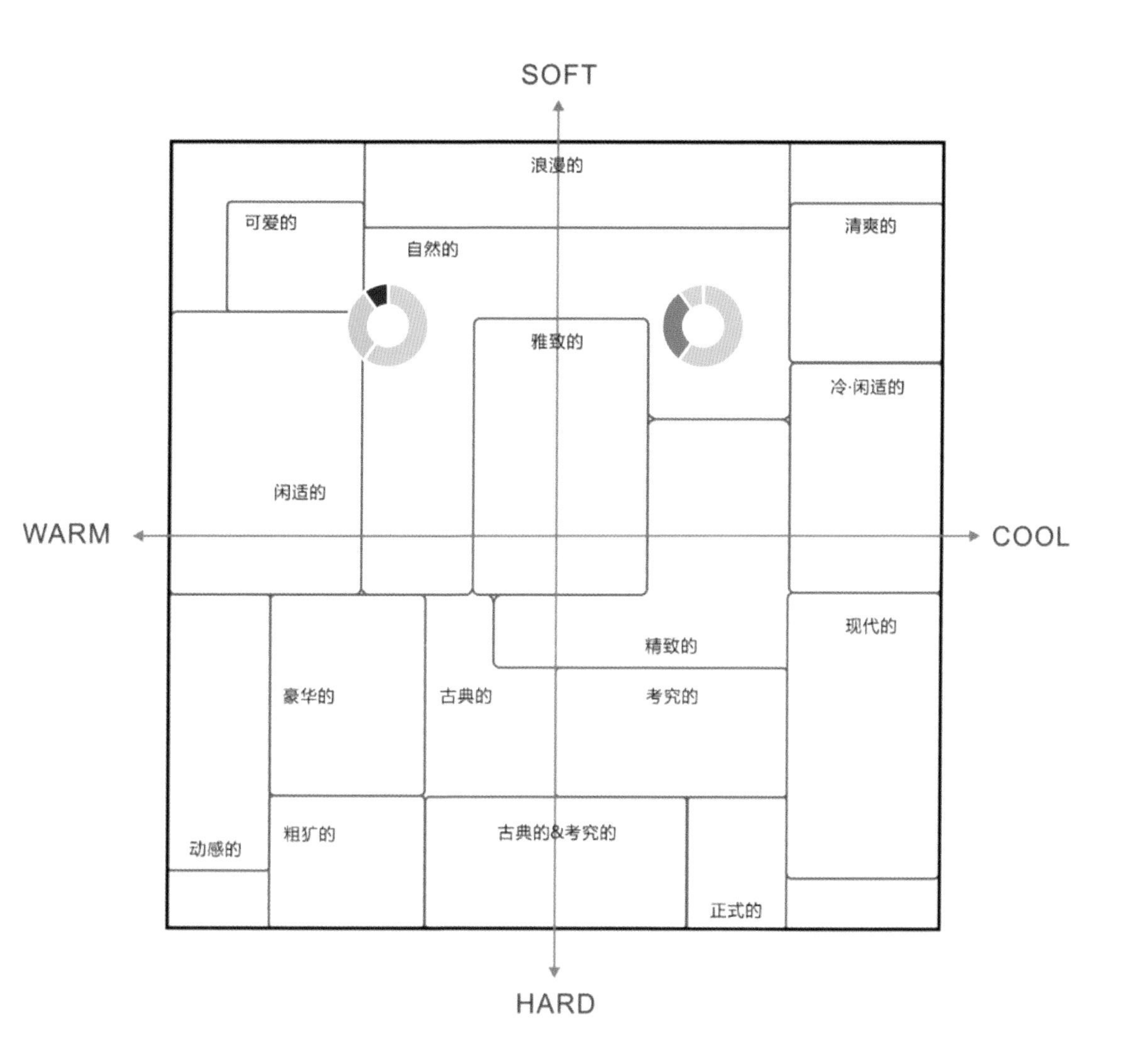
SOFT
浪漫的
可爱的
清爽的
自然的
雅致的
冷·闲适的
闲适的
WARM
COOL
现代的
精致的
豪华的
古典的
考究的
动感的
粗犷的
古典的&考究的
正式的
HARD

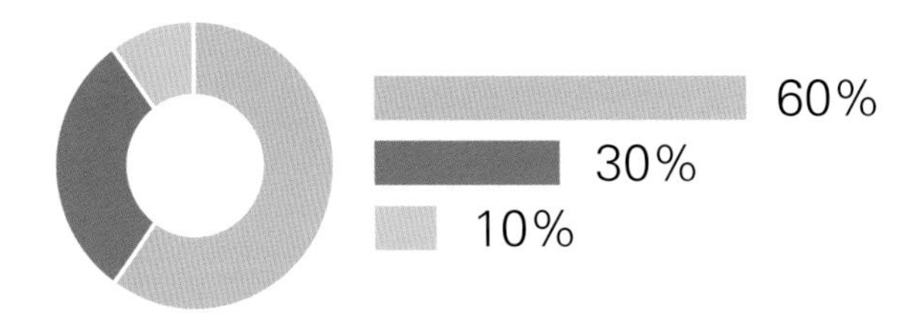

浅灰色与中灰色的搭配，更加强调产品的功能及科技化运用，实现智能操作，无线互联，让生活变得简单，留给自己更多的休闲时光，宣扬一种素净情调。天青色的加入，增添一点灵感。

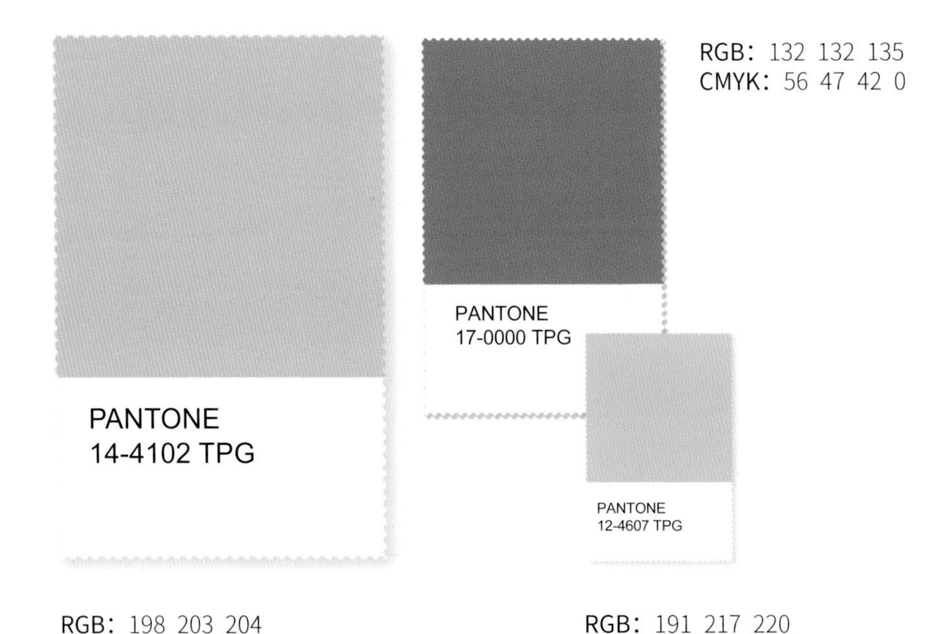

SPECIMEN

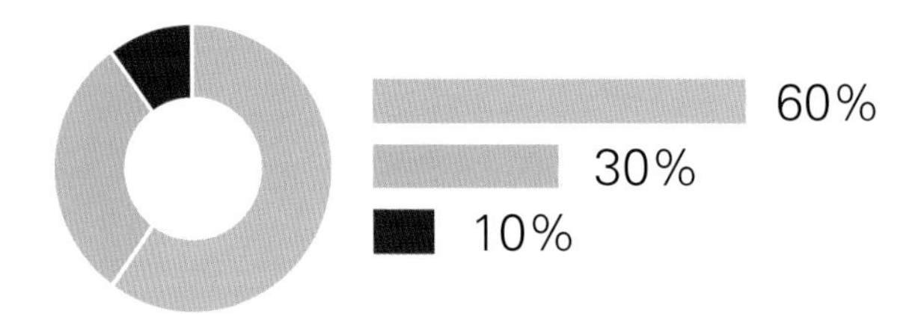

浅灰色、熟粉色、湖绿色的搭配，层层叠叠，美轮美奂，如天空被洗刷过一样，朦胧中渐渐透出一丝灰尘。丰富的色彩印象唯美，仿若“落日余晖波光映，舒云剩影水色悠”。

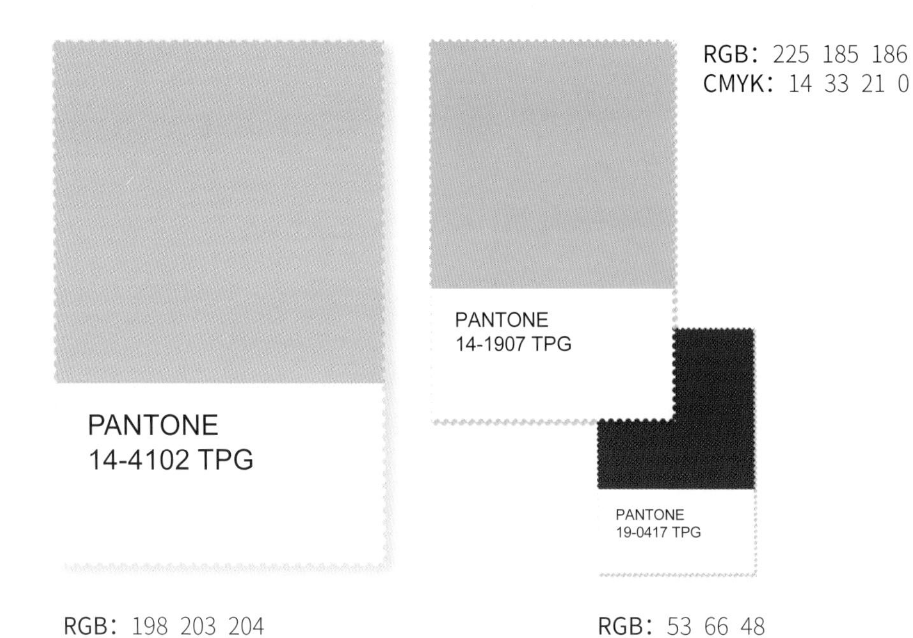

后记

今天，科学技术的发展为时尚产业创造了机遇，关键在于我们如何抓住机遇，用新思维去创新，用新设计、新工艺、新视觉丰富人类的生活，满足人们追求美好未来的愿望，以及回归大自然的强烈心声。

色彩发布不仅仅是艺术，也是营销的一种手段。在当下的大数据、云计算、智能化的时代，让色彩成为重要载体，赋予产品价值内涵，注重设计、注重视觉效应，才经得起时间和空间的考验。

色彩的搭配远不止这些，阅读完本书，设计师应该找到方法，由一个颜色可以延展出多种配色关系。色彩是有内涵的，给人们传达一种精神上的享受与满足。我们的生活方式随着社会思潮的变化而变化，色彩也随着人们观念的改变而改变，只有跟上时尚潮流的步伐，与时俱进，才能完成时代赋予我们的重任。

编者

2019 年 8 月

图书在版编目（CIP）数据

产品设计实用配色手册 / 招霞著. -- 南京 : 江苏凤凰美术出版社, 2019.10

ISBN 978-7-5580-4487-8

Ⅰ. ①产… Ⅱ. ①招… Ⅲ. ①产品设计-配色-手册 Ⅳ. ① TB472.3-62

中国版本图书馆 CIP 数据核字 (2019) 第 227120 号

出版统筹　王林军
策划编辑　段建姣
责任编辑　王左佐　韩　冰
助理编辑　许逸灵
特邀编辑　段建姣　徐　欣
装帧设计　马颂恒
责任校对　刁海裕
责任监印　张宇华

书　　名　产品设计实用配色手册
著　　者　招　霞
出版发行　江苏凤凰美术出版社（南京市中央路165号　邮编：210009）
出版社网址　http：//www.jsmscbs.com.cn
总 经 销　天津凤凰空间文化传媒有限公司
总经销网址　http：//www.ifengspace.cn
印　　刷　广州市番禺艺彩印刷联合有限公司
开　　本　889mm×1194mm　1/16
印　　张　20
版　　次　2019年10月第1版　2019年10月第1次印刷
标准书号　ISBN　978-7-5580-4487-8
定　　价　188.00元（精）

营销部电话　025-68155790　营销部地址　南京市中央路165号